气象与你生活的那些事儿

主 编◎章 芳

副主编◎黄蔚薇 徐 晓 隋伟辉 信 欣

气象出版社
China Meteorological Press

内 容 简 介

天气预报已经深入人心，但是天气到底会对人们的生活有什么具体的影响呢？本书旨在向公众科普气象条件对人们日常运动、旅游、健康、交通、经济等方面的具体影响。本书可供环保、教育、影视等部门相关工作人员和热爱气象知识的广大读者参阅。

图书在版编目（CIP）数据

气象与你生活的那些事儿 / 章芳主编 . — 北京：
气象出版社，2017.8
ISBN 978-7-5029-6620-1

Ⅰ.①气…　Ⅱ.①章…　Ⅲ.①气象学－普及读物
Ⅳ.①P4－49

中国版本图书馆 CIP 数据核字（2017）第 207308 号

Qixiang yu Ni Shenghuo de Naxie Shier
气象与你生活的那些事儿

出版发行：气象出版社

地　　址： 北京市海淀区中关村南大街 46 号	**邮政编码：** 100081
电　　话： 010-68407112（总编室）	010-68408042（发行部）
网　　址： http://www.qxcbs.com	**E-mail：** qxcbs@cma.gov.cn
责任编辑： 隋珂珂　黄海燕	**终　审：** 吴晓鹏
责任校对： 王丽梅	**责任技编：** 赵相宁

封面设计：楠竹文化
印　　刷：北京中新伟业印刷有限公司

开　　本： 710 mm×1000 mm　1/16	**印　张：** 17.25
字　　数： 300 千字	
版　　次： 2017 年 8 月第 1 版	**印　次：** 2017 年 8 月第 1 次印刷
定　　价： 60.00 元	

本书如存在文字不清、漏印以及缺页、倒页、脱页等，请与本社发行部联系调换。

《气象与你生活的那些事儿》
编委会

主　　　编：章　芳
副　主　编：黄蔚薇　徐　晓　隋伟辉　信　欣
编委会成员：霍云怡　齐鹏然　张　斌　庄　婧　袁　彬
　　　　　　董静舒　周丽贤　李　倩　李文静　孙倩倩
　　　　　　韩　旭　王　也　于　群　阮桓辉　李　艳
　　　　　　李　宁　袁东敏　欧阳翼　翟　羽　鲁　婷
　　　　　　王天奇　张　娟　李磊田

目录
CONTENTS

运动篇 ▶

旅游篇 ▶

健康篇 ▶

交通篇 ▶

经济篇 ▶

运动篇

"春钓滩、夏钓潭、秋钓荫、冬钓阳"
——四季钓鱼的奥秘

 服务背景

钓鱼属于一种户外运动，目标是用渔具把鱼从水里钓上来，而且钓鱼不限制性别与年龄，大人小孩都喜欢。钓鱼亲近大自然，陶冶情操。

古往今来，无数钓鱼爱好者陶醉于这项活动之中，他们怀着对大自然的热爱，对生活的激情，走向河边、湖畔，享受生机盎然的野外生活情趣，领略赏心悦目的湖光山色。深谷的清风吹走了城市的喧嚣，钓竿的颤动带给老人以童子般的欢乐，只要一竿在手，性情暴躁的小伙子也会"静如处子"……此中乐趣无法用语言来描述。

钓鱼是件有益于身心健康的活动。钓鱼效果的好坏，除了与个人的技巧有关外，还与天气条件有着密切的关系。有的人钓鱼成绩不佳，就是没有掌握好季节和气温、气压、风、雨等天气条件对钓鱼的影响。

 水中的含氧量与水温——垂钓的"密码"

很多常年垂钓的朋友会总结一些适宜钓鱼的天气，但也经常"铩羽而归"，主要原因就是没有弄清楚影响钓鱼的环境因素有哪些，是如何受到气象条件影响的。

下面具体介绍影响钓鱼的两个重要因素——含氧量和水温，以及它们是如何随着气象条件的变化而变化的。

2.1 含氧量

氧气，作为鱼在水中生存最重要的条件，对钓鱼的重要性同样也是不必多说。正常情况下水中的含氧量在百万分之六左右，但对于有些鱼来说，即使是细微到百万分之一的变化也能很快察觉。

除了水生生物在光合作用下放出氧气外（这也导致了在水生植物繁茂的地方，尤其是在边缘地带，鱼类活跃），水中另一个主要的氧气来源是大气。

来自空气中的氧气，首先溶解于水体表层，然后通过水体上下层间的对流混合将表层中的氧气输送到水体中去。正因为如此，当天气变化影响到大气与水体氧气交换，以及水体内部氧气对流的时候，就会影响到鱼类活动，从而影响钓鱼的效果（聂超群，2011）。

（1）溶解过程

大气中的氧气与水体表层接触时会发生溶解，而影响这一过程的气象因素主要有两个。

一是大气压力。如果大气压力高，空气中氧的分压（混合气体中各单独组分的压力）也高，溶解速率（单位时间的溶解量）也就高。通俗地说，当大气压力高时，水体表层的含氧量会增多；反之，如果大气压力低，含氧量也随之减小。

二是表层水温。水表层溶解氧气的量与水的温度成反比：水温高时，溶氧量低；水温低时，能溶解的氧气量高。表层水温则直接受气温的影响。

（2）对流过程

在静水水域中，溶解到水体表层的氧气主要是通过水体内部的对流过程传递到深层去。水体中对流的存在，主要需要水体上下层有温度差异，且上层温度比下层低。由于温度的差异引起密度的差异，温度低的水密度大，温度高的水密度小，造成冷水下沉，热水上升，形成对流。温差越大，对流速率越高；反之，对流速率越低。

在黎明、傍晚、夜晚气温较低时，受低温影响，水体表层热量损失大，表层温度下降很快，而下层热损失较少，于是就形成了对流。而一般意义上，白天表层温度逐渐升高，与中下层水温接近，对流速率也随之降低，水体逐渐处于缺氧状态，因而中午前后很难钓上鱼，尤其是在晴天，阴天会相对好一些。

除了日变化外，在钓鱼季节，降温的天气比升温的天气更适合钓鱼。尤其是初秋时节，水体经过整个夏天，温度很高，遇到冷空气来临时，表层温度随即降低，而下层温度仍然较高，给上下层对流创造了良好条件。同时由于水体表层温度低，含氧量也随之升高，鱼类活跃，忙于觅食。此外，初秋时节风和日暖、秋高气爽，也利于人的活动。所以，初秋是垂钓的好时节。

（3）混合过程

除了对流作用之外，静水水域中，有风的天气，风浪也在一定程度上起到了上下层混合的作用。同时，风刮起的波浪也增大了表层水与空气的接触面，相比于无风天气能吸收更多的氧气。而在这样的天气下，最有利的位置是顶风岸。因为下风方向的含氧量最高，同时也有浮游生物聚集。

另外，静水水域中，河流的入口处也是富含氧气的水体。这是由于流动的水体不断地在上下层之间混合搅拌。所以，这里也是钓鱼的好位置。

2.2 水温

除了上述所提到的水温会影响对流速率从而影响整层含氧量外，水温更能直接影响鱼的活性。因为鱼类是冷血动物，体温跟着水温的变化而改变，体温处于酶的最适温度时，酶活性大；低于或高于此最适温度时，酶活性小，因而活性呈现比较明显的季节性变化。一般春季升温阶段，超过 15 ℃时，鱼类活跃；秋季，水温低于 25 ℃时，鱼类消化和摄食能力较强。而在水温 30 ℃以上的酷暑和 5 ℃以下的冬季，都比较难钓到鱼。同时由于鱼类主要通过在水中游到不同的位置或深度来调节体温，所以在不同的时节和每天不同的时间段，垂钓的位置会受到比较大的影响（郑知新，1994）。

需要注意的是，水温虽然与气温有相似的日变化和年际变化性，但毕竟不同于气温，因而根据适宜人类活动的天气来判断鱼的活跃性是欠妥的。

例如在春末初夏的季节里，白天最高气温上升得非常快，但是夜间温度还比较低，特别是北方春末夏初是一年中昼夜温差非常大的季节，像北京 1966 年 5 月 3 日最高气温高达 32.4 ℃，最低气温只有 5.6 ℃，昼夜温差高达 26.8 ℃。这种温差大的季节里，平均气温依然比较低，午后短暂的炎热并不能使得户外的水温马上变热，再加上水的比热大，需要连续很多天的炎热天气之后水温才会慢慢变高。

我国生长的鱼类主要有温水、冷水和热带鱼类三种，适温范围不同（表 1），既决定了活跃的时间，也控制了活动的范围（中国水产养殖网，2016）。

（1）温水鱼类

主要包括鲫鱼、草鱼、鲤鱼、鲶鱼等，在我国分布最广，多数的适宜温度为 15～33 ℃，在水温低于 10 ℃或高于 33 ℃时，基本停止进食。其中鲫鱼属于适应性较强的鱼种，不论是深水或浅水、流水或静水、高温水（32 ℃）或低温水（0 ℃）均能生存，全年可垂钓。

（2）冷水鱼类

主要包括哲罗鱼、法罗鱼等，主要生活在我国东北地区，适温范围普遍在7～20 ℃，超过30 ℃会死亡。像是比较有名的虹鳟鱼，一般在水温超过25 ℃时就会死亡。

（3）热带鱼类

主要包括罗非鱼、鲮鱼等，适温范围为25～35 ℃，水温低于18 ℃时停止进食，一般在10 ℃以下就会死亡，主要生活在我国南方。

表1　鱼的适水温度（单位:℃）

淡水鱼	水温	海水鱼	水温
香鱼	17～20	黑金枪鱼	14～18
嘉鱼	7～9	菖	12～16
虹鳟	11～14	鲈鱼	15～18
桃花鱼	13～16	黑鲷	18～26
鲫鱼	19～23	真鲷	18～26
鲤鱼	23～28	带鱼	12～16
鳟鱼	8～10	黄鱼	15～18
鳗鱼	20～23	鲣鱼	20～22

3　季节与重点天气

上述解释了影响鱼类活动的氧气和水温与天气条件的关系，可以得出一些大致的结论，钓鱼界对此也有一定的共识。显而易见，水温是影响鱼类活性的最重要因素。由于水温较气温的变化有滞后性，同时变化幅度也相对较小，除非出现一些特殊天气，一般来讲，人类感觉舒适的气温也是鱼类最适宜的水温。

因此，气温直接决定了适宜垂钓的季节和时间段，而具体的天气条件以及每天不同时间段钓鱼条件的变化则是需要具体分析的。下面按一年中四个季节进行分类，进一步讨论每个季节需要注意的重点天气（渔翁在线，2015）。

3.1　春、秋

气象上把日平均气温稳定在10～22 ℃的时间段规定为春、秋季节，这也是水温最为适宜，鱼类最为活跃的季节，全天都比较适宜垂钓。垂钓界也一般把一年之中的4—6月以及9—10月称为钓鱼的黄金时间段。

同时，在这两段季节中，春天是鱼类蛰伏一个冬天之后开始活跃补充养分的时间，而秋天则是准备积蓄营养迎接冬季的时间，所以从生理阶段上也有利于吃饵。

（1）冷空气的影响

在初春和深秋时节，4—6月和9—10月两个时段的冷空气活动较强，带来的降温比较显著，一方面大的气温变化会影响鱼类的活性，同时降温会使鱼类向深层水域移动，也对垂钓造成不利影响。另一方面，尤其在春季，伴随着冷空气而来时常有大风天气，4级以上的大风会对垂钓活动造成比较大的影响。

（2）降雨的影响

春季天气多变，气温尚低降雨多为小雨，气压并不会急剧下降；雨水落入水面后水中含氧量反而会得以提升。如果降雨前天气并无明显变化，气温、气压则处于相对稳定中，鱼类活跃有益于垂钓。如果当时气温已达到温水性鱼类适宜温度，前几日又无冷空气入侵，鱼类特别是鲫鱼、鲤鱼会显得更加活跃。

初秋气温会有所降低，但水温仍然还会很高；当气温与水温都处于比较稳定状态时，鱼类开始活跃，也是野钓好时期。秋季多降小雨、中雨，持续降雨改变了盛夏时节高温酷热天气；水体氧气不断增加，鱼类觅食状况大为改善，垂钓极为有利。

如果降雨是伴随着比较强的冷空气而来，在春、秋季对垂钓也是非常不利的，因此在关注降雨时，也需要注意是否有明显降温伴随（张铨，2008）。

（3）露、霜的影响

露大多发生在清明至秋分时节，而霜则大多发生在霜降至冬至时节。露与霜的出现预示着当日天气晴好。一般来讲，露多形成于夜间，露的出现意味着气温高低变化而产生温差。因此，有露天气比无露天气、夜间比白天，垂钓效果要好。

霜大都出现在晴朗的夜晚，若清晨已见到有霜出现，说明全日天气晴暖，上下水层之间已形成温差，鱼类显得活跃，对垂钓有益。待太阳升起气温升高之后，鱼类进入较浅水域活动，仍不失为垂钓好时机。

3.2 夏

气象上把日平均气温稳定在22℃以上的时间段定位夏季。一般意义上，人们印象中真正的酷暑是在7月和8月，白天气温非常高，常在30℃以上。这种情况下垂钓就需要注意气温日变化带来的影响，可以关注早晨、黄昏以及夜间的时间段。同时，在这个时节，深层水温较表层更凉一些，更适宜鱼类的活动。

因而有"夏钓潭"这样的说法。在这样的季节需要更加注意对流性天气带来的影响。

夏季是对流性天气最为多发的季节。对于垂钓者来讲，对流性天气本身是需要注意防范的，需要注意出行安全。但强的对流性天气意味着比较强的冷暖气流交汇，尤其是在夏季，对流天气结束后，冷空气影响下，水温降低而气压升高（含氧量提升），约1小时后鱼类开始变得活跃，同时雷雨过后风平浪静、空气变得清新，对垂钓者来说感觉也比较良好。若雷雨发生在上午，下午则是垂钓良机；若雷雨发生在下午，傍晚、夜间和清晨则是垂钓的好时机。

鱼类喜欢在安静的环境中栖息，雷电发出巨大声响所产生的震动会使鱼类受到惊吓，从而迅速游进深水区隐蔽或进入岩洞、巨石处躲藏。同时鱼类喜爱比较柔和的光线惧怕强光，闪电发出耀眼的光芒更加剧这一进程，对垂钓极为不利。

3.3　冬

冬季属于一年当中最难钓鱼的时间，只有鲫鱼等小型鱼类还会活动，热爱冰钓的朋友需要找到鱼的栖息地。

冰雪意味着严寒，北方区域进入冰天雪地，仅可冰钓；而南方区域则得天独厚，仍有一定的垂钓空间。

雪在融化过程中，需要吸收空气中大量的热量，从而导致大气温度降低，鱼类少动并进入深水区躲避严寒。在南方地区，水温一般为3～5 ℃，降雪或者结冰后气温又开始有所降低，鱼类少动，觅食活动大为减少，不利于垂钓。

而在冰雪来临时气温骤然下降，会促使水体产生温差，水底层温度会高于水表层温度。由于水体温度下降速度比空气慢，因而水温高于气温，使得水底层温度高于水表层温度，鱼类开始活跃，降雪刚刚开始时，仍然是垂钓的好时机。

如果出现"雨夹雪"天气，相比于普通的降雪，会加剧水温降低速度，鱼类觅食活动开始转弱，对垂钓较为不利。

同时，由于南北方天气条件差异很大，南方少有冰雪的地区，垂钓仍然会受到降雨的制约。冬季降雨时，水体变得更加寒冷，迫使鱼类觅食活动减少。尤其是寒潮来临产生的降雨使得水温快速降低，鱼类逐渐游向深水区躲避严寒侵袭，对垂钓极为不利。

参考文献

聂超群，2011. 垂钓与氧应变之道 [J]. 钓鱼，(20)：2-4.

渔翁在线. 钓鱼与季节的关系 [EB/OL]. (2015-02-27) [2016-10-28]. http：//www.di-aoyu123.com/diaoyutianqi/99722.html.

张铨，2008. 下雨之后，好钓鱼吗? [J]. 钓鱼，(13)：24-25.

郑知新，1994. 钓鱼与天气的关系 [J]. 中国钓鱼，(5)：15.

中国水产养殖网. 最适合各种鱼生长的最适水温范围详细介绍 [EB/OL]. (2016-05-11) [2016-10-28]. http：//www.shuichan.cc/article_view-41608.html.

低碳健康从骑行开始

近年来，由于自行车运动具有环保和缓解交通堵塞的优势，自行车再度成为世界各个国家居民喜爱的健身和交通工具，并且自行车行业的重心也逐渐从传统的代步型交通工具向运动型、山地型、休闲型转变，在美国、丹麦、荷兰等发达国家，自行车是一种较普遍的运动、健身、休闲和娱乐性产品。

下面对自行车运动以及对其有影响的气象因素进行研究，希望能给人们的骑行运动提供相关提示和建议，使得更多的人加入低碳健康出行的行列。

自行车作为户外运动，比较容易受到气象条件的制约，尤其是公路自行车比赛，比赛时的天气情况和比赛沿途的气象条件对运动员的发挥至关重要。与骑行有直接关系的气象要素有日照、降水、风向风力、气温、湿度等。公路自行车最佳比赛气温条件为 $15\sim20$ ℃，湿度为 $50\%\sim60\%$，如遇上降雨天气，雨水会使得路面湿滑，对高速行驶的自行车而言，拐弯时容易摔倒，其次下雨也会阻碍运动员的视线，可能迫使他们放慢速度，以避免发生意外。

晴天固然是好，但防晒不能少

晴朗的天气是自行车爱好者共同向往的，骑上单车，约上三五知己，骑行在路上，心情自然是不错的，但晴天空气中水分子匮乏，紫外线比较强，长时间的骑行很容易被晒伤，人体的水分流失也相对加快，容易出现脱水现象。所以，晴天骑行要注意防晒及补水。SPF30 以下的防晒霜是不能满足干燥夏日的骑行需要的。对于水分的补充，应遵循量少次多的原则，这样会感觉比较舒适。

勿入低压区

阴天时气压相对晴天低，进行自行车运动往往会使人感觉喘不过气来，这样的天气中骑行锻炼会给心肺功能造成额外的压力，很容易出现头疼、乏力等现象。气压低也不利于空气流通，不建议阴天进行骑行锻炼。

 路遇雷雨怎么办

雷雨天气中，绝对不能进行骑行活动，首先是雷雨天气中，空气流动往往很强烈，会对骑行造成极大阻力。其次，自行车是良好的导体，行驶在空旷的公路上非常危险，容易遭到雷击。最后，骑行中如遇雷雨天气需要避雨时，切不可选择在树下，正确的方法是放倒自行车，寻找房屋进行躲避。

 非雷雨雨天

小雨天进行自行车运动，并不是很坏的选择，但一定要做好防滑工作，保证人身安全。雨天行车胎压最好降到平时的 3/4，这样可以有效地增加轮胎与地面的接触面积，使轮胎有更大的抓地力，防止轮胎打滑。另外，适当降低车座高度，降低重心，骑行会更加稳定。尽量不要进行强制动，湿滑的路面上进行急刹车是很危险的，极易造成轮胎打滑，出现意外。遇到情况应及早进行制动。由于雨天轮胎抓地力有限，转弯时要尽量加大转弯半径及路线，注意重心的保持，使车辆平稳转弯。若是中雨以上量级的降雨则不建议雨天骑行，道路会更湿滑，能见度差，如果再遇上积水路段，骑行会更加危险。

降雨天气对自行车比赛会造成不同程度的影响。北京奥运会时，一场阵雨曾使小轮车比赛被迫延迟到第二天，但山地自行车比赛却如期进行。由此可见，降雨对小轮车比赛的影响要高于山地、公路自行车赛。只要不是瓢泼大雨，山地和公路自行车比赛就可以进行，但下雨路面比较滑，对高速行驶的自行车而言，拐弯时容易摔倒；另外，下雨会阻碍选手们的视线，迫使他们放慢速度。这样就会增加比赛难度，影响选手正常发挥。在北京奥运会女子公路自行车比赛中，受大雨天气影响，选手的平均速度降低，中国选手孟浪发生意外，滑出赛道，掉进路旁排水沟内，虽然她迅速爬起继续比赛，但仍然影响到赛事成绩（搜狐体育，2008）。

 雪天慢行

雪天的注意事项和雨天类似，路面湿滑，对于冰雪路面，还是越野车的轮胎比较适合。注意不可离前车太近，以免发生意外时无法做出避让。雪天骑车应尽量避免急加速和急制动，转弯时不可压车过弯，必要时下车推行。

 雾和霾

　　雾和霾天气不适合骑行。首先是空气不好，作为有氧运动，这点至关重要，它会对心肺功能造成极大的影响，有害健康。其次，雾和霾天气能见度很低，给骑行带来很大的安全隐患。最后，雾和霾天气空气比较潮湿，气压相对比较低，很容易造成疲劳。

 风

　　风对自行车运动有较大的影响，一般风力达到4～5级，对骑行就会有较大影响，一般4级风就容易吹起风沙，骑行阻力也加大；而若遭遇6级或以上的大风，估计除专业运动员外，骑行会很困难。波兰一位专家曾向波兰国家男子自行车队的50名运动员进行调查，认为一个接一个地排队行驶（队式赛）可能使逆风时来自正面的阻力降低20%～50%，因此，为节省体力用于最后冲刺，各国运动员纷纷采用队式赛的战术（中国天气网辽宁站，2013）。

 适宜的气温很重要

　　气温是人体最为敏感的气象要素，气温通常是对运动员的自主神经系统、内分泌功能以及血压等有影响，不同的气温条件会对运动员产生不同影响。气温适宜，则体能效率高，运动员在不同项目上能充分发挥自己水平的适宜温度大致是13～25 ℃，最适宜温度是15～22 ℃（中国天气网，2014）。

　　气温过高，热量散发不及时易造成中暑；出汗多，水分和电解质平衡被打破，易发生脱水；对耐力型项目，无氧代谢能量增加，乳酸的堆积使肌肉酸胀，造成肌肉工作能力下降；体力消耗快，易疲劳。尤其是出现35 ℃或以上高温时，运动员的体能消耗增大，易造成中枢神经疲劳，肌肉的活动能力显著下降。由于自行车等比赛受高温影响很大，在高温时，运动员要及时补充水分。

　　而气温过低时，对运动员的影响也同样不容忽视。为减小空气阻力等因素对比赛的影响，选手在比赛时身着单薄衣物，如遇降温天气会影响车手成绩。

例如，在第二届环青海湖国际公路自行车赛中，连日低温使选手们发挥多不尽如人意。比赛当日，海拔3000多米的日月山雪花纷飞，一名身着单衣的韩国队员在比赛途中休克。

9 自行车运动益处多

低碳环保众所周知，自行车可以作为最为环保的交通工具用来代步、出行。

健康生活使得越来越多的人将自行车作为健身器材用来骑行锻炼、出游。骑行是一项除了慢跑以外相当好的低冲撞运动，骑自行车时两腿交替蹬踏可使左、右侧大脑功能同时得以开发，防止其早衰及偏废，还能改善人们的心肺功能。自行车是克服心脏功能疾病的最佳工具之一，每周骑车30千米以上者，可以减少50%心血管疾病的发生率。骑单车不仅能借腿部的运动压缩血液流动，还能把血液从血管末梢抽回心脏，同时还能强化微血管组织，即"附带循环"。强化血管可以使你不受年龄的威胁，青春永驻。骑单车是需要大量氧气的运动，单车运动同时也能防止高血压，有时比药物更有效，还能防止发胖、血管硬化，并使骨骼强壮。骑行不止是一种减肥运动，更是心灵愉悦的放逐。

竞技体育自行车本身也是一项体育竞技运动，有公路自行车赛、山地自行车赛、场地自行车赛、特技自行车赛等。自行车运动（cycling）是以自行车为工具比赛骑行速度的体育运动。1896年，第一届奥林匹克运动会上被列为正式比赛项目。1900年，国际自行车联盟成立，此后相继举办世界自行车锦标赛（每年举行1次），世界和平自行车赛（环绕柏林、华沙、布拉格1周，共2000多千米的多日赛），环法赛（环绕法国1周3966千米的多日赛，环法赛是世界影响最广、规模最大、比赛水平最高的自行车比赛）。

中国的自行车运动于1913年前后由欧洲传入。1940年后，中国各地在田径场里举行了不同形式的中小型自行车比赛。1947年，在上海举行了中国第一次全国性表演赛。中华人民共和国建立以后，自行车运动得到了全面、迅速的发展。2002年，中国首次举办环青海湖自行车赛，至2015年已举办14届。

旅游休闲方面，自行车旅游特别是长途旅游，掌握好自行车技术是很重要的，目的是为了节省体力，保证安全。自行车车座的调整，是自行车技术的一个重要方面。一般来说，以车座较低并有5°~10°的后倾最便于长途旅游，这对保持体力、速度、耐力都有很大的好处。此外，自行车旅游选择好适当的速度也是非常重要的。例如，没有骑行长途的经验一下子骑了 50 千米，而且在途中只追求速度、力量，这样其实对身体的伤害很大，严重时膝盖会出现积水。普通自行车，在体力正常、道路平坦等条件下的长途旅游，速度应保持在 15 千米/时左右，体力好的可加快到 20 千米/时。自行车旅游贵在保持速度，选择适当的速度，切忌忽快忽慢。

适合骑行的城市分享

Copenhagenize 指数始自 2011 年，是由著名的城市规划顾问公司 Copenhagenize 发起，根据条件设施（包括自行车停放架）、基础设施、共享方案、骑车人性别比例、交通方式中所占份额等 13 个分类指标给出 0～4 分的评分，对表现突出者给予最高 12 分的额外加分，满分 64 分，综合额外加分后再转换成百分制得出的。排名两年评选一次，该公司将排名城市从 80 座增至 122 座，2013 年，Copenhagenize 指数排名第一的是荷兰阿姆斯特丹市，位列第二、三位的是哥本哈根和乌得勒支（新华网，2015）。

2015 年，Copenhagenize 指数排名公布，丹麦首都哥本哈根排名上升一位，被评为"世界上最适合骑自行车的城市"。荷兰城市阿姆斯特丹和乌得勒支紧随其后，分别位列第二、三名。过去，除丹麦和荷兰外，城市规划者们很少注意到自行车族的需求，统御领土的是机动车辆。而近年来，随着主张环保和健康生活的单车族大量增加，各国政府城市规划部门也越来越重视环境和社会效益，因此骑自行车在许多地方得到大力推广。阿姆斯特丹之所以连续几届评选跻身前三甲，与它的自行车文化密不可分，这里拥有令人轻松愉悦的自行车文化，骑车一直是一种主流出行方式。这座城市设立了大量 30 千米时速限速区，确保交通安全的同时，让居民享受"慢生活"，城市规划部门一直采取富有创造性的措施改进骑车环境和交通运输量分配率。

丹麦城市哥本哈根荣登榜首可谓实至名归，这里拥有浓郁而轻松的骑行文化，在哥本哈根上班高峰期，36% 上班族选择骑自行车出行。除了政府部门的大力推广外，哥本哈根的天气比较适宜骑行也是当地自行车出行比例高的原因之一。哥本哈根最冷的 1 月、2 月的平均最低气温只有 −2 ℃ 左右，但是最热的 7 月、8 月的平均最高气温也只有 20 ℃ 出头，可以说冬天不那么冷，夏天又很凉爽，大部分时间骑上自行车体感还是比较舒适的。

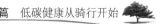

参考文献

搜狐体育. 女子公路自行车决赛中国选手发生意外［EB/OL］.（2008-08-10）［2016-11-10］. http：//news. cnwest. com/content/2008/08/10/content_1352805. htm.

新华网.“2015 最适合骑车的城市”榜单出炉前十均出自欧洲［EB/OL］.（2015-06-08）［2015-11-08］. http：//world. people. com. cn/n/2015/0608/c157278-27118205. html.

中国天气网辽宁站. 气象条件对体育运动有何影响［EB/OL］.（2013-08-25）［2016-11-10］. http：//www. weather. com. cn/liaoning/lnsy/ztbd/sbd/08/1956759. shtml.

中国天气网. 哪些天气条件会对运动项目造成影响［EB/OL］.（2014-09-19）［2016-11-10］. http：//www. toutiao. com/a3545206556/.

冬天，我们滑雪去

【篇头语】如果要问当下的年轻人，在冬季最受欢迎的运动项目是什么？答案一定是滑雪。在中国，随着人们生活水平的不断提高，本身兼具刺激性、娱乐性和强身健体于一身的功能使得滑雪运动在近几年逐渐褪去"运动贵族"的外衣，成为冬季一项深受广大民众喜爱的运动。

旅游滑雪由于受人为因素制约程度较小，男女老幼均可在雪场上轻松、愉快地滑行，饱享滑雪运动的无穷乐趣，所以近年来被广泛推广，成为冬季众多户外运动爱好者的首选。而且一个体重 50 千克左右速度正常的滑雪者 1 小时消耗的热量约为 1674 焦耳，相当于在 1 个小时内跑 7 千米左右的运动消耗量，可谓是一项集娱乐休闲和强身健体于一身的运动项目。

中国的旅游滑雪产业经过前 10 年的积累，目前正处于较快发展时期。以 2000 年为界分为两个阶段。2000 年之前的 5 年，滑雪场只分布在黑龙江和吉林两省。2000 年以后，由于掌握了大规模造雪技术，在其他地区，尤其在北京，开始出现滑雪场。这对滑雪产业在全国的整体发展起到了促进作用。现在，东北、河南、山东甚至一些南方省市也在积极开发这个市场。

的确，在漫长的冬季，昼短夜长，寒风凌烈，对于喜欢户外运动的朋友们来说，滑雪是最好的选择。身体沉浸在充满诱惑的蓝天白雪中，沿着雪道飞速急下，感受到风从身边穿过，尽情释放自我，感受速度带给我们的快感，激情由心脏释放到身体，能量从身体迸发到自然。速度与激情，这就是滑雪的魅力！即便是不善于极限运动的人，约上三五个亲朋好友，穿戴五彩缤纷的雪具，在各种充满诱惑的雪道上，也能尽情欣赏美景，享受滑雪带来的乐趣。写到这里，笔者都已经情不自禁开始期盼寒冬早点到来了。而且伴随着 2022 年北京冬奥会申办成功，可以预见，未来中国将掀起一次旅游滑雪的热潮。

作为一项在特定天气环境下的户外运动，雪质、雪量、积雪期、天气气候特点等因素都会直接影响到滑雪体验的好坏，可以说这是一项与天气息息相关的休闲旅游项目。

　　一般来说，由于下雪时和下雪后的气象条件不同，所以雪质会呈现各种各样的形态，包括粉状雪、片状雪、壳状雪、浆状雪、粒状雪、泥状雪、冰状雪等。对于有一定基础的滑雪爱好者来说，雪道上积雪形态不同，滑雪的感受也不尽相同，当然对每种雪质所使用的滑雪技巧也会有所不同。

　　在中国，由于大多数滑雪场建在北方的内陆，不受海洋季风的影响，具有空气干燥、寒冷、风大的特点，雪的形态大多为粉状雪、壳状雪、冰状雪、浆状雪。目前国内的滑雪场主要是将上述各种雪搅拌后形成的雪道雪。一般雪场营业前都要进行20天左右的人工造雪，当平均雪层厚度达到50～60厘米时最适合大众休闲娱乐性质的滑雪。

　　除了雪质本身的先天差异外，由于一天当中气温的升降变化，积雪还会产生一些后天变化，建议不同水平的滑雪者根据雪道积雪融化程度选择各自合适的滑雪时间。像在清晨时，气温较低，雪质呈现冰状雪形态，表层有一层薄的硬冰壳，使得滑雪板与雪道之间的摩擦力非常小，雪板无须打蜡滑雪速度就会很快，所以要求滑雪者具备一定的滑行技术。上午十点以后，随着温度的升高、阳光的照射，雪的表面慢慢融化，呈粉状雪形态，这种雪对滑雪者来说感受最好，不软不硬，滑行舒适，因此最适合有一定基础的滑雪爱好者练习新动作，挑战自我。下午，地面吸收了一整天太阳照射提供的热量，再加上雪板的不断翻动，积雪进一步融化，雪质呈浆状雪形态，雪质发黏，摩擦力增大，雪板更容易控制，最适合零基础的入门级初学者，相反对于技术好的滑雪者来说则需要在滑雪板的底面打蜡以减小滑行阻力。

　　此外需要注意的是，在出现新的降雪以后，如果不用雪道机搅拌和压实，几天后会在雪道表面形成一层硬壳，即便是普通雪道上，滑行者也需要有较大的前冲力，冲破这层硬壳才能顺利向前滑行，更何况这种雪质一般分布都在雪道机无法到达的较高、较陡的区域，就更加要求滑雪者必须具备较高技术水平才能在这种又高又陡，又需要较大前冲力的雪道上游刃有余，自由滑行。一旦掌握了驾驭它的本领，看着一块块破碎的雪壳在空中飞舞，定会其乐无穷。但如果只是初级水平的滑雪爱好者，在降雪刚刚过后的两三天一定要避免前往又高又陡的雪道，毕竟安全才是第一位的。

目前，我国冬季室外滑雪场主要集中在京、冀周边和东北两大区域，下面为大家重点推荐几个有特色的滑雪场及其所在地的冬季天气特点。

1 北京周边雪场及冬季气候特点

1.1　北京周边滑雪场——初级滑雪者

万龙八易滑雪场——距离最近：位于北京市丰台区长辛店北宫路与园博大道交叉口八一军体大队院内，地处于西五环与西六环间，是目前北京市区内唯一的大型户外滑雪场，是目前唯一能依托地铁和公交为交通工具到达的滑雪场，同时也是目前北京唯一开办夜场的滑雪场。

怀北滑雪场——风景最美：北京怀北国际滑雪场隶属于北京怀北国际滑雪场有限公司，是北京最早的滑雪场之一，同时也是中国最美的滑雪场之一，这里有世界文化遗产——中国长城中的单边长城景观，23 座敌楼与"慕田峪"长城绵延相接，著名的"夹扁楼"更是万里长城中唯一的景观。独具现代建筑风格的综合楼、雪具店与长城遥遥相对；餐厅、咖啡厅、芬兰木屋别墅更添欧洲滑雪小镇风情。在雪期，雪场内积雪厚度可达 1 米，皑皑白雪，湛蓝的天空，巍峨的长城，清新的空气，人造雪花漫天飞舞，负氧离子超高含量，在这里游客可亲身感受李太白描绘北国的壮观诗句"燕山雪花大如席"的场面。

怀北国际滑雪场位于北京城区东北部，雁栖湖以北 5 千米的国家 AAA 级风景区——九谷口自然风景区内。雪道全长 5100 米，落差 238 米，由 1 条高级道、3 条中级道、4 条初级道以及 1 座滑雪公园和 1 座戏雪乐园组成，是北京地区雪道最长、规模最大的国际级滑雪场。值得一提的是，怀北的初级道缆车，在周边雪场独树一帜，为初学者提供了极大的便利。

渔阳滑雪场——雪场美食主义：渔阳滑雪场是目前北京地区最大的集雪上运动、生态园餐厅、住宿、拓展训练、会议、休闲、采摘于一体的综合滑雪旅游胜地。2006 年，这里被 SOHU 评为"最佳品质滑雪场"。2007 年，荣升国家 AAAA 级景区。2009 年，被市旅游局授予"最具旅游人气奖—最具人气的滑雪场"称号。2010 年，被市旅游协会评为"最受消费者喜爱的十大滑雪场"称号。在京城周边的滑雪场中，渔阳滑雪场的餐饮服务口碑一直是最响亮的，这里咖啡厅、美食广场、美食生态园一应俱全，加上不俗的雪道设置和不算远的车程，成为很多滑雪圈饮食男女热衷的去处。

1.2 北京周边滑雪场——中高级滑雪者

南山滑雪场：北京南山滑雪场位于距望和桥 62 千米的密云县，京承高速直达。是华北地区集滑雪、滑道等动感休闲运动项目为一体的冬季度假村。作为北京周边滑雪场中口碑最好的一家，因为经常举办单板赛事而闻名，单板天王级人物肖恩-怀特经常来这里指导学员。南山滑雪场以其出色的硬件、对不同水平滑雪者的包容性，以及良好的服务，赢得了不少北京周边滑雪爱好者的认可。这里引进了奥地利高科技人工降雪系统，拥有欧洲进口压雪车 4 台，安装有四人吊椅驾空滑雪缆车 3 条，大小地面拖牵 16 条，自动循环"魔毯" 4 条，总运载提升能力达到每小时 15 010 人次。这里不仅拥有多条中级、高级雪道，同时还有时尚单板的野雪、单板公园，可以同时满足中高级滑雪者不同的体验。

军都山滑雪场：雪场位于距市中心 30 余千米的昌平区军都山麓，西临明十三陵，东面与著名的小汤山温泉度假区相邻，雪场总滑行面积为 150 000 平方米，有目前国内难度系数最大的高级雪道，也是目前北京最难滑行的一条雪道，不少专业滑雪者都热衷在这里挑战自我。这里还是国内唯一一家实现全场无障碍通信的滑雪场，滑雪场的停车场西区、雪具大厅区域、别墅区域和主峰的高级道练习区域以及白羊座咖啡厅均可以实现无线上网。

石京龙滑雪场：北京石京龙滑雪场 1999 年建成，位于国家级生态环境示范区——北京夏都延庆，距北京市区 80 千米，是北京周边地区第一家、规模最大、设备设施齐全、全国最先采用人工造雪的滑雪场。这里拥有北京最宽的雪道，尤其是东侧中级道，落差达到 135 米，最大坡度为 28°。值得一提的是，这里拥有京城周边独一无二的雪桑拿和温泉浴。雪场还拥有吊椅式缆车 2 条，其中双人吊椅式缆车长 500 米；四人吊椅式缆车长 900 米；大拖牵索道 5 条，普通拖牵式索道 2 条，每小时输送量达 5000 人次，能及时将滑雪者送到起点。如果您不滑雪，也可乘缆车观光，雪场空气清新、微风和煦，自然美景尽收眼底。

1.3 北京冬季气候特点

北京位于华北平原北部，具有典型的温带半湿润大陆性季风气候，冬季寒冷干燥。根据 1981—2000 年气候数据统计，11 月是北京在下半年平均气温下降最迅速的月份，因此此时出现降雪的可能性大大增加，平均初雪日期为 11 月 29 日，一般降雪集中出现在 11 月至翌年 3 月，其中 2 月下雪概率最高，为 3.5 天。整个雪季平均积雪深度为 1.2～4.0 厘米，积雪最深在 1 月，为 4 厘米，再加上 1 月气温低于 0 ℃的天数最多，自然积雪容易保存，所以 1 月是整个冬季的最佳滑雪时段。但由于 1 月为全年最冷月，平均最高气温为 1.8 ℃，平均最低气温为 −8.4 ℃，历史上出现过的极端寒冷天气也多集中在 1 月。在如此寒冷的天气里，滑雪前充分的热身很有必要。因为滑雪场气温低，身体发僵，如果关节肌肉没活动开，一上来就滑很容易受伤。

由于滑雪场多建在海拔较高的山区，因此降雪概率和积雪深度相比城区都会更大。通常来说，北京滑雪场的开业时间都在每年的 11 月下旬至 12 月上旬，根据不同滑雪场的地理位置和当年天气条件会稍有调整，不过差异不会很大。

 河北周边雪场及冬季气候特点

2.1　河北周边滑雪场

崇礼密苑云顶滑雪场：位于河北省张家口市崇礼县境内，地处太行山和燕山交会的大马群山之中。是由马来西亚云顶集团与卓越集团投资兴建而成（云顶乐园之名由此而来）。这里年平均气温只有 3.3 ℃，积雪时间长达 150 天。得天独厚的地理优势，为冰雪娱乐项目创造了绝佳条件，项目规划开发 87 条总长度约为 70 千米的滑雪道，总滑雪面积达 262 公顷，滑雪游客承载能力为 19 610人。建成后的"云顶滑雪中心"是中国最大的赏雪、玩雪、娱雪旅游胜地，也是您在银装素裹之中，滑雪赏冰、休闲娱乐的绝好去处。

张家口长城岭滑雪场：位于河北省张家口市崇礼县省级和平森林公园内，占地 15 平方千米，距北京市 251 千米，距张家口市 52 千米，是河北省体育局高原训练基地，专门为河北省和国家队进行夏季高原训练、冬季的冰雪项目训练和比赛而建。这里具有地理位置上的优势，雪期长、雪质好，积雪期长达 4个月以上，是华北地区最佳滑雪地之一。

张家口万龙滑雪场：位于河北省张家口市崇礼县红花梁区域内，为国内首家开放式滑雪场，占地面积 30 平方千米，最高处海拔 2110.3 米，垂直落差 550 米。距北京市 249 千米，距张家口市 60 千米。前期开发共建成初、中、高级滑雪道22 条，雪道总面积 90 多万平方米，树林野雪总面积 90 余万平方米。与滑雪道相匹配，设置了 2 条双人吊椅式索道，单位时间总运力为 1950 人/时、3 条四人吊椅式索道，运速为 2.25 米/秒，单位时间总运力为 3100 人/时，更加贴心的是专门设计了 1 条专门为初级滑雪者配备的魔毯，免去了初级滑雪者初次滑

雪时对缆车的恐惧。庞大的人工造雪系统覆盖了每条雪道，再配以得天独厚的天然降雪，使万龙滑雪场成为中国开放最早、雪期最长、雪质最佳的滑雪场。

2.2 河北周边滑雪场冬季气候特点

河北滑雪场多修建在张家口周边地区，其中又以境内的崇礼县最为集中，这主要是因为崇礼地处太行山和燕山交会的大马群山之中，得天独厚的地理优势为冰雪娱乐项目创造了绝佳条件。张家口一般在每年10月至翌年4月都有降雪出现，年平均降雪次数达到22.9次，其中12月至翌年3月均在3次以上，12月至翌年1月最多，均有5次左右，积雪时间长达150天左右。就天气条件而言，综合温度、降雪次数、积雪深度、风力等各要素对比，12月至翌年2月都是最佳旅游滑雪时段。虽然3月积雪深度略高于2月，但由于3月张家口气温已经开始回升，白天最高气温平均为8.6 ℃，但早晚最低气温依然在冰点以下，所以很容易出现白天积雪融化，夜晚冻结成冰的情况，如果雪场维护不及时，"雪道"变"冰道"，危险系数就会大大增加。

东北滑雪场圈

3.1 黑龙江亚布力滑雪场

地处黑龙江省尚志市亚布力镇西南23千米处，距哈尔滨市198千米，距牡丹江市120千米，位于长白山系余脉张广才岭西麓的大锅盔山脚下，占地面积66公顷。拥有多条初、中、高级滑雪道。全自动、半自动混合造雪系统覆盖长12 460米、面积431 800平方米的全部雪道；6人吊厢拖挂、双人吊椅、单人吊椅索道供您选择；配套服务设施完善，建有星级酒店三座，内设中西餐厅、酒吧、商场、商务中心、会务中心等；2000平方米的训练馆和2400平方米的雪具大厅，可为您提供室内网球、排球、乒乓球、羽毛球等齐全的健身器械等休闲运动的服务，是集休闲度假、旅游观光、召开会议的理想首选地。这里还会经常吸引到明星前来滑雪，因而这里也是撞星概率较高的滑雪场。

黑龙江省属于温带大陆性季风气候，全省大部分地区无霜期每年不足150天，多数地区10月中旬的日平均气温即降到0 ℃以下，结冰期长，冬季长达6个月以上，一些地方甚至长达8个月之久。冬季漫长而寒冷，导致长时间的降雪积累，常常在地表形成很厚的积雪。银装素裹，积雪层厚，是黑龙江省的一大自然特点，而雪量充足、雪质好、坡度理想、交通便利使得亚布力成为全国闻名的滑雪胜地。

亚布力滑雪场所在的尚志市降雪主要出现在每年 10 月至翌年 4 月，年平均降雪次数高达 67 次，其中 11 月至翌年 3 月每月均在 10 次以上，积雪深度在 10 厘米以上，12 月至翌年 2 月积雪最深，在 25 厘米以上。此外需要注意的是，12 月至翌年 2 月也是当地一年中最寒冷的时段，平均气温在 −15 ℃以下，前去当地一定要准备好足够抵御严寒的装备。

3.2　黑龙江吉华长寿山滑雪场

有"中国滑雪之乡"之称的哈尔滨吉华长寿山滑雪场位于宾县的宾西国家森林公园，距哈尔滨市区 38 千米，车程仅 30 分钟，是一座 SSS 级旅游滑雪场。雪场四面环山，地理位置优越，冬季雪量大、雪质好，一年中雪期长达 150 天，雪道最大容客量达 5000 人。这里建有初、中、高级雪道 15 条，总里程 30 千米，最长的雪道 2300 余米，最宽的初级雪道有 100 米，居全国之首。15 条雪道在山顶处相互贯通，有的陡峭，有的平缓，为不同技术水准的滑雪者提供了选择余地，往来择道游刃有余。绕山而下，有峰回路转之感，多一份变化，多一份情调。翩然于雪野山色之中，让你尽情领略穿林海、跨雪原的北国风光，感受"滑入大森林，回归大自然"的生态滑雪之美。曾先后被评为"SSSSS 级滑雪场""最受欢迎滑雪场""市民喜爱的哈尔滨五佳滑雪场"及黑龙江 100 个最值得去的地方，是海内外媒体关注的焦点和中国滑雪的优质品牌，被誉为"中国滑雪之乡"。

吉华长寿山滑雪场所在的哈尔滨市是黑龙江省的省会，属中温带大陆性季风气候，冬季寒冷漫长，降雪主要集中出现在 10 月至翌年 4 月，年平均降雪次数为 51.5 次，其中 12 月和 1 月降雪概率最大，平均在 9 次以上。11 月至翌年 3 月积雪深度最大，均在 10 厘米以上，1 月最大为 29.2 厘米，同时 1 月也是全年气温最低的月份，平均气温为 −18.3 ℃，平均最高气温也仅有 −12.3 ℃，平均最低气温甚至达到 −23.9 ℃。

3.3　吉林北大壶滑雪场

位于吉林北大壶开发区，吉林永吉县境内，地处长白山余脉、松花湖自然风景区，距吉林市区 53 千米，距长春龙嘉国际机场 126 千米。走进滑雪场，迎面是综合服务楼——北雪大厦。北雪大厦背靠南楼山和大顶子山。两座大山都呈"八"字形，北雪大厦的设计者有意地将此楼也设计成"八"字形，立于两山前的空档之外，造成既协调统一又突出显赫的效果。现有雪道总长度约 37 千米，最大高度差达 930 米，是目前国内雪道山体落差最大的滑雪场，具备举办任何级别国际赛事的自然条件，拥有国际标准雪道 19 条，冬季现代两项靶场 1 座，国际标准单板"U"形槽及单板公园 1 座，滑雪跳台 2 座，自由式空中技巧滑雪台 1 座，旱地雪橇滑道 1 座；雪场有高山滑雪索道 4 条、托牵 1 条、魔毯 3 条；各类滑雪用具 2000 付；日接待能力达 6000 余人，是滑雪爱好者和发烧友的首选，雪友们能在这里体会到极致畅滑的乐趣。这里还是国家队指定的训练场，包括李妮娜、刘佳宇经常在这里训练，如果在滑雪过程中能够见到国家队选手的雪上英姿，可谓不虚此行。北大壶的雪含水量低，雪质干爽，近乎粉雪，被誉为"粉雪度假天堂"。

北大壶滑雪场有着得天独厚的地理优势，山坡平缓，少陡崖峭壁，主峰海拔 1408.8 米，海拔高度超过 1200 米的山峰有 9 座。冬季平均气温为 -10.2 ℃，一般年份初雪多出现在 10 月下旬，最终降雪日在 4 月下旬，积雪日达 160 天左右。积雪深度山下约 0.5 米，中间约 1 米，海拔 1000 米以上的地段积雪可达 1.5 米左右。由于整个区域三面环山，冬季风小，有时近似静风，气候较适宜，所以，北大壶滑雪场完全可以满足高山滑雪、越野滑雪、跳台滑雪、自由滑雪、现代两项及雪车、雪橇等雪上项目场地的建设要求，达到国际雪上竞赛场地的水平。

北大壶滑雪场所在的吉林省吉林市降雪主要集中在 10 月至翌年 4 月，其中 12 月至翌年 3 月每月平均降雪在 10 次左右，全年平均降雪 57.5 次，12 月至翌年 2 月积雪最深，达 20 厘米以上，不过从日照时数来看，1 月和 2 月平均比 12 月每天长 1 个小时左右，因此 1 月和 2 月前去滑雪性价比更高一些。

夜跑 or 晨练？This is a question
——越夜越健康？还是一日之计在于晨？

　　跑步应该算得上是最原始、最基础的一种运动方式，运动门槛低，只要身体健康，想跑就能跑。这么一项古老又貌似"最没技术含量"的运动，在移动互联网的浪潮里突然成为我国全民运动健身的主流。随着跑步 APP、可穿戴设备的大量使用，跑步从简单运动转化为身体运动数据，跑者通过移动互联网和社交媒体平台分享跑步体验。过去，早晨跑步锻炼被广泛接受，而今大城市里越发繁忙的早间，很少有人能抽出时间晨跑，越来越多的人选择夜间跑步，"夜跑"刷微信朋友圈也成为上班族的运动时尚。

　　有人研究认为，人体的最佳活动时间应是 18—20 时。因为人体的各种活动都受到"生物钟"的控制，在一天 24 小时内，人体力的最高点和最低点都有一定的规律性，而绝大多数人体力发挥的最高点并不在清晨，而是在傍晚。傍晚或者夜幕降临之时出来跑步，白天工作上的困扰也能通过夜跑获得精神上的放松，夜色浪漫的江岸景色能让压抑的心灵复归平静。对于上班族来说，夜跑之后产生的轻微疲劳感能够帮助他们大大提高睡眠质量。从这个角度看夜跑比晨跑更具备优势。

　　当然跑步主要还是图个身体健康，户外跑步更是为了能呼吸到新鲜的空气。什么时候的空气质量最好？户外"夜跑"是越夜越健康吗？还是应该早点起床晨练呢？怎么选择户外跑步时间才最明智呢？

　　空气质量是户外跑步绕不开的话题，空气质量很差的时候还不如不运动呢，谁也不想带着防雾霾的口罩运动吧。早晨和夜晚到底哪个时段空气质量更好些呢？我们国家很多城市的首要空气污染物是颗粒物以及二氧化硫，颗粒物也就是我们常说的 PM_{10} 和 $PM_{2.5}$，污染源主要是工业排放、生活采暖、机动车排放，等等。考虑这类污染物的浓度，晨跑和夜跑 PK 的结果是半斤对八两，统计数据表明，空气质量最好的时段往往是 15—16 时，清晨和夜晚则是一天中空气质

量相对较差的时段，晨跑和夜跑都不占优势（毕玮等，2015；王占山等，2015；叶堤等，2008；陈建江，2003；王明洁等，2013；冯宏芳等，2003；李丹等，2010；郑晓红，2005；石宇虹等，2002）。也就是说若不考虑明显的天气过程比如大风、降水等，在一天之中空气质量往往有比较大的日变化。当然每个城市的情况会有所不同，但大体上的结果基本如此。住在北方的朋友或许有这个体验，在以燃煤为主要能源的冬季采暖城市里，白天空气中的煤烟味往往不大明显，而到了早晨或夜晚，污染物更容易积累，空气中的煤烟味会加重，说明污染物的扩散条件存在比较明显的日变化。

 ## 混合的力量

造成空气质量日变化的原因是多方面的。首先要说说大气混合层。《大气科学辞典》给出的"混合层"定义是湍流受热对流控制的近地面层以上的大气边界层，近年来常称为自由对流层，特点是层结不稳定，对流旺盛（大气科学辞典编委会，1994）。

好吧，你看不懂，我也不爱看。不管学霸们怎么定义，混合层关键还是看"混合"两个字，能混就对了，混得越厉害，混合层的高度越高，污染物浓度在垂直方向上就更容易因为混合作用而稀释下来，空气质量也就越好。想象一下滴了墨汁的水，如果不搅拌墨汁稀释得很慢，搅一搅很快就稀释了，混合层高度越高就相当于污染物搅拌得越充分，污染物的浓度也就越低了。而混合层高度也是呈现出明显的日变化，有研究表明，混合层高度一般在 02 时左右最低，14 时左右最高。阳光灿烂的蓝天下，混合层高度高，有利于污染物的扩散，而天蒙蒙亮的清晨、日暮西山的黄昏以及夜色迷人的晚上混合层高度较低，相比之下不利于污染物的扩散。

从季节上看，混合层的高度夏季较高，冬季最低，这也是冬季空气污染最为严重的原因之一。

 ## 气温的逆袭

除了混合层高度，逆温也是影响空气质量的重要气象条件。什么是逆温层呢？地理老师应该告诉过你，一般情况下从海平面上升 1000 米海拔高度，气温会下降 6 ℃左右，对流层中随着高度上升气温是下降的。但是地理老师可能没

告诉你的是气温的逆袭，有时候近地面或低空大气的气温会随着高度而升高，这就是"逆温"。逆温层有个特点就是稳定压倒一切，因为稳定就不能随意混合了，污染物容易堆积（谁让人类不停地排放污染物呢），排放的污染物难以扩散越积越多，空气质量能好才怪呢。而近地面的逆温往往在早晨和夜晚容易形成，自然又多了一条污染物不易扩散的"罪状"。白天随着太阳的升起，近地面气温升高，近地面以上的气温保持不变的话，逆温也就逐渐消失了，所以到了近地面气温最高的午后往往空气质量会有所好转。

低空的逆温一年四季都有可能发生，但还是以秋冬季节多发，而且逆温持续的时间长，夏季即使有逆温的存在，存在的时间通常也是非常短的。

 ## 阳光下的罪恶

这里说的可不是阿加莎克里斯蒂的侦探小说，而是指灿烂阳光下的光化学烟雾污染。我国的城市大气污染一般分为煤烟型和光化学烟雾型，后者因汽车和石油化工排放氮氧化物和挥发性有机物引起，在强烈日光的作用下产生臭氧等强氧化剂，光化学烟雾严重的时候天气呈现淡蓝色的烟雾。光化学污染容易发生在比较干燥、微风或无风的夏季晴天，其中臭氧最大浓度出现在 14—18 时，入夜后浓度迅速下降（张远航等，1998；姜峰等，2015）。光化学烟雾为世人所知是由于 1943 年发生在美国洛杉矶的光化学烟雾事件。当时不仅大量洛杉矶市民饱受红眼病、呼吸系统疾病的困扰，就连远离洛杉矶 100 千米以外的高山上的大片松林也因此枯死。夜跑和晨跑的时段，由于缺少阳光，就不用担心光化学污染的困扰。

 ## 大风黄沙灰漫天

针对大城市的雾霾天，习近平主席曾有句玩笑话，"我那个时候没有 $PM_{2.5}$，但是有 PM_{250}"。玩笑归玩笑，里面的 PM_{250} 是对沙尘天气里大颗粒沙尘粒子的戏称，沙尘源地的沙尘天气可能会有这样大的沙尘粒子出现，但由于颗粒太大利于远距离传播。有研究表明，71.18% 沙尘的粒子直径达到 3.9～62.5 微米，沙尘粒子用 PM_{10}～PM_{50} 会更为合适一些。

春季北方降水稀少，又容易受到沙源地的影响，户外活动会受到沙尘和扬尘天气的影响。春季的午后到傍晚是一天中气温较高、大气层结不稳定的时候，这时冷空气入侵更容易引起大范围沙尘天气，对于靠近沙源地比较近的西北、华北地区，下午出现沙尘天气的概率为全天最高。春季户外运动，要关注冷空气大风的预报，如果预报有大风天气出现，就最好不要出门活动了，因为大风天跑步容易着凉感冒，而且春季大风天里也容易出现沙尘天气导致空气质量下降（屠月青等，2010；王沛涛等，2012；张夏琨等，2011；南雪景等，2014）。

 有趣的地形风

在晴朗的天气里，如果没有明显天气过程的影响，一些特殊的地形产生的气温差会导致地形风的产生，而这些地形风多多少少也会导致空气质量存在日变化。需要说明的是地形风本身是比较局地的环流，影响比较有限，只有在天气系统不明显、大范围地面气压场比较弱的时候，地形风的作用才会比较明显。一般比较常见的地形风有海陆风和山谷风，本质原因都是由于地形的作用产生了气温的差异，相比之下温度高的空气比温度低的空气更容易上升，气温高的地方空气上升后，水平方向会有从气温低处更冷的空气补充流动过来，从而达到平衡，这样就形成了地形风。

5.1　海陆风

在没有明显天气系统的影响下，沿海地区一天之中容易出现海陆风的交替。晴朗的白天，陆地升温快，海面升温慢，因此海水表面的空气冷，陆地表面的空气暖，这种温度差会导致气压差，空气会从冷的、气压高的海面上吹向暖的、气压低的陆地上，这就是海风，往往容易出现在下午到前半夜；日落之后则正好相反，陆地降温快，海面降温慢，当后半夜陆地气温低于海面气温的时候，风向开始转为从陆地吹到海上，为陆风。不同沿海地区和不同的天气条件下，海陆风转换的时间会有所不同，一般多集中在上午或中午前后。海风会带来海上洁净的空气，而陆风则可能带来人类活动排放的污染物，因此有些沿海城市比如青岛，上午到中午之前受到陆风的影响，往往空气质量相对较差，而到了下午转为海风后空气质量迅速好转，但是到了夜间以及第二天清晨随着海风减弱转为陆风，空气质量又会有所下降（毕玮等，2015）。受海陆风的影响，沿海城市夜跑时空气质量更好一些。

5.2　山谷风

山谷风产生的原因类似于海陆风。晴朗的白天山坡上升温较快，气温高于山谷里同高度的空气温度，风会从山谷吹向山坡，为谷风；晴夜里山坡由于辐射降温作用更为明显，降温比山谷同高度的空气快，风会从山坡吹向山谷，为山风。一般从当日20时到第二天08时吹山风，14—17时吹谷风。如果谷地为城市区域，往往在下午有谷风的时候空气质量会有所下降，夜间到清晨受到更为清新的山风的影响，空气质量会略有好转。如果山区和谷地的空气质量差异非常大，山谷风对空气质量的日变化作用就相对明显一些。有研究人员认为，晴天下北京西部和北部山区与平原之间山谷风对北京空气质量的日变化有作用，清晨从北边吹来的山风有利于空气污染物向南扩散，午后的偏南谷风则会加重空气污染的程度。不过总的看来，山谷风的环流比海陆风的环流会弱一些，范围也更小一些，因此对空气质量的改变作用不如海陆风那么明显。

6　到底什么是答案

答案并不固定。由于城市和工业的发展，人类活动排放的污染物越来越多，如果不掌握一些辨别空气质量的技巧，户外跑步很可能就吸了一肚子脏空气回来了。

首先看能见度。一般能见度10千米以上的时候，空气质量不会特别差，找一个远处的高楼或高山做参照物来学会大致判断能见度。比如说住在北京城区的人能看到西山，那没话说，妥妥的好空气。当然能见度差的时候不一定代表空气质量就差，比如雨后山区的大雾天气和海边的海雾天气，能见度也比较差，但是空气质量还是很好。但是如果你生活在大城市，往往人为排放的空气污染物比较多，大雾天气里空气流通不畅，空气中的污染物堆积导致空气质量下降，所以大城市里能见度对空气质量还是有指示意义的。

如果是能见度好的阴天，无论是早上、白天还是晚上，空气质量都应该很不错，可以想跑就跑。但是如果是能见度好的大晴天，特别是夏季，气温在20多度到30多度，风不大或者无风，天很蓝，阳光刺眼，而你所在的城市机动车多，道路交通拥挤，14—18时外出需要注意防范可能出现光化学污染。这个时段在户外跑步不仅容易中暑，还容易受到光化学烟雾的困扰，轻度污染的时候，敏感的人群眼睛爱流泪，嗓子不舒服，如果天空出现了浅蓝色的烟雾，表明光化学污染比较严重了，还可能导致呼吸道疾病。对于空气质量不错的夏季夜晚，夜跑还真是个不错的选择。

许多城市的空气质量监测都表明，冬季一般是一年中空气质量最差的季节，而冬天的早上和晚上由于混合层厚度低、多逆温出现，往往空气质量更差。相比酣睡早晨，现代人越来越喜欢夜生活，晚上的污染物排放也比较多，不少大城市白天禁止大卡车上路，而晚上大卡车到了活跃的时段，机动车尾气排放再加上空气不容易扩散，导致有些地方夜晚的空气质量是一天中最差的，这种情况下夜跑就有些伤身体了。因此，秋冬季节的夜晚空气质量往往不是特别好，相比之下选择白天可能会更好些。

即使夜晚的空气质量比较好，也要关注秋冬季节的夜间低气温对跑步的不利影响。气温过低，肌肉可能会活动不开，筋腱紧张和僵硬，容易扭伤。如果在跑步的时候，寒冷的空气直接进入口腔，还会过分刺激呼吸道，引起剧烈的咳嗽，甚至有可能引发呼吸道炎症，冷空气大口大口吸进肺部会直接影响心血管。气温低使血管收缩，容易让血压升高，增加心脏的负担。夜跑时温低风凉，对于体弱者出汗后吹凉风易埋下健康隐患。所以夜跑前至少要进行 10 分钟的热身，如果气温在 20 ℃以下一定要穿好长裤长袖热身，等热身完再褪去厚衣物，既能轻盈跑步又不用担心危害健康。

📖 参考文献

毕玮，万夫敬，陆雪，等，2015. 青岛地区霾污染天气特征分析［J］. 中国海洋大学学报，45（5）：11-18.

陈建江，2003. 南京市空气质量时间变化规律及其成因［J］. 环境监测管理与技术，15（3）：16-17，41.

大气科学辞典编委会，1994. 大气科学辞典［M］. 北京：气象出版社：295.

冯宏芳，隋平，邱丽葭，2003. 福州市污染物浓度时空分布及影响因子分析［J］. 气象科技，31（6）：356-360.

姜峰，荀钰娴，2015. 城市臭氧浓度变化规律分析［J］. 环境保护与循环经济，（2）：55-59.

李丹，于庆凯，2010. 大连市区空气质量变化趋势及与其他城市比较［J］. 环境科学与管理，35（3）：112-116.

南雪景，林伟立，崔喜爱，等，2014. 延安地区大气中 PM_{10} 浓度水平及其变化特征［J］. 气象科技，42（6）：1090-1105.

石宇虹，张菁，刘从容，2002. 沈阳空气质量时空变化 [J]. 气象科技，30（5）：313-317.

屠月青，慕彩芸，2010. 哈密市空气污染物浓度分布特征及其与气象因子的关系 [J]. 沙漠与绿洲气象，4（6）：42-46.

王明洁，朱小雅，陈申鹏，2013.1981—2010 年深圳市不同等级霾天气特征分析 [J]. 中国环境科学，33（9）：1563-1568.

王沛涛，杨玲珠，张海霞，等，2012. 华北南部沙尘天气特征及其对空气质量的影响分析 [J]. 安徽农业科学，40（19）：10231-10232，10282.

王占山，李云婷，陈添，等，2015.2013 年北京市 $PM_{2.5}$ 的时空分布 [J]. 地理学报，70（1）：110-120.

叶堤，王飞，陈德蓉，2008. 重庆市多年大气混合层厚度变化特征及其对空气质量的影响分析 [J]. 气象与环境学报，24（4）：41-44.

张夏琨，王春玲，王宝鉴，2011. 气象条件对石家庄市空气质量的影响 [J]. 干旱气象，29（1）：42-47.

张远航，邵可声，唐孝炎，等，1998. 中国城市光化学烟雾污染研究 [J]. 北京大学学报（自然科学版），34（2-3）：392-400.

郑晓红，2005. 上海市环境空气质量时间变化规律及其成因分析 [J]. 干旱环境监测，10（1）：16-19.

如何倚靠"天时"舒适地追求马甲线

泪光点点，娇喘微微，闲静时如姣花照水，行动处似弱柳扶风，曾几何时，林黛玉般的娇羞柔弱就是我们对于美女的定义。

随着时代进步，人们的审美品位逐步提升到新的层次，拥有健康的运动习惯、肢体匀称并有好看肌肉线条的阳光美女开始得到大众的认可，马甲线、人鱼线成为美女帅哥趋之若鹜的标配。如何练出马甲线？马甲线需要较好的腹肌线条、相对较低的体脂肪率，可以通过适量的力量练习，增加肌肉含量，以及通过跑步等有氧运动降低体脂率。而在追求马甲线的道路上，除了汗水和努力，气象因素的好坏也将直接影响人体舒适感受和训练效果，如果在不适合运动的环境强行运动，有可能事倍功半同时对身体也有不利影响，因此，倚靠"天时"可以成为靠近马甲线的捷径之一。

2008年奥运会以后，我国体育事业再次迎来新的发展，竞技体育取得历史性跨越，深入剖析天气因素和体育运动的关系，不仅能够给大家带来运动时间和地点的选择建议，同时也向大家普及了体育竞技运动和气象要素之间的关系。体育运动受到天气因素的影响和制约很大，气象因素例如气温、气压、风力、风向、相对湿度等对人体机能、体育活动以及比赛成绩有影响，甚至对于观众都会有影响。

气象和运动之间息息相关，综合来讲分为以下几个方面：一是气象因素对人体机能的影响，比如它直接影响运动员的运动能力，使运动、比赛成绩受到影响；二是气象条件对于户外运动和比赛的制约作用（例如狂风暴雨限制室外赛事的举行），同时也能够影响运动员的发挥；三是针对气象条件，体育比赛也会有不同的竞赛规定（比如风速超过2米/秒，有些田径项目会承认成绩，但不会作为纪录）；四是运动员和观众的心理等会受到气象条件的影响（孙长征等，2011）。

通常影响户外运动的因素主要有降水、气温、气压、湿度、风、日照和雾霾等，如表1所示（刘成等，2005）。

表1　气象因子对体育运动影响程度统计

项目	气温和湿度	风力	降水	气压和空气密度	雾
篮球	3	1	1	3	1
排球	3	3	1	3	1
足球	4	4	5	4	4
投掷	1	5	2	5	1
赛跑	4	5	3	5	1
跳远	4	5	3	5	1
射击	1	5	3	4	4
帆船	4	5	3	4	4
赛艇	4	5	4	4	4
游泳	4	4	3	1	1
自行车	3	5	4	3	3

注：1—基本没有；2—极小；3—一般；4—较大；5—极大

气温

　　气温是人体最为敏感的气象要素，不同的气温条件会对运动员产生不同影响。气温适宜，则体能效率高，运动员在不同项目上能充分发挥自己水平的适宜温度是 13～25 ℃，最适宜温度是 15～22 ℃。

　　气温过高，热量散发不及时易造成中暑；出汗多，水分和电解质平衡被打破，易发生脱水。尤其是出现 35 ℃以上高温时，运动员的体内能量消耗增大，易造成中枢神经疲劳，肌肉的活动能力显著下降。中长跑、自行车、马术和速度赛马、铁人三项、网球等户外进行的比赛受高温影响很大。上述比赛在高温时，运动员要在适当的时候及时补充水分（孙长征等，2011）。

　　气温过高对于体育比赛影响的案例比比皆是，在 1908 年英国伦敦举办的第四届奥运会，马拉松比赛被安排在 7 月 24 日举行，这天正值酷暑炎夏，光是站立在室外就已热不可耐了。英国女王也来到运动场观赛，英国运动员都想在女王面前露一手，不顾热浪冲击，一起跑就都冲在前面，因汗水流得过多，体力消耗过大，以致造成后劲不足，个个败下阵来，结果前八名均被外国人夺走。

　　气温过低，肌肉活动不开，筋腱紧张和僵硬，容易扭伤；身体僵硬导致动作不协调，不利于成绩的提高。气温也能够影响运动员的心理和生理，进而影响技能的发挥。高温使运动员心理产生烦躁，低温易使心理紧张；根据研究，从生理角度看男运动员对气温的反应更敏感，女性比男性更耐热（孙长征等，2011）。

对于日常锻炼的朋友来说，20 ℃出头的气温是比较合适的，如果在室内运动可通过开窗通风、开空调等手段对室温进行调节，但切记在夏天室内健身锻炼时不要贪凉，温度过低会影响肌肉表现，容易拉伤，而且在锻炼出汗后容易着凉感冒；如果想在室外运动，需要提前查询天气预报，夏天尽量选择傍晚太阳落山以后或者气温降至 28 ℃以下，冬天尽量选择中午前后时段即阳光比较充足的时候，同时也要注意做好头部、手和脚的保暖，戴好帽子、运动口罩、手套和稍厚一点的袜子，因为这些部位属于远心端，在天气冷的时候温度降低，影响运动协调程度，还有可能造成危险。

 气压

　　人体对气压的变化不像对温度那样敏感，气压下降不超过 20％对运动员不会产生很大的影响，但如果超过 20％就会使人体产生一系列生理变化（刘成等，2005）。运动强度越大，对气压的反应越敏感，在海拔低的平原地区气压是相对比较高的，也就是单位体积空气中含氧量要高于海拔高的地区，所以人体肺部的氧气压也随之升高，血红蛋白饱和，不容易产生疲劳，有利于提高成绩。在高山高原地区比赛时，人的血压会随大气压力的降低而降低，导致血液流动变缓，感觉困乏无力。现在很多耐力型运动员都会有在高原地区训练的安排，尤其是比赛之前的某一段时间，运动员在这样的环境下进行训练时，由于"调节适应期"产生应激，呼吸频率和心率加快使血管体积增大、血管扩张、血管壁增厚、血管变粗、通过的血量增多，从而更好地锻炼了运动员的心血管系统。在大赛前进行高原训练对运动成绩的提高效果尤为显著。气压的变化除了影响运动员的状态外，对一些比赛成绩也会有客观影响，例如铁饼比赛，气压略高利于器械的飞行稳定。

 湿度

　　湿度主要是影响排汗、体热散发、水及盐分的代谢。空气湿度过大容易让人感到郁闷，心情不适；空气湿度太小容易让人口干舌燥（沈桑等，2012）。适宜体育比赛的湿度范围是 30％～60％，其中最适宜比赛的湿度条件为 50％～60％。

　　湿度过大时，不利于身体散热和汗液的排出，容易使运动人员感到烦恼郁闷、疲劳和食欲不振，影响体能导致运动能力下降，尤其是对需氧量大、排汗

量大的运动不利，如长跑等，跑一次马拉松，运动员的体温会升到 39 ℃以上，如果不能有效地散热，体内大量热积累，极易发生热病症；不过湿度偏大有利于短跑运动员产生爆发力。湿度小时，排汗增多，容易脱水，感觉干渴烦躁，损伤呼吸道，人体皮肤易干燥不适。

当湿度大的时候，比如高温高湿会产生闷热的感觉，运动员的调节功能无法正常发挥，将对运动成绩产生较大影响，高温高湿的天气下，飞碟比赛、棒球比赛也不容易出好成绩；高温高湿对马术比赛的参赛马匹影响较大；乒乓球和羽毛球比赛时，湿度大不但影响球体的运行性能，而且直接影响到运动员技术和战术水平的发挥（孙长征等，2011）。而低温高湿时人体会有阴冷的感觉，运动员的皮肤感受器受冷会收缩，影响肌肉功能的发挥。

对于日常锻炼的人们来说，在北方，通常春秋季节天气干燥，这时候要注意运动时多补充水分，并且要注意并不是大口灌水，而是小口细流式方法补水；在南方空气相对湿度很大的情况下，尽量避免室外运动，高湿的环境会导致人体汗液不容易排出、挥发，使运动时状态效率不佳，更严重者还有可能使体温升高造成危险。

 风

户外运动离不开风的影响，风会影响人的呼吸、能量消耗、精神状态以及新陈代谢。气温不太高时，风能加强热的传导和对流，使人体散热增快。但当气温超过 36 ℃时，热风（气流）可使人体皮肤温度上升。

风对比赛成绩的影响，一是表现在散热，风力使运动员身体散热更快，在适当的风速范围，运动员处于良好的竞技状态有利于取得好成绩。二是表现在阻力或推力，标枪、铁饼等项目，小的逆风可以提高器械的升力，有利于提高成绩，风速大会影响器械的飞行稳定性；侧风会影响射箭、射击的准确性；顺风可提高链球、铅球的成绩。大风将影响垒球的球速和球的飞行方向。三是风为必要的比赛条件，帆船比赛 1~2 小时内风向变化不超过 50°，风速的要求是 2.5~20 米/秒，风向需要顺风→侧风→顶风→顺风→顶风，才能完成整个比赛；田径比赛的短跑类项目风速不可超过 2 米/秒，超过该风速对百米比赛可以产生 0.16 秒的差值，因此不能计算成绩；全能运动的单项成绩，如果风速超过 4 米/秒，其全能运动纪录不予承认；滑翔伞需要迎风起飞，顺风滑行，等等（孙长征等，2011）。

风对耐力性比赛影响也很大，例如马拉松比赛。1981 年举行的首届北京国际马拉松比赛和 1982 年第二届均遇到大风天气，特别是 1982 年比赛时出现了 6～7 级大风，运动员的成绩平平。在 1987 年 10 月 18 日举行的第七届北京马拉松比赛时，又遇到了大风，对运动员影响颇大，使这一年的马拉松成绩直线下降，根据统计分析发现，在北京国际马拉松比赛中，气象因子的综合影响，可造成比赛成绩最大变化幅度 9～12 分钟。

对于日常锻炼的人们，北方主要是春秋季节会有偏北大风出现，此时户外运动同时也要注意保暖，大风会带走更多的人体热量，使人体体感温度低于实际气温，因此衣服尽量选择防风面料的，要注意佩戴运动墨镜，避免大风影响视线，当然，这样的大风天气还是尽量选择室内运动为好。而对于南方来说，遇到大风天气就比较危险了，比如夏天的强对流天气、台风等，这时候保命比较重要，运动改日再说吧。

 雾、霾

雾的大小直接影响能见度的高低，能见度低会造成裁判员误判或运动员错误判断而行为出错。有雾时，运动员会因吸入过多的水汽而影响氧气的摄入，降低气体交换的功能，造成体能下降，进而影响比赛成绩，例如飞碟、射击等项目受雾和霾的影响较大，可能会遮蔽目标物，给运动员造成困难（孙长征等，2011）。

而霾除了影响能见度，造成对比赛的影响之外，运动员因运动的关系会比常人吸入更多的有害颗粒物，对健康产生不良影响。大型运动会都很注重空气质量，并作为申办条件之一对举办地有较高的要求。

雾霾天如何进行户外运动？为什么这么想不开……当然，如果非要执意而为，也不是完全没有办法，现在市面上有售专门针对户外运动的口罩，带有两个呼吸阀，很大程度上能够过滤空气当中的有害物质，并且呼吸较为舒畅，只是价位相对普通口罩要高一些。

 日照

日照主要作用于皮肤和视觉感受器，对人体的作用主要是光化学效应。阳光给人以温热感和明快感，利于提高成绩。但是艳阳高照，紫外线辐射强，会对室外比赛的运动员的皮肤造成伤害，眼睛会保护性眯眼而影响视程，例如室外项目的垒球、棒球等，日照过强会对比赛造成不利影响，需要运动员提前注意保护好眼睛和皮肤（孙长征等，2011）。

日照对冬季的运动项目有很大的影响，包括影响雪的黏性，高山和越野滑雪者需要对运动器具进行选择。

各项体育运动对不同气象因子的需求不同（施兆红等，2003），如表 2所示。

表 2　各种体育运动的适宜气象要素统计

	适宜气温	适宜湿度	适宜风速、风向
田赛	17～22 ℃（最适宜温度 20～22 ℃）		
径赛	15～22 ℃（最适宜温度 17～20 ℃）		
铁饼	25 ℃		
跑步	200 米以下短跑类适宜温度 15～20 ℃	50%～60%	<2 米/秒
	中长跑 8～15 ℃	30%～60%	
	马拉松 12～15 ℃		
游泳	24～28 ℃（水温）		
射击	15 ℃	50%	
射箭	13～16 ℃		
体操	新手 17 ℃，老运动员 13～14 ℃		
帆船	>10 ℃		1～2 小时风向变化不超过 50°，风速的要求是 2.5～20 米/秒
拳击柔道	13～16 ℃		
乒乓球	17 ℃	40%～60%	
羽毛球	7 ℃	60%	
网球	13～16 ℃		
垒球	10～13 ℃		

综合上述分析和数据统计，对于运动员本身而言，气象专家的研究发现，当气温为 14～16 ℃，湿度为 30%～60%，气压为 1015～1023 百帕，风速为2～5 米/秒时，最有利于运动员发挥体能，创造好成绩。

最后，很多朋友对于体育锻炼和天气关系依然存在着一些误区，这当中最需要注意的就是清晨不宜锻炼。首先因为此时人体内生物钟处于最低潮时段。如果这时锻炼，等于从人体的休息状态或尚未苏醒状态突然进入较剧烈的运动锻炼中，这是一种"冒进"，得不偿失。而人体的肌肉、关节从放松状态急速进入紧张强力状态，一时也难以适应；其次，一天当中空气最差的时候也是清晨，植物经过一夜的新陈代谢，吸收氧气，呼出大量的二氧化碳，使树木花草多的地方二氧化碳的浓度增高；烧煤和汽车尾气排放等产生的氮氧化物、碳氢化合物等各种有害物质在空气中聚集较多，呼吸了这些污浊的空气对人体会产生有害的影响。太阳出来后，这些污染物在空气中经过一定稀释分解，空气质量就会相对好一些。因此一般情况下，太阳出来之前晨练是不太适合的；清晨气温全天最低且秋冬季节容易出现雾或霾，都是不利于晨练的，尤其是不适宜中老年人和高血压、心脑血管病、呼吸道疾病患者，户外锻炼的最好时间是下午或傍晚。而如果已经养成早上锻炼习惯的人，提醒要注意三点：一是早上运动量不宜大；二是最好在 09 时以后；三是运动前先喝些水，防止血黏稠和高血脂以及锻炼出汗丢失水分。

当然除了这些以外，想要练出完美的马甲线还要注意饮食的搭配，少油少盐，高蛋白、高纤维是必不可少的，再针对气象因素适时选择锻炼时间，假以时日一定会达成目标。

 参考文献

刘成，谭曙辉，2005. 体育运动实践中的地理气象问题研究 [J]. 体育研究与教育，20 (4)：104-107.

沈桑，张超，2012. 浅谈体育运动中的气象问题 [J]. 体育世界：学术版，(8)：51-52.

施兆红，唐时俊，郑俊峰，2003. 气象条件对体育训练和比赛的影响 [J]. 体育师友，(2)：60-61.

孙长征，高慧君，黄燕玲，等，2011. 气象要素对体育项目的综合影响 [J]. 山东气象，31 (2)：23-26.

游泳的水文气象奥妙你知道吗

　　游泳或许是人类历史上最长的运动之一，据说史前居住在江、河、湖、海一带的人类通过模仿观察和模仿鱼类、青蛙等动物在水中游动的动作，逐渐学会了游泳。《诗经·邶风·谷风》中就有"就其深矣，方之舟之；就其浅矣，泳之游之"的记载，"游泳"就是源自这句话。

　　虽然游泳历史悠久，但是游泳作为全民运动健康的风尚也不过是近些年的事情。2012年伦敦奥运会，打破游泳奥运世界纪录的孙杨和叶诗文"火"了，2014年仁川亚运会，金牌拿到手软的"小鲜肉"宁泽涛"火"了，同时"火"了的还有民间游泳运动。上到老年人，下到刚出生的小宝宝，几乎所有健康人都可以进行游泳运动。游泳的好处不胜枚举，但是游泳处于水环境之中存在一定的危险性，知晓更多游泳背后的水文气象奥秘，能够降低游泳运动的潜在风险。

 温度

　　影响游泳的水文气象条件哪项最重要？无非就是两个字"温度"。气温是游泳的晴雨表。大夏天泳池往往会"下饺子"，而冬天则鲜有人问津。水温则更多关乎游泳的运动体验和效果。游泳的水温非常有讲究。奥运冠军们最喜欢什么水温？水凉的时候下水游泳容易抽筋，那么游泳池的水温是越高越好吗？游泳可以消暑，为什么有的人游泳还会中暑呢？这么一大堆问题的答案接下来一一揭晓。

1.1　最能创纪录的游泳水温

　　最能创纪录的游泳水温是多少度？要解答这个问题，先来看看国际游泳竞赛规则对水温标准的历史演变：1973年，游泳竞赛规则要求比赛游泳池的水温

为 23～25 ℃；1974—1982 年，要求池水温度最少不低于 24 ℃；1992—1996
年，要求水温为 26 ℃（误差±1 ℃），室外游泳池水温最低不小于 25 ℃；2003
年，游泳竞赛规则规定大型游泳比赛室内水温为 25～28 ℃，室外水温不得低于
25 ℃（孙冰清，2006）。无论游泳竞赛规则怎么改，游泳比赛的水温不会低于
23 ℃，也不会高于 28 ℃，也就是说游泳运动的水温既不能太高也不能太低，
合适的水温非常有利于运动员的发挥（彭勇等，2009）。2008 年北京奥运会水
立方的池水温度严格控制在 26.5～27.0 ℃，水温温差在 0.5 ℃以内，这是最适
合游泳的水温。水立方奥运会的 8 个比赛日里共有 19 项世界纪录被打破，其中
精准、适宜的水温可谓功不可没（赵希记，2009）。水温稍微高一点就有可能影
响运动员的发挥，导致成绩不够理想。例如 2013 年第十二届全运会游泳比赛，
不少运动员都反映比赛水温偏高，游起来有些"腿软"，影响比赛成绩。对于短
距离需要爆发力的比赛，水温低些更利于发挥。冷水能够帮助血管和肌肉收缩，
让运动员更有力量感。皮肤血管收缩还会促使血液都回流到重要器官，比如大
脑，以保护它们不受伤害，大脑供血充足会使得运动员反应更加敏捷，也更有
利于其水平的发挥。

1.2　舒服的水温对游泳意味着什么

最舒服水温应该是比较接近体温 37 ℃左右的温度。普通人游泳不追求成
绩，游泳的水温是不是可以不那么"低"呢？面向公众的游泳场馆水温没有比
赛泳池设计得那么精准，不过温度也相差不大，我国游泳馆建筑设计参数规定
游泳池水温为 25～28 ℃（李文义等，2004），与游泳比赛场馆的水温标准差不
多。即使是面向普通人的游泳池，水温也要比体温低 10 ℃之多，这样的水温在
刚入水的时候肯定感觉有些冷，不如 30 多度的水里泡着舒服。目前市面上温泉
游泳池越来越多，温泉游泳池的水温往往较高，一般水温上限会达到 36 ℃，世
界卫生组织规定的温泉泳池的水温上限还会更高一些，能达到 40 ℃（孙波等，
2012）。这种水温比较高的温泉泳池是否值得推崇呢？

舒服的水温适合泡澡放松，但是对游泳却是很不利的。首先泡在温度较高
的水中，人体的肌肉会放松下来，感觉是舒服了，但只要稍微游几下就会很累。
更重要的原因是温水不容易带走游泳产生的热量。游泳池 25～28 ℃的水温和人
体体温相差较大，可以有效降低体温，避免体温升高和脱水。体温过高和严重
脱水可能引发中暑，有的人在比较热的澡堂洗澡时间过长会"晕堂"，而在温水
里游泳时间过长也可能会晕倒，这种晕倒的本质就是"中暑"。人体在陆上运动

的散热主要靠出汗蒸发，而水中游泳出汗则很难大量蒸发，游泳的散热主要靠冷水带走热量。温水不能迅速带走运动产生的热量，导致人体大量出汗，稍微运动一下就变成了蒸桑拿。这样就形成了一个恶性循环，温水游泳产生的热量不能被温水带走，导致体温继续上升；为了散热，皮肤血管更加扩张，造成体内重要器官的供血不足；同时为了降温人体会大量出汗，但是在水里身体即使出汗也无法靠蒸发来达到散热的目的，反而会造成人体的脱水。体温过高、供血不足、大量脱水很容易引发中暑。中暑是很致命的急症，容易发生心脏功能异常、神志不清和呼吸困难等。在陆地上发生这些情况已是危急，在水中发生就更危险了（鱼在在藻，2010）。

正规室内游泳池的水温都会控制在比较适宜的 25～28 ℃，所以不大可能发生游泳中暑。但是在水温比较高的温泉泳池一定要特别注意，如果下水感觉不冷甚至还比较舒适，就说明游泳水温有些高。南方一些海滨浴场夏秋季节的海水温度很高，像三亚亚龙湾的海滨浴场夏季的水温可能会达到 30 ℃以上。在这种较高水温环境下游泳需要量力而行，游上一会儿感觉热了最好就上岸休息。此外夏天户外游泳时，一些人长时间在水里浸泡，身体不觉得热，头部却连续几个小时在日光下暴晒，头部温度有时能增高到 39 ℃以上，再加上游泳者体力消耗大并且排汗不畅，也容易引发中暑。所以即使水温不是很高，夏季户外游泳也不宜时间过长。

另外，泳池水温高还存在污染的隐患。游泳池中加氯是常用的安全消毒方法（沈海明，2008），但随着水温的升高，氯的溶解度越低，氯逸出到空气中的就越多，容易造成空气污染。同时水温高，池水中各种病菌、微生物、藻类会大量繁殖，池水容易受污染变质（张国厚，1995）。所以盛夏季节那种人满为患"下饺子"式的游泳池能不去最好不去，不仅消暑作用有限，还容易有卫生问题。

以上讨论的是成人游泳的适宜水温。最近蔚然成风的婴儿游泳项目还是需要比较高的水温，由于婴儿对低水温的适应能力较差，游泳水温不宜过低，水温一般为 36～39 ℃，最合适的水温应该和婴儿背颈部温度差不多，这也是婴儿表皮最高温度。游泳房间的温度大概在 28 ℃左右，并且时间控制在 10～15 分钟为宜，水温高的时候游泳时间要缩短。根据婴幼儿的适应情况，经常游泳的婴幼儿，水温可以逐步降低到体温以下，随着水温的降低游泳的时间也可以适当延长（何孟贤，2008；迟爱光，2006）。

1.3　冷水游泳注意事项

游泳的水温太低也存在一定的风险，特别是对于没有专门进行过冷水游泳训练的普通人而言，游泳的水温最好不要低于 22 ℃，人工泳池水温的下限是 22 ℃（孙波等，2012），否则很容易引起抽筋。游泳抽筋的主要原因有以下四个方面：下水前没有充分做好热身活动；水温过低或突然遇到冷水刺激；在低水温中游泳时间过长，运动量过大，身体过于疲劳；天气炎热，下水前出汗过多，体内水分和盐分消耗过多（何尔清，2006）。不难看出，低水温和长时间的游泳是抽筋很重要的诱因，这是因为人体长时间在较低水温的水域游泳，身体产生的热量赶不上在水中散失的热量，肌肉疲劳、乳酸聚集过多，易导致抽筋。

可能有人会觉得 22 ℃不算低，22 ℃的空气中人体感觉比较舒适，为什么泡在 22 ℃的水中会感觉那么冷呢？这是因为空气导热性很差，水的导热性虽然不如金属，但是比空气强很多，水的导热系数是空气的 30 倍左右。同样是 22 ℃，水中人体的热量会很快被带走。举个生活中的例子就能很好地理解，一杯刚烧开的热水在空气中冷却需要很长的时间，而把热开水杯子放到常温的水中，热水很快就凉下来了。

当然对于某些身体素质比较好、进行过冷水游泳锻炼的游泳爱好者来说，户外游泳四季都是可以开展的。不过比较低的水温，要注意游泳强度，最好根据水温制定合适的游泳距离和时间。有研究人员根据北京户外游泳的气象水文条件，给出了四季的游泳气象指数和游泳强度（表 1、表 2）。这里的游泳强度与水温成正比，水温越低游泳强度越低，游泳强度乘以游泳者平时能够达到的距离是该水温条件下比较适合的游程（张德山，2001）。比如说平时能游 1000 米的游泳爱好者，如果游泳强度是 1.0，表明水温等条件非常适宜，可以按照自己的体力畅游；如果游泳强度只有 0.2，说明水温比较低，不适宜游太长时间，游 200 米就差不多该上岸休息了，以免身体热量散失过多。

表 1　夏季游泳气象指数一览表

水温（℃）	气象指数	游泳强度	简单服务用语
≥26.0	1	1.0	非常适宜（根据体力可以畅游）
25.0～25.9	2	0.8	适宜（可以适当增加游程）
24.0～24.9	3	0.6	较适宜（根据体力可中距离游程）
23.0～23.9	4	0.4	不太适宜（短距离或短时间游泳）
≤22.9	5	0.2	不适宜（大多数群体不适宜游泳）

引自（张德山，2001）

表2　春秋冬季游泳气象指数一览表

水温（℃）	气象指数	游泳强度	简单服务用语
19.0～22.9	1	1.00	非常适宜（游程控制在900米以内）
15.1～18.9	2	0.85	非常适宜（游程控制在700米以内）
11.1～15.0	3	0.70	适宜（游程控制在500米以内）
8.1～11.0	4	0.55	适宜（游程控制在400米以内）
5.1～8.0	5	0.40	适宜（游程控制在250米以内）
2.1～5.0	6	0.30	较适宜（游程控制在100米以内）
≤2.0	7	0.15	较适宜（游程控制在60米以内）

引自（张德山，2001）

以上是按照游泳距离来衡量游泳强度，也有人根据游泳时间来划定冬泳的强度，一般情况下冬泳的时间与水温成正比，例如水温只有10℃的时候游泳的时间最好不超过10分钟。其实冬泳1分钟的运动散热量，相当于陆地上跑步运动半小时左右的散热量（江宇，2005；张昕，2006），所以冬泳健身并不需要在水中停留太长的时间，控制冬泳的时间既降低了运动风险，同时也能达到很好的健身效果。冬泳时如果感觉身体内部发热，应立即起水，若在热感消失后再上岸，会导致手脚发麻，甚至穿衣困难，这种情况说明冬泳过量容易损伤身体。

参加冬泳要因人而异，冬泳也并非治百病的神丹妙药，例如有较重的心肺、心脑血管疾病、糖尿病等患者应遵医嘱。冬泳还应该注意循序渐进，从夏季开始慢慢过渡到冬季，避免突然的刺激对身体造成伤害，身体不适时应暂停冬泳，以防意外发生。

1.4　水温和气温差异的背后

水的比热容要比空气大很多，在同样受热或冷却的情况下，水的温度变化会慢于空气，所以户外水域温度的波动没有气温表现得那么明显，水温的升降也会滞后于气温的起伏。因此仅仅凭借对气温的感受来估计水温往往会有比较大的误差，户外游泳需要特别注意这点。

例如在春末初夏的季节里，白天最高气温上升得非常快，但是夜间温度还比较低，特别是北方春末夏初是一年中昼夜温差非常大的季节，像北京1966年5月3日最高气温高达32.4℃，最低气温只有5.6℃，昼夜温差高达26.8℃。这种温差大的季节里，平均气温依然比较低，午后短暂的炎热并不能使得户外的水温马上升高，再加上水的比热大，需要连续很多天的炎热天气之后水温才会慢慢变高。因此在初夏的5—6月，上升较快的最高气温和缓慢变化的水温之间的温差可以达到 10 ℃以上。当气温、水温和人体体温相差很大时，不做准备活动骤然入水，会导致毛孔迅速收缩，刺激感觉神经，轻则引起肢体抽筋，重则引起反射性心脏停搏休克，很容易造成溺水。春末初夏时节在户外游泳一定要做足准备活动才可以下水。泳前准备活动可以通过跳跃、慢跑等形式使身体发热，其目的是使身体内各个器官进入活动状态。同时，可以做徒手操达到身体各关节、韧带及身体肌肉做好充分准备的目的，以防受伤。入水前可用手试试水温，再用水拍打身体，以适应水温，然后下水。入水后不宜马上快速游泳，应在浅水区适应一段时间后，再逐渐加速。

另外，户外水域表面的水更容易受到太阳辐射和气温的影响，水温上升较快，而在底部的水温则受影响较小，水温升高比较慢。因此即使是盛夏季节，在较深的水库和湖泊等水域游泳时，最好不要长时间在底部潜泳，避免由于水温过低导致抽筋引发危险。

秋冬季节则和春夏两季恰好相反，由于水温下降得比气温慢，水温往往会比平均气温高。这时候虽然水温不是很高，但是水温和气温的差距小，甚至有可能高于气温，只要做好入水前的热身运动，合理控制游泳时间，发生抽筋的可能性会大大降低。

天气条件

除了水温和气温，天气条件对户外游泳的影响也非常重要，如果去海滨浴场游泳还需要关注风浪的影响。

2.1　影响海滨浴场游泳的水文气象条件

水温依然是制约海滨浴场游泳最主要的因素之一。除了水温，海浪、气温、天气状况、能见度等都对海滨浴场游泳影响很大。我国国家海洋环境预报中心制定的海水浴场游泳适宜度判断标准（表3），除去水温的考虑，影响海滨浴场各项影响因子的重要性排列为浪高＞气温＞风力＞天气状况＞能见度。水温 23 ℃以上，风浪较小，气温 25 ℃以上，能见度 10 千米以上，晴到多云或阴天，这样的天气都是非常适宜户外游泳的。国际海水浴场标准要求与国家海洋环境预报中心的标准大体相同，不过国际海水浴场要求前期晴天日数多，盛夏的炎热天气达到 2 周以上。

表 3　海水浴场重要因素判断标准

适宜度	水温（℃）	浪高（米）	气温（℃）	风力（级）	天气状况	能见度（千米）
适宜	＞23	＜1.0	＞25	≤3	晴、少云、多云、阴天	＞10
较适宜	20～23	1.0～1.8	20～25	4～5	轻雾、小雨	1～10
不适宜	＜20	＞1.8	＜20	≥6	雾、中雨及以上降雨、特殊天气、灾害性天气	＜1

2.2　晴天最适宜户外游泳

晴朗的天气阳光充裕，阳光有"天然兴奋剂"之说，适当日晒可激发人的愉快情绪，同时阳光中的紫外线有消毒杀菌作用，又能使皮肤中维生素 D 和组织胺增高，使血液中血红蛋白、钙、磷、镁含量上升，这些都是阴天和游泳池游泳所不能比拟的（叶林海，2009）。不过夏季 10—14 时太阳辐射强，室外游泳皮肤容易晒伤，户外游泳尽量避开这个时段，或是做好充分的防晒措施，涂抹 SPF20～30 的防水性防晒霜（侯素珍，2012）。

2.3　雷雨天户外游泳风险高

雨天不适宜在露天环境中游泳，降雨虽然有利于净化空气，但是会影响能见度，中雨及以上强度的降雨就非常不适宜户外游泳了。夏季降雨的同时还可能伴有雷电天气，海滨浴场和户外的泳池都属于易发生雷击的区域。雷雨天气里海边的沙滩含有充沛的水分，是雷击的危险地带，雷雨天气在海滨浴场游泳遭遇雷击的可能性非常大。如果气象台发布雷电天气的预警预报，露天浴场往往都会根据预报广播雷电天气预警并及时关闭浴场，否则就有可能造成人员的伤亡。

2.4　台风来袭，海滨浴场最大的天气敌人

夏季影响户外海滨游泳最严重的天气非台风莫属，台风引发的暴雨、大风、浪涌、风暴潮都会危及海滨游泳人员的安全。从常年气候数据来看，我国的台风季为 6 月底到 10 月初，平均每年有 7 个台风登陆我国，其中 7—9 月是台风影响我国最集中的季节，7 月登陆我国的台风最多，8 月和 9 月登陆我国的台风和 7 月比相差不大，8 月生成的台风最多，9 月登陆我国的台风平均强度最强。其中 8 月台风影响的范围最广，南起海南北到辽宁沿海都有可能受到台风的影

响。台风季节往往又和海滨浴场的旅游旺季重叠，游客一定要注意当地气象部门发布的台风预警信号，根据天气情况及时撤离，海滨浴场也会根据台风影响的程度及时关闭浴场，并疏散人员。

2.5　雾和霾

雾和霾天气的低能见度会使人的精神有压抑感，并且由于视程受限，可能引发危险。雾和霾天气里近地面大气稳定，污染物不易扩散，灰尘、烟尘和病原微生物等可引起呼吸系统疾病，此时运动反而会引起健康问题。

 参考文献

迟爱光，2006. 哺乳期儿童的游泳练习 [J]. 游泳季刊，(3)：32-37.

何尔清，2006. 游泳中肌肉痉挛的处理与预防 [J]. 游泳，(1)：16-17.

何孟贤，2008. 对新生儿、婴儿游泳的探讨 [J]. 科技资讯，(14)：168-169.

侯素珍，2012. 夏季防晒及防晒霜的使用 [J]. 日用化学品科学，35 (8)：43-50.

江宇，2005. 冬泳锻炼与人体健康 [J]. 沈阳体育学院学报，24 (5)：78-80.

李文义，姚淑萍，2004. 浅析在城市公共建设中怎样对室内游泳馆进行采暖通风的设计 [J]. 黑龙江科技信息，(9)：233.

彭勇，赵孝江，2009. 浅析游泳竞赛规则的演变与游泳技术的发展创新 [J]. 泰山学院学报，31 (6)：127-131.

沈海明，2008. 浅谈室内游泳馆的水质处理与管理 [J]. 游泳，(2)：51-53.

孙冰清，2006. 游泳竞赛规则 30 年的沿革——学习 2003 年游泳竞赛新规则札记 [J]. 游泳，(5)：49-53.

孙波，朱文玲，耿莉，等，2012. 游泳场所卫生标准的初步探讨 [J]. 环境与健康杂志，29 (1)：85-87.

叶林海，2009. 海上游泳小常识 [J]. 游泳，(4)：36.

鱼在在藻. 水温过高，游泳危险 [EB/OL]. (2010-11-10) [2016-10-28]. http://www.guokr. com/article/829/.

张德山，2001. 北京地区游泳气象指数预报 [J]. 气象科技，(4)：58-60.

张国厚，1995. 游泳池池水高温天气管理的研究 [J]. 纺织高校基础科学学报，8 (1)：89-90.

张昕，2006. 中老年人冬泳对缓解治疗慢性疾病的作用 [J]. 温州师范学院学报（自然科学版），27 (5)：69-74.

赵希记，2009. 浅析水立方的结构环境对游泳运动员成绩的影响 [J]. 科技信息，(14)：246-248.

一山一世界
——登山与气象

随着现代科技的不断进步，越来越多的事情通过手指便可完成，诚然这样的工作性质给我们的生活带来了很多方便，但长期久坐也渐渐成为不争的现实，为我们的身心健康埋下诸多隐患。如今越来越多的人选择用登山这种方式来锻炼身体，在远离喧嚣的山林中呼吸清新的氧气，在呼之欲出的萌芽中感受自然的脉动。

正如我们所知，登山的好处可以说是不胜枚举，不仅仅对人的视力、心肺功能、四肢协调能力、延缓人体衰老等四个方面有直接的益处，还在锻炼的同时磨炼了意志、开阔了胸怀。不过对于登山者来说，若是不了解一定的气象知识，在登山时碰到了恶劣甚至是极端天气，那可真是小则扫兴，大则出现山难事故，所以今天就来带大家具体了解一下与登山有关的气象知识。

 山区气候特点

（1）昼夜温差大。山区的气候较平原地区要显得更加不稳定，变化急剧。这是因为高山上的气温变化迅速，昼夜温差比较大，可以达到15～20 ℃，而平地的昼夜温差一般不超过10 ℃。

（2）气温低、气压低。自海平面起，每升高1000米，温度则下降大约6 ℃。因此，虽然地面温度达30 ℃，但在高达4000米的高山上，如玉山（台湾中部、中国十大名山之一），山顶的温度却只有10 ℃左右。同时，气压与高度也成反比关系，高度越高，气压越低。在标准状况下，海拔每升高100米，气压就会降低11.2百帕。而低气压的现象对人体所造成的影响则是呼吸急促、食欲不振等症状，也就是高山病的表征。

（3）多露。由于高山上的天气在一日之间变化多端，无论是在夏季或冬季，

经常有雾涌而将整座山陷入一片白茫茫的世界里，使四周的能见度突然间降低，配合着原已较低的温度，体感温度将会更低。

（4）多风。高山上又何以多风呢？那是因为高山上地形起伏相差悬殊，地面接收太阳辐射及热力分配不均匀，所以经常产生空气流动的现象。另外，在空气相对稀薄的情况下，空气流动阻力小，风力也会较地面有所加强。

（5）冬季多霜雪，夏季多雷雨。

 ## 2　高处不胜寒

通俗地说，我们感受到的温度变化并不是直接来源于太阳的热量，而是来源于大地上空的空气，大地吸收了太阳的热量，向周围的空气中散发，因此，空气是自下而上逐渐变冷的。所以，山越高，得到大气中的热量越少，自然温度就越低；另外，山越高，空气越稀薄，保存的热量也越少。因此，我们登上离太阳较近的高山时，感觉到的不是热，而是冷。

简单地说，海拔高的地方气温低主要是由两方面的原因造成的：气压低，空气稀薄，大气保温性较差，导致热量大量散失；海拔高的地方，云层相对薄一些，白天吸收地面辐射少，晚上对地面的逆辐射作用弱，所以温度低。

那么温度与海拔之间的具体关系是怎样呢？这里我们需要了解"温度直减率"的概念，也就是温度随高度增加而降低的速率，通常干空气每上升 100 米温度降低 0.98 ℃，而湿空气每上升 100 米温度降低 0.65 ℃。平均而言，海拔高度每上升 100 米，气温约降低 0.6 ℃。需要注意的是，冬季温度直减率会低于夏季。

不过相信也有朋友知道"逆温层"的存在（这是指在某些特殊条件下，如在空气下沉、辐射冷却、空中热气流流向地面、近地层扰动等因素的影响下，温度随高度的上升而升高的现象）。不过需要注意的是，逆温层一般出现在 20～50 千米的平流层中，也就是说它基本不会影响我们对于山上气温的判断。

经过以上的描述可以得知，1000 米的山顶到山脚会有 6 ℃左右的温差，2000 米的山顶到山脚会有 12 ℃左右的温差，以此类推。所以登山前要预估好海拔上升所带来的降温幅度，准备好适当的衣物。

3 气压、氧含量与海拔高度

与气温相类似，气压也与海拔成反比关系。比如，当高度从海平面上升到海拔 11 000 米高时，大气压就从 1013.25 百帕下降到 230 百帕。另外不难看出，当高度低于 1500 米时，大气压几乎呈线性降低，每 100 米大约降低 11.2 百帕，即每 10 米大约降低 1.1 百帕。而气压变低的重要因素之一正是其中的氧分压减小，也就是氧气含量降低。不同海拔高度，氧气含量不同（表 1）。

表 1　不同海拔高度其氧气含量占平原地区的比例

海拔（米）	1000	2000	3000	4000	5000	6000	7000	8000	9000
氧气含量占比（%）	91	82	74	67	60	54	48	42	38

氧气随高度的递减率逐渐减小，也就是说登山的初始阶段，氧含量下降得最快。

在气压相对低、氧气相对少的山上，容易出现呼吸不畅、食欲不振等高山反应，低氧的情况下剧烈运动也更易使人产生疲劳的感觉，所以我们在登山的时候，登得越高，速度也要越慢，切不可出现急于登顶的心态。

4 风力与海拔高度

山地上，地形起伏大，地面接收太阳辐射及热力分配不均匀，所以经常产生不同高度之间的空气流动现象。并且由于空气较为稀薄，风力相对于平地上来说自然也增大了。但是由于影响风力的因素比较多，所以它们之间不存在简单的线性化关系。

不过从云贵和青海两地的风力监测情况来看，海拔越高，风力越大的结论还是有根据的。据统计，测风塔海拔 2500 米以上，年均风速 8.18 米/秒；测风塔海拔 2300 米左右，年均风速 7.1 米/秒；测风塔海拔约 2100 米，年均风速 6.01 米/秒（崔东林等，2014）。

山上的温度本来就要比平地上低，空气的流动又会带走人体表面的热量。当空气流动很快的时候，人体周围的空气保温层便不断地被新来的冷空气所替代，并把热量带走。风速越大，人体散失的热量越快、越多，人也就越来越感到寒冷。

实验表明，当气温大于 0 ℃时，风力每增大 2 级，体感温度会下降 3～5 ℃；当温度小于 0 ℃时，风力每增大 2 级，体感温度会下降 6～8 ℃。春天正是一年中风力较大的一季，所以有登山计划的朋友最好选用既保暖又防风，像冲锋衣一类的衣服。

 登山时间的选择

在山区，地面风速日变化比平原地区大，且海拔高度越高风速日变化越大。例如，春季和夏初，在青藏高原上，海拔 4500 米高度地面风速的日变化为海拔 1000 米高度的 4.5 倍，在 4500 米高度上，当地时间 14—18 时的风速比夜间和上午的风速平均大 5.5 米/秒。由此推测，在海拔 2000～4000 米高度上，风速日变化为海拔 1000 米高度的 2～4 倍，即下午风速约比夜间和上午的风速大 2.4～4.9 米/秒。因此，登山气象组织向登山者建议在登山时最好遵循"早出发，早结束"的原则。其实，中国登山队自 1975 年起就把"早出发，早宿营"作为登山条例之一。在珠峰地区，中国登山队规定当地时间 02 时出发，14 时宿营；近来，各国登山家在攀登珠峰顶峰时，无论在北坡和南坡，从突击营地出发的时间已经提早为当地时间的 00 时，以保障在当地时间 12 点以前完成登顶活动。登山爱好者可参考使用，根据不同季节和不同海拔高度，确定"早出发"和"早宿营"的时间。从原则上讲，海拔高度越高，出发和宿营的时间越早，春季和秋季的地面风速日变化较大，应尽可能提早，夏季地面风日变化小，可以少提早一些时间。

 如何及时判断天气变化

登山时，大部分人最关心是否会出现降水，就一般情况来说，降水主要是由于冷暖空气交汇造成的，不论是冷空气推动暖空气的冷锋，还是暖空气推动冷空气的暖锋，都是产生降水的主要"帮凶"。接下来要介绍的就是如何在登山时及时判断天气变化趋势（新西兰 Alpine Guides 登山学校，1995）。

锋面来临的典型征兆：
- 最初时卷云开始堆积，形成层云；
- 豚背凸云在山顶形成冠状云；
- 冷锋面云系变化迅速，常伴随恶劣天气；

- 暖锋面云系变化缓慢，天气通常变得温暖而湿润，例如下雨。

获取登山天气预报的途径：

- 收音机：通常口头描述天气状况之后会有一个 24～48 小时的天气预报。根据描述画出云图，标注冰冻线（注：气温为 0 ℃的等温线）及任何可能影响你的锋面活动。

- 个人观察：在山里的时候，你正置身于可观察天气的主要位置。通常在山顶或山脊等有利位置，你可以看到即将到来的天气变化。通过观察云的形态、形状的变化、变化的速度及风向，可以总结出自己的天气预报。

- 海拔计/气压计：如今许多登山者都随身携带一个海拔计/气压计，它可以为你提供极有价值的气压数据。气压计显示气压陡降通常预示着一个冷锋面即将到来；气压计显示气压缓降通常预示着天气恶化；气压计显示气压稳升通常是高气压移动过来的信号，将伴随着一个好天气的到来。海拔上升意味着气压下降；气压变化趋势准确的前提是你必须是位于同一高度上测量的。

每年的 7 月开始，气温逐渐走高，凉爽宜人的山区也就成了人们首选的野游胜地，此时的山间鸟语花香，落英缤纷，景色美不胜收。但需要特别提醒大家的是，7 月开始，雷暴大风、冰雹等强对流天气也更加频发，登山时就应该更加注意几种恶劣天气。

7　高温高湿

高温高湿的天气特别容易引发中暑。中暑是指因高温引起的人体体温调节功能失调，体内热量过度积蓄，从而引发神经器官受损。热射病在中暑的分级中就是重症中暑，是一种致命性疾病，病死率高。该病通常发生在夏季温度高、湿度大的天气。

登山时重度中暑一般属于劳力性热射病，多在大气温度高（＞32 ℃）、湿度大（＞60％）和无风天气下进行较为剧烈的运动时发病。患者多为平素健康的年轻人，在从事重体力劳动或剧烈运动数小时后发病，约 50％的患者会大量出汗，心率可达 160～180 次/分，脉压增大。此种患者严重时可发生横纹肌溶解、急性肾衰竭、肝衰竭、弥漫性血管内凝血或多器官功能衰竭（热衰竭），病死率较高。

7.1 7月全国温度、湿度分布特征

劳力性热射病在气温>32℃、湿度>60%时触发率较高，那么7月全国最高气温分布情况如何，又有哪些地方是比较容易中暑的呢？从7月平均最高气温来看，我国除了西藏之外，大部分地区最高气温都能达到25℃以上的水准，其中超过30℃的有新疆、内蒙古西部、四川东部、重庆、贵州西部以及华北南部、黄淮、江淮、江南、华南等地（图1）。也就是说，7月在上述地区登山时，理论上都有中暑的可能。特别是7月上半月，长江中下游地区正处于连绵的梅雨期，当地阴沉多雨，湿度加大，这种温高湿大的天气下，人们不仅心里会感到非常烦躁，中暑的可能性也大大增加，并不适合爬山这种长时间的有氧运动。

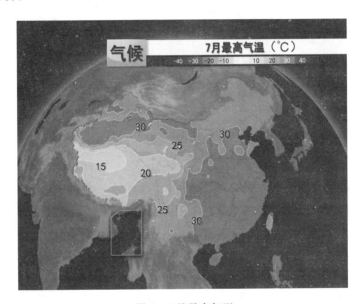

图1 7月最高气温

除了长江中下游地区之外，温度高、湿度也大的地方还有华南一带，像是广东、广西一带7月的降水日数普遍超过了15天（图2），也就是说一个月中有半个月以上都会出现降水，并且这里7月的平均降水量基本都达到了200毫米以上，南方部分地区甚至超过了250毫米（图3）。当然对于身处低纬度地区的朋友来说，耐热的程度也要更高一点，需要特别注意的是北方人，7月去华南旅游时最好尽量避免进行登山等活动。

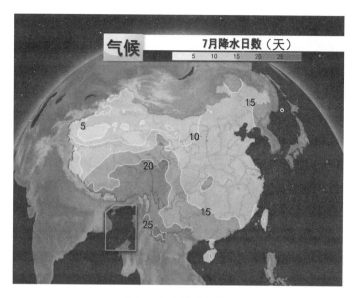

图2　7月降水日数

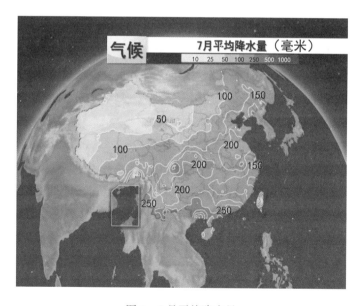

图3　7月平均降水量

7.2　预防措施

（1）食物储备要充足。登山运动前应充分补充身体所需要的能量。由于登山是一项消耗能量比较大的运动，因此能量供给非常重要。登山者在上山前，要根据登山时间，准备好一定量的食物。食物包括碳水化合物、蛋白质、脂肪这三大功能物质，并尽量保持营养均衡。碳水化合物一般选择面包、蛋糕、罐装八宝粥等方便质轻的食品。高脂肪的果仁、巧克力等能量高，而且体积小，对登山这种长时间的有氧运动来说是一种好的功能食品。蛋白质建议选择午餐肉、鱼罐头、火腿肠、鱼肉酱、真空包装咸鸭蛋、豆制品等蛋白含量较高的食物。

（2）勤补水。登山时，人体会大量出汗，山上阳光较强，人总会觉得口渴，这时补水尤为重要。人体口渴缺水时会引起运动能力下降，补水可以恢复登山者的运动能力。登山时，人体体温在不断上升，积极地补水能够帮助身体降温，也能维持体内环境的稳定性，促进代谢废物排出体外。登山时，大量的电解质和水溶性维生素也随汗液排出了体外，所以补水时，一定要选择含电解质、维生素的运动饮料协同补充，而不要单补白开水。

（3）微量元素不可忽视。爬山出汗应该及时补充矿物质水成分，体内钠、钾等矿物质会大量丢失，除了通过运动饮料补充一部分以外，还可以通过食品，如榨菜、雪菜、调味品、汤料等适量补充，以保持身体的运动能力，防止疲劳过早发生。

有专家指出，中暑的死亡率往往高达 20％～70％，在炎热的天气登山时，可穿浅色、宽松和通风的衣物，戴上帽子或打伞以阻挡阳光直射以及帮助散热；在酷热的天气下，不应进行长程的登山或远足等活动；户外活动最好安排在早上或黄昏后；应补充足够水分，以防脱水现象；避免喝含咖啡因（例如茶或咖啡）和酒类等利尿饮品；若有任何不适，应立即向医生求诊。

7.3 强降水

登山时若是遇到降雨，小则扫兴，大则威胁到生命安全，特别是遇到局地性强、强度大、来去突然的对流性降水，有时在降水的同时还会伴随瞬时强风和雷暴等恶劣天气。严重的，如果降水强度足够大，还会有发生山洪、滑坡、泥石流等地质灾害的风险。

山洪是一种特殊的洪水，具有突发性强、破坏力大等特点，一般可以分为暴雨山洪、融雪山洪、冰川山洪三种，7 月主要以暴雨山洪为主。

从整个 7 月的全国降水分布来看，西南地区东部的降水日数最多，西藏东部、四川西部、云南西部等地降水日数普遍超过 20 天，其中云南西南部甚至超过了 25 天，可以说整月都浸泡在雨水之中，不过除了上述地区之外，其余地区的平均月降水量基本都在 200 毫米以下，并不算多。

再将目光投向东部，东北、华北、黄淮、江淮、江南等地的降水日数都在 10～15 天，相差不多，但是黄淮东部、江淮东部的月均降水量可以超过 200 毫米，值得特别关注。另外，华南地区也是 7 月雨水的重点关注对象，像是广东、广西一带 7 月的降水日数普遍超过了 15 天，也就是说一个月中有半个月以上都会出现降水，并且这里 7 月的平均降水量基本都达到了 200 毫米以上，南方部分地区甚至超过了 250 毫米，是全国降水量最多的地方之一。

7 月山洪易发地主要有两片区域：一是长江中下游、华北地区，雨季正当时；二是 7 月降水日数多（15 天以上），降水量大（200 毫米以上）的云南西南部、广东南部、广西南部。

7.4　雨天登山注意事项

务必注意雷雨天不要在河滩、河床、溪边及川谷地带建立营地，以防被突如其来的洪水冲走。

将全球定位系统 GPS 定位仪放在好拿的地方，如雨衣口袋或背包顶袋，并做好防泼水处理。若有戴眼镜，请先戴一顶前檐凸出的鸭舌帽，然后再外罩雨帽，这样视线较佳。遇雨马上穿雨具，勿因雨小而不穿，淋成落汤鸡再穿就来不及了！雨具以两截式雨衣为宜，雨裤用吊带支撑可防止下滑。雨具永远要放在方便拿取的地方，如背包的侧袋或顶袋。短绑腿可防止雨水从裤管滑进登山靴内部。

湿冷而裸露在外的皮肤远较贴着湿冷棉布的皮肤为保温。不论背包厂商如何夸耀其防水性，加罩一个防水罩在背包外是必要的。背包内的衣物、睡袋等要用防水袋或塑胶袋包好，硬壳保鲜盒可用来装易碎折潮的食品、药材、底片或火柴等杂物。

雨季在野外宿营前一定要关注宿营地当地及河流上游地区的气候、水文情况，宿营时要注意在离水面几米高的高地上搭帐篷，不要选择雨水通道，要选排水良好的地方，还要选择危险时可逃生的路径。当一切都安顿好后，还需时常注意水源流水量、浑浊情况以及流水声。一旦感觉异常，就要赶快逃离。深夜或疲惫时都是导致灾难的主要原因，千万不要粗心或观察不仔细。

7.5　雷电

雨季来时，往往随之而来的还有要命的雷击，我们在雨季进行登山等户外活动时，应首先选择塑料雨披作为自己的雨具而不是引雷上身的雨伞。出发前最好穿着橡胶运动鞋。雨伞一般带有金属手柄，在强雷暴天气时不建议使用。身上尽量不带金属饰品和用品，如钥匙、配饰等，不在山顶或空旷的地上安营，以免遭雷击。

7月我国大部分地区雷暴日数都在 10 天以下，特别是西北地区，例如新疆、青海西北部、内蒙古西部等地的雷暴日数一般不超过 6 天，在这些地区登山时遭遇雷暴天气的可能性不是很大。

而在南方登山时，对这一方面则要更加谨慎，我国的华南和西南地区，例如广东、广西、云南、四川西部、西藏中东部的 7 月月均雷暴日数可达 10 日以上，西藏东部、广西南部的部分地区甚至超过 16 天，也就是说超过半个月都有雷暴天气出现。

雷击易集中的地方有：缺少避雷设备或避雷设备不合格的高大建筑物、储罐等；没有良好接地的金属屋顶；潮湿或空旷地区的建筑物、树本等；由于烟气的导电性，烟囱特别易遭雷击；建筑物上有无线电而又没有避雷器和没有良好接地的地方。

一旦发现雷雨即将来临时，应立即停止前行找合适的地方进行躲避，躲避时，请注意以下几点：

（1）不能直接躺在地上，正确方法是两脚并拢，蹲在干燥的绝缘物上，双手合拢抱腿低头，披上雨衣防雷效果更好。不能在水边、洼地停留，以防发生山洪、泥石流。

（2）不要在洞穴、大石和悬崖下避雨，这些地方反而是雷电喜欢光顾的通道，但如果是深的洞穴则十分安全，应尽量走到深处。

（3）不要离开汽车，车厢虽然是金属制造的，但是因为屏蔽作用反而十分安全，就算直接被闪电击中也不会伤人。但要关好车窗，与车门、车窗保持一定的距离。

（4）密林紧急避雷，如果野外一时找不到避雷的地方，那么不妨躲到密林中。但是应该尽量往树林中间走，找一片和四周的树木距离都差不多的林中空地。

（5）离开金属建筑物要足够远，并非直接的雷击电流才会致死。当闪电击中铁栏等金属物时，电能瞬间释放会产生强大的冲击波即雷声。如果离得不够远，可能会被声波震伤肺部，严重的可以震死人。

（6）草棚不是绝缘体，雷雨中，如果在空旷的原野上看到一间草棚，千万不要待在里边。这和孤树下避雨一样危险。尽量往地势低洼的地区走，避免行走在空旷的地上和树木底下。

（7）金属水壶也是危险的，包括手机、登山杖、小刀等，全都要留心收好，不要因为一时情急而忘记，帐篷也不是安身之地，帐篷的支架多是金属制品，容易招惹雷电。登山杖在任何情况下，切记不要将它像旗杆一样插在你帐篷的旁边，如果帐篷搭建在空旷处，那就更加危险了。

（8）雷击伤者可能出现假死亡，不要轻易放弃抢救。人被雷击中后，短时间内神经和心脏会麻痹，甚至没有呼吸和脉搏。如能及时发现被雷击者，应该马上进行人工呼吸，往往还能让"死者"恢复心跳和呼吸。

 参考文献

崔冬林，胡威，李小兵，等，2014. 中国高海拔地区风能资源特性与风电开发研究［J］. 风能，（9）：82-86.

新西兰 Alpine Guides 登山学校，1995. 实用登山技术手册［M］. 新西兰：Alpine Guides Mount Cook Ltd.

打网球，不只是地利和人和

——网球与天气

近年来，欧洲、美洲的网球运动员都在各自的主场有着上佳发挥，可谓是割据一方。人们的头脑里不禁产生两个问号：为什么美洲骁将难夺欧洲冠军？而欧洲名手又难登美洲宝座？

其实，除了在各自主场会得到更多的支持之外，网球场还有硬场和软场之分，在硬场上比赛，球的反弹性能强，有利于炮弹型发球和猛烈抽击的美国型选手；在软场上击球，球的反弹性能差，有利于习惯在泥场作战的欧洲型选手。

对于网球比赛的胜负来说，除了地利、人和，天时在一定程度上也能成为影响比赛的重要因素。历史上就有一场非常经典的，被天气变化所主导的欧美选手争霸战。

在 20 世纪 30 年代初，美国新崛起的网球明星梵恩斯在温布尔顿大赛上横扫各路英雄，夺取冠军。他胜法国第一高手柯显的一场球，更是摧枯拉朽，以直落三盘取胜。但事隔一个月，他和柯显在全法公开赛上又相遇了。请读者注意，这不是在草地场上打球，而是在泥场上竞赛。一般人预测都认为梵恩斯仍能取胜。理由很简单：因为梵恩斯正当青春年华，而柯显已入迟暮之岁，前两盘，梵恩斯先胜了，但已不像一个月前赢得那么轻松了。到了第三盘，起初仍是梵恩斯领先，看来柯显已无回天之力了。但是"天有不测风云"：一片乌云突然飘来，随之一阵大雨……比赛被迫中断。等雨过天晴继续比赛时，场上风云突变，梵恩斯昔日的炮弹式发球和有力的抽击都失去了效力，这究竟为什么？难道一场雷雨就把梵恩斯的锐气冲垮了？是的，细心琢磨一下不难找出答案：因为泥场本是软场，再加上雨淋，球的反弹降到最低度。这就使梵恩斯这颗"炮弹"式选手难以发挥特长；相反，柯显稳扎稳打，以美妙的落点球控制了全场，胜了第三盘。第四盘因场地仍显潮湿，优势显然仍在柯显一边，柯显继续获胜。到了决胜盘，观众不约而同地预料柯显可以转败为胜，哪知球场又起风波：经太阳光普照，场地渐渐干了起来，球的速度又发生了变化，梵恩斯的重磅发球和猛抽猛杀重显威力，一路领先，胜利就在眼前。岂料，天公不作美，又是一场阵雨，只好雨停再战。毋庸多言，天气又帮了老将柯显的大忙，柯显以美妙的落点控制局面，取得了最后胜利（广东省气象局，2010）。

2014年，澳大利亚网球公开赛（简称澳网）受到高温的影响，很多比赛在进行时室外气温都达到了40℃以上，如此高温的比赛让球员苦不堪言，有顶棚的球场都关闭顶棚，以此降低球场内的温度，但没有顶棚的外围球场就没那么幸运了。很多球员都对此时的高温天气表示不满，加拿大选手丹塞维奇甚至批评在这种情况下比赛"根本不人道"。

连职业选手尚不能抗衡天气变化带来的干扰，业余爱好者的发挥就更是深受影响。下面就让我们来具体盘点一下，气象要素和网球运动之间有哪些内在的联系。

1　高温打球勤补水

在炎炎夏日进行体育运动，很容易造成脱水、热痉挛、热衰竭、中暑等现象。其中脱水是夏天打球最常见的症状。炎热的天气使身体大量出汗，失去大量水分和无机盐。当失去的体液占人体体重1％以上时，就是脱水。普通人脱水达到3％就会导致运动能力下降，出现热疾病症状。对网球运动员来说，脱水5％依然正常。但如果脱水程度继续加大，超过7％，不仅会影响运动员的成绩，甚至会出现生命危险。所以，夏日炎炎似火烧的时候，打网球实在不太明智。如果一定要打，及时补充水分是最重要的保障。

当气温超过35℃时，则称之为高温天气。在这种天气下进行比赛，网球运动员更易感到疲劳，因为气温过高，热量散发不及时易造成中暑；出汗多，水分和电解质平衡被打破，易发生脱水；对耐力型项目，无氧代谢能量增加，乳酸的堆积使肌肉酸胀，造成肌肉工作能力下降；体力消耗快，会出现疲劳状态。尤其是超过40℃时，运动员的体内能量消耗增大，易造成中枢神经疲劳，肌肉的活动能力显著下降。

在四大满贯赛中，最易受高温天气影响的要数澳网了。澳大利亚网球公开赛通常于每年1月的最后两周在澳大利亚维多利亚州的墨尔本体育公园举行，是每年四大满贯中最先举行的一个赛事，也是最年轻的大满贯。

澳网遭热浪袭击的历史由来已久。在2005年的赛事中更是出现了超过

45 ℃的高温，当时许多参加热身赛的选手都先后出现"中暑"，他们中包括俄罗斯女单名将戴蒙蒂埃娃、佩特罗娃，以及美国男单选手丹特等人。不仅如此，2014年的澳网，很多比赛在进行时室外气温都达到了40 ℃以上（据澳大利亚气象局数据统计，墨尔本2014年共有6天最高气温在40 ℃以上，其中4天出现在1月中下旬，2天出现在2月上旬）。

好在2015年澳网组委会修改了高温停赛政策，如果气温超过40 ℃时比赛会立即叫停，而之前是裁判针对场上情况来决定是否暂停比赛。这样对于征战澳网的球员来说将会是个不错的消息。

从气候上来看，1月的墨尔本正值夏季，平均最高气温为25.9 ℃，极端最高气温为45.6 ℃，是当地一年之中最热的一个月。每年1月平均有7~8天的最高气温会达到或超过30 ℃，其中基本上每周都有1天35 ℃及以上的高温天气，并且最高气温达到或超过40 ℃的概率在全年也是最大的。

需要注意的是，墨尔本的气温和风向的关系很大。因为它的北边是内陆沙漠，南边是比较冷的海水，只要风向一变，气温随时改变。所以，当墨尔本吹北风的时候，这里的昼夜温差也会加大，可能白天还是逼近40 ℃的酷热天气，到了夜间就只有10 ℃出头了，因此当地也有"一天四季"的说法，一天之间从短袖到棉袄的情况并不少见。

 热身充分再上场

湿冷条件下打网球比较常见的就是肌肉拉伤了。肌肉拉伤的原因很多，准备活动不充分或不到位、训练水平不够、肌肉的弹性和力量较差、疲劳或过度负荷使肌肉的机能下降、技术动作错误，等等，都可以造成肌肉拉伤。但外界原因也不可忽视，气温过低或湿度太大，肌肉不会一直处于舒张的状态，特别是像网球这种间歇性高强度的运动，肌肉会反复地收缩和舒张，很容易引发肌肉拉伤。

除了肌肉拉伤，寒冷的冬季去打网球，如果没有做充分的准备运动，发生抽筋的概率也将大大增加。抽筋学名叫"肌肉痉挛"，最容易发生在小腿和脚底，主要是由于肌肉兴奋性过高引起。冷风刺骨时，肌肉受到低温的影响，兴奋性会提高，很容易抽筋。抽筋也经常发生在温度过高的环境中，高温天打网球，剧烈运动后身体的电解质随汗液大量丢失，也会导致抽筋。因为电解质与肌肉的兴奋性有关，电解质丢失过多，肌肉兴奋性也会提高。所以，打网球一定要做充分的准备活动，注意保暖，加强身体耐寒力，并且及时补充电解质，才能预防抽筋的发生。

天气太热，打网球不适宜；天气太冷，打网球也不方便。看来，凉爽干燥的春、秋季是最适宜进行网球运动的。

3　阴雨天气惹人烦

温度高点低点，可能会改变我们运动时间的长短，但是一旦出现了降水，那影响的就是能不能打球的问题了。

显而易见，阴雨天气对网球运动的进行十分不利。当出现降雨时，雨水会使硬地和草地球场表面变得湿滑，使红土球场表面泥泞，并且球被雨水淋湿后会变得很重，对击球感觉有很大的影响，因此，在这种天气条件下不宜开展网球运动。

降雨不仅改变了场地的状态，也造成球的弹跳轨迹不规律，自然就会使运动员的发挥受到影响。根据大家平时打球的经验来看，如果在还没有晾干的球场上打球，网球上的毛会吸收少量的水，球的重量变大，则会造成以下影响：

（1）网球飞行轨迹变低，下网的概率增大；

（2）球过网后弹跳变低，腾空时间短，不利于球员防守；

（3）击球更加费力，同时对手腕的压力也相应增加。

如果连续出现降雨天气，场地基本上无法使用，若比赛仍需进行，只能转移到室内球场；装有可开合顶棚的球场可在关闭顶棚和烘干场地后继续进行比赛。但如果雨水持续时间较短，如短时的雷雨，只需要等待雨水停歇之后，利用烘干机和推水器等将场地处理干净即可继续进行比赛。近年来，美国网球公开赛就屡屡受到雨水的影响而被迫推迟比赛，2011 年 9 月 7—8 日就被迫因雨水休赛两天，而男单决赛自 2008 年起，连续因为天气因素而推迟至第三周（男单决赛一般是在第二周周日进行）。

不只是美网，在每年 6 月或 7 月举行的，最古老的大满贯赛事，温布尔登网球锦标赛也经常受到雨水的干扰。正如费德勒所说的"下雨已成为温网的一部分"，雨中的温网有着它独特的魅力。在温网 137 年历史上，曾经有 30 个比赛日因为下雨一场也打不成。1922 年，温网开始在教堂路的女王俱乐部举行，此后有 16 届比赛在两周内未能完赛，只好拖延到第 3 周。

如果在温布尔登网球锦标赛中下几场雨，没人会觉得新鲜，但要是哪届温布尔登没下雨，人们倒要感到奇怪了，因为 6 月原本就是伦敦的雨季（远行的白鹿，2015）。

大风天气击球难

一般来说，在出现大风天气时裁判不会立刻终止比赛，但大风对比赛的影响仍是不可忽略的。

大风能够改变球的飞行轨迹，影响球员击球的准确度，特别是带有旋转的慢球，在大风的作用下往往会产生诡异的弹跳，让球员苦恼不堪；并且大赛的中央球场一般是盆状结构，在这种结构的建筑中容易出现旋转风或者风向变化无常的状况，因此，在大风条件下进行的比赛，攻击型选手往往失误连连，比赛的观赏性大打折扣；另外，大风还会将球员休息区及观众席上废弃物（纸屑、塑料袋等）吹入场地，干扰球员击球。

如果出现大风，比赛常常因为清理场地、躲避尘土（红土场地特色）等状况而断断续续，参赛球员和观赛观众也因此无法全身心享受比赛。

风对比赛成绩的影响，一是表现在散热方面，风力使运动员身体散热更快，在适当的风速范围，运动员处于良好的竞技状态有利于取得好成绩；二是表现在阻力或推力方面，小的逆风可以提高击球进场率，增加精准度，风速大会影响网球飞行的稳定性；侧风会影响击球的准确性；顺风可提高球速。

同时，风也会影响运动员的呼吸、能量消耗、精神状态以及新陈代谢等，进而影响体能的发挥。气温不太高时，风能加强热的传导和对流，使人体散热增快。但当气温超过 36 ℃时，热风（气流）可使人体皮肤温度上升。

紫外线指数勿忽略

当我们选择去参加或者观看一场网球比赛时，出门前一定要关注一下当天的紫外线指数。当紫外线为 0～2 级时，人体皮肤暴露在外 2～3 小时后才慢慢变红，所以一般的比赛在这种条件下并不需要特别的防护。

当紫外线等级为 3～4 级时，皮肤变红的时间缩短为 1～2 小时，对于普遍持续两小时左右的网球比赛来说，不论是观众还是球员都要涂好防晒霜再入场。

当紫外线等级为 5～6 级时，就达到了中等的强度，只涂抹防晒霜已经不能满足长时间保护皮肤的需求了，这时你还需要墨镜、太阳伞、遮阳帽等防晒设备。

如果紫外线指数再次攀高，达到 7～10 级时，皮肤 20 分钟之内就会出现发红的现象，这个时候您就应该尽可能待在室内，而不是冒着被晒伤的危险去球场了。

 **参考文献**

　　广东省气象局. 气象与网球比赛［EB/OL］.（2010-11-06）［2016-10-20］. http：//www. weather. com. cn/guangdong/yyqx/qxxw/11/1184865. shtml.

　　远行的白鹿. 大满贯历史——温网的白衣、青草和裸奔［EB/OL］.（2015-10-01）［2016-10-20］. http：//mt. sohu. com/20151001/n422500174. shtml.

室内运动就不用考虑天气因素了么

——羽毛球与气象

羽毛球运动可谓是雅俗共赏、老少咸宜。国家体育总局乒乓球羽毛球运动管理中心主任刘晓农此前在一次公开场合透露，据国家体育总局的一项全民体育现状调查报告显示，除了基本的"健步走"，羽毛球在中国是参与人数最多的体育运动，参与羽毛球运动的人高达 2.5 亿。国际奥委会也曾公布报告称，羽毛球项目在近三届奥运会上的电视报道量和观众人数快速攀升，雅典奥运期间共计有 8 亿多人次的中国观众收看了羽毛球比赛，北京奥运期间更是达到了新的高度。

可是，不论是室内的专业比赛，还是室外的强身健体，羽毛球运动却时常受到气象因素的影响，小则破坏愉悦的心情，大则影响到比赛成绩。就像 2014 年的韩国仁川亚运会中，中国羽毛球主教练李永波就表示球场的风向是中国队输球的原因之一；2013 年，广州世锦赛上李宗伟也曾经多次抱怨场地风太大影响他的发挥。对于职业选手来说尚且如此，那么业余选手在打球时受到温、压、湿、风等气象因素的影响必然更大，下面就让我们通过湿度、风、海拔（气压）、气温等四个方面来简单分析一下气象条件与羽毛球运动之间的紧密联系。

 湿度

对于在室内打球的朋友来说，阴晴冷暖不是需要特别考虑的事情，但是湿度则不然，湿度过大或者过小都会对羽毛球的飞行轨迹以及鞋和地面之间的摩擦力造成很大影响。根据调查显示，羽毛球比赛最适宜在 60％的湿度下进行。

1.1 湿度过低

湿度过低会让羽毛变得硬脆，再高档的羽毛球也经不下几拍，没多久就满

地鹅毛了。另外，球鞋和地面之间的摩擦力变大，在做急起急停的动作时，对脚腕、膝盖等关节的压力增大，受伤的概率也会增加。不过，低湿度也有一定的好处，那就是空气阻力也会随之减小，打球时用同样的力球可以飞得更远，也就是打球时更加省力。

虽然让人省力，但也容易造成回球出底线，增加控球难度。解决方案：选用较轻的羽毛球，一般羽毛球都标有表征球速（其实是反映重量）的指标，主要有76、77、78、79等几种，单位是"格林"（欧洲计量单位），市面上最常见的是76（相当于4.9克）和77（相当于5.0克）的羽毛球。

在低湿度的情况下，打球前可以用水蒸气软化羽毛，操作其实蛮简单的，煮饭或烧水沸腾的时候，手拿羽毛球筒置于上方让水蒸气冲入筒内，注意不要弄太久，5～10秒已经足够，时间过长反而会让毛片因持续受热而变形。

1.2　湿度过高

湿度过高的不利影响比较小，这也是羽毛球为什么在热带、亚热带地区更容易普及的原因之一。主要就是羽毛会变得湿软，面积也会有所扩张，空气阻力增大，打出同样深度的球会更加费力，但是这时球的耐打性会很高，羽毛不容易折断（中国天气网江苏站，2013）。

像是2013年2月27日羽毛球贴吧中有广西网友称"打一个晚上想打断一根毛也是需要非常差的技术以及非常大的力量，只要不是羽球杀手的想打断一根毛真心不容易啊"，笔者特意翻查了当天的天气状况，发现广西南宁的气温、气压、风力都处于比较舒适的水平，唯一特别的就是当天的平均相对湿度达到86％，相信室内球场里的湿度更大，应该在90％以上。帖子下方也如是形容当时天气："两广这几天的天气，刚洗的衣服脱完水大概有7成干，挂起来晾上一天估计还有5成干。"

所以说，在像两广这种高湿度的地方打球就要选用重一点或者飞行速度快一点的球，一般是77或78格林的球。

但是从另外一个角度来说，羽毛球的整体重量过重或者是球头过重，在击球时引起的震动较大，对于羽毛球拍和拍弦的冲击较大，会降低羽毛球拍和拍弦的使用寿命，最明显的就是羽毛球拍弦的寿命会大大地缩短，还有就是击球引起的震动会传递到击球员的手臂上，长期下去对于手臂也会有一些不好的影响。因此我们还是建议不论湿度大小，打球时都应该带上护腕，避免运动损伤。

另外在我国华南地区（广西、广东、福建），每年都会有回南天出现，这种天气现象通常是指春天时，气温开始回暖而湿度开始回升的现象。华南属于典型的海洋性亚热带季风气候，因此每年 3—4 月，从中国南海吹来的南风带着温暖而潮湿的空气，会与从中国北部来的寒冷气流相遇，形成准静止锋，使华南地区的天气阴晴不定、非常潮湿，期间有微雨或大雾。

在这种天气下，由于羽毛球塑胶场地不渗水，大气中的水汽很快会在塑胶面上凝结，非常湿滑，所以华南地区往往每年春天有个把礼拜不能打球。有的朋友会说"用拖把擦干"，但其实在这种湿度下，连拖把都是湿漉漉的感觉，就算真的努力擦干，场地干爽的状态也只能维持十几到二十分钟，所以如果真的是手痒想打球，就只能找并不多见的木地板球场了。

1.3　湿度对人体运动表现的影响

湿度主要是影响排汗、体热散发和水、盐分的代谢。适宜羽毛球比赛的湿度范围是 30％～60％，最适宜比赛的湿度条件为 50％～60％。湿度大时，不利于身体散热和汗液的排出，容易使运动员感到烦恼郁闷、疲劳和食欲不振，影响体能导致运动能力下降。不过湿度偏大也能使运动员产生爆发力增强，就是不太利于羽毛球这种需氧量大、排汗量大的运动。而湿度小时，排汗增多，容易脱水，感觉干渴烦躁，损伤呼吸道，人体皮肤易干燥不适，进行比赛时要注意及时补水。

 # 风

2.1　风向、风力对羽毛球运动的影响

影响室内羽毛球的还有风向的因素。2005 年 8 月在美国举行的世锦赛，其糟糕的场地成为大笑话，很多选手都吃不消，不仅风大，而且风向还杂乱不定。但大多数羽毛球馆的布局其实是很讲究的，既要保证通风良好，又要避免引风入室以至于影响球的飞行。

单一风向是比较好处理的，简单地说，顺风多打下压，逆风多打拉吊，侧风则要对两条边线的高球多加留神了。真正让人头疼的是杂乱无章的风，而这种情况通常只有室内空调才会造成，会对职业选手造成更多的困扰，在这里就不详细展开。

如果您只是在室外健身的话，更多考虑的应该是今天的风力大小适不适合

打球。根据风力具象化的资料显示，风力为 1 级时，平常渔船略觉摇动，烟能表示风向，但风标不能动，相当于慢步走路的速度；风力为 2 级时，渔船张帆每小时可随风移行 2～3 千米，人面感觉有风、树叶微响、风向标能转动，相当于快步走或自行车的行进速度；风力为 3 级时，渔船渐觉颠簸，每小时可随风移行 5～6 千米，树叶及微枝摇动不息、旌旗展开，相当于日常生活中自行车较快的行进速度。

根据平时打球的经验我们就可以大略知道，由于羽毛球受空气流动影响较大，当风力达到 3 级时，就已经不太适合进行户外的羽毛球运动了，所以在打球前最好能关注实时的天气预报，如果风力在 0～2 级，就可以放心大胆的约上球友，进行一场酣畅淋漓的羽球大战；但如果风力达到 3 级或以上，建议您及时调整打球的计划，毕竟这种风力下，球已经不大受球拍的控制了（福州市气象科技服务中心，2014）。

2.2　风对人体运动表现的影响

风会影响人的呼吸、能量消耗、精神状态以及新陈代谢等，进而影响体能的发挥。气温不太高时，风能加强热的传导和对流，使人体散热增快。但当气温超过 36 ℃时，热风（气流）可使人体皮肤温度上升。

　海拔、温度

3.1　海拔、温度对羽毛球运动的影响

上述提到羽球重量的选择与湿度有关，但同时也与海拔高度、气温有着密切的联系，因为同一种重量的羽毛球在不同地区的飞行速度会有很大的区别，海拔高或者气温高，空气密度就小，羽毛球在飞行时受的空气阻力减小，所以选用羽毛球的重量就要减轻一些。海拔低或气温低，空气密度大，羽毛球飞行时受到的空气阻力就大，所以低海拔地区用的羽毛球重量就要重一点。

虽然空气的干湿对羽毛球的速度也有一定的影响，但是总体来说海拔高度的影响最为重要。

3.2　海拔对人体运动表现的影响

正如我们所知，气温、气压都与海拔成反比关系，即海拔越高，气温和气

压越低，所以我们分两部分来阐述海拔对人体运动表现的影响。

气压：运动强度越大，对气压的反应越敏感。气压高时人体肺部的氧气压也随之升高，血红蛋白饱和，血氧就不会过少，不容易产生疲劳，精力较充沛，技术水平能够充分发挥，有利于提高成绩。

在高山高原地区比赛时，人的血压会随大气压力的降低而降低，导致血液流动变缓，感觉困乏无力，人体机能下降，体力运动面临考验，缺氧、胸闷、气急，易于疲劳，使运动员消耗体力，速度和力量都会明显减弱，对像羽毛球这种耐力型项目有很大的影响。低压缺氧训练，就是使运动员习惯环境之间因海拔高度不同而产生的气压差别，所以高原训练现在也比较普及，对运动员提高成绩很有帮助。

气温：气温过高，热量散发不及时易造成中暑；出汗多，水分和电解质平衡被打破，易发生脱水；对耐力型项目，无氧代谢能量增加，乳酸的堆积使肌肉酸胀，造成肌肉工作能力下降；体力消耗快，易出现疲劳状态。

气温过低，运动员会诱发运动性哮喘；肌肉活动不开，筋腱紧张和僵硬，容易扭伤；身体僵硬导致动作不协调，不利于成绩的提高。

气温也能够影响运动员的心理和生理，进而影响技能的发挥。高温使运动员心理产生烦躁，低温易使心理紧张；从生理角度看，男运动员对气温更敏感，女性比男性更耐热。

为什么低纬度地区羽毛球运动较为普及

羽毛球是印尼的"国球"，这里不仅享有"羽毛球王国"的美称，还培养出诸多像陶菲克这样的世界顶尖选手。而放眼国际羽坛，在亚洲，中国、马来西亚、印度尼西亚可以说是三分天下，其中中国的羽毛球选手又多来自于东南沿岸各省，也就是低纬度地区。这种现象虽然与当地对羽毛球的投入有直接关系，但同时，气候因素也是不容忽视的重要原因之一。

低纬度地区最显著的特点就是全年温度、湿度较高，四季界限不明显，但最重要的是由于热带辐合带的存在。热带辐合带是南、北半球偏东信风气流汇合形成的狭窄气流信风辐合带，以及由西南夏季风和偏东信风形成的季风辐合带。在辐合带中，地面基本静风；辐合带正处于东风带和西风带之间，是东、西风的过渡带。而它主要活动于 25°N 和 10°S 之间，正好囊括了中国的福建、广东、台湾等省以及马来西亚、印尼等国家，这里的空气水平运动相对于高纬度地区来说要小很多（台风影响除外），对于羽毛球的普及有非常好的推进作用。

参考文献

中国天气网江苏站. 羽毛球与天气 ［EB/OL］. （2013-08-19）［2016-10-22］. http：//js. weather. com. cn/qxkp/rdzt/08/1951403. shtml.

福州市气象科技服务中心. 气象为羽毛球选手支招［EB/OL］.（2014-11-11）［2016-10-24］. http：//www. fzqx. gov. cn/Article/961.

旅游篇

万花都落尽，一树红叶烧
——红叶天气物语

享受过春的妖娆，洗尽夏的浮华，秋天的到来，总能让我们获得踏实的感觉。在这个逐渐沉静下来的季节中，繁花落尽，草木枯黄，不免感到有一丝单调，所以，那"万山红遍，层林尽染"的美妙景色，才更是令人向往，过目不忘。

木兰舟有诗云"万花都落尽，一树红叶烧"。红叶，是秋季最为亮眼的一道风景，是一抹胜似春花的娇艳！

深秋赏红叶，自古就被视为雅事，文人骚客们经常有感而发，写下流传千古的名诗雅句。如今人们更是对秋日红叶如画般的美景趋之若鹜。

 观赏红叶哪家强

观赏红叶的佳地我国有很多，其中辽宁省本溪市被誉为"中国枫叶之都"，此外还有"四大赏枫胜地"，分别是北京香山、南京栖霞山、苏州天平山和长沙岳麓山。

本溪是一个森林资源丰富的城市。枫叶更是本溪得天独厚的自然资源，全市以枫叶为主的省级以上自然保护区和森林公园达到 6 个，核心枫叶观光区 12 处（中国林业网，2013）。每年 9 月下旬至 10 月，本溪都举办枫叶节，数以百万计的游客来此观赏枫叶。2011 年 9 月 8 日，国家林业局授予辽宁省本溪市"中国枫叶之都"荣誉称号。

香山又叫静宜园，位于北京海淀区西郊，距市区 25 千米，最高峰海拔 557 米。香山是北京秋季旅游不可错过的景点，其红叶驰名中外。陈毅同志曾为北京西山红叶题诗："西山红叶好，霜重色愈浓。红叶遍西山，红于二月花。"

栖霞山位于南京城东北 22 千米。栖霞山有三峰，主峰三茅峰海拔 286 米，

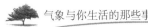

又名凤翔峰。栖霞山清幽怡静，风景迷人，名胜古迹，遍布诸峰，被誉为"金陵第一明秀山"。自明代以来就有"秋栖霞"之说，"栖霞丹枫"为金陵新四十景之一，栖霞红叶种类很多，尤以枫香为主，包括红枫、鸡爪槭、三角枫、羽毛枫、榉树、黄连木等，每到深秋，山中漫山红遍，犹如晚霞栖落，蔚为壮观，它以其独特的魅力吸引着众多游客前来观赏。

天平山位于苏州市城西 15 千米处，海拔 221 米。怪石、清泉、红枫为天平三绝。山麓有成片枫林，红枫为范仲淹 17 世孙范允临从福建移来，尚存 176 株，迄今已有 400 多年历史，深秋时节，碧云红叶，灿烂如霞，瑰丽夺目。

岳麓山位于长沙湘江两岸，是南岳 72 峰之一。在岳麓山脚，有我国宋代四大书院之一的岳麓书院。书院清风峡的小山上，有一个古亭，名为"爱晚亭"，古亭四周种满枫树。每逢深秋时节，峡谷中漫山都是红叶，如云如霞，风景绝美。自古以来，岳麓山就是我国著名的观赏红叶胜地之一。

 它们都是红叶吗

我们经常说赏红叶、赏红叶，但是你知道吗，红叶其实并不是特定的某一种树叶，许多乔木的叶片或茎秆等到了秋天会变成红色，都可以栽种后用于观赏。比如，北京香山的红叶就主要有 8 个科，涉及 14 个树种。而比较常见的红叶树种有枫香、黄栌、黄连木、三角枫、鸡爪槭、乌桕、柿树、大花卫矛、豆梨、火炬树，等等。观赏红叶，您踩准时间点了吗？

其实观赏红叶，也是一个需要天时地利的活动。去得早了，叶子还是绿的；去得晚了，叶子都掉光了，剩下零散的几片挂在枝头，不免又引出一番悲春伤秋的情怀。那么什么时候去观赏红叶才是最当时呢？

据研究，红叶树种入秋后叶片泛红的生理机制，主要是叶内组织细胞液的 pH 值下降，导致叶中的花青素苷呈现红色。而根据物候学理论，前期气象条件如光、温、水等对植物物候早晚有重要影响（竺可桢，1963），其中气温是影响中国木本植物物候的主要因子，海拔高度以及地形地貌因可影响温度高低有时也被作为影响因子。对于红叶树种来说，生长发育及叶片变色与气象条件也存在密切的关系。在春夏季节，由于温度适宜，光合作用强烈，叶绿素含量很多，掩盖着花青素，因此呈现出一片绿色。一到深秋，树叶受到低温、霜冻的侵袭，叶绿素被破坏，叶子里的水分减少了，不能及时运输的淀粉变成了葡萄糖，糖分逐渐转化为花青素，因此绿叶逐渐转变成了红叶。由此可见，能不能

抓住红叶美景，关键得看气象条件，也就是温度是不是足够低，让叶子变红。那么这个"足够低"是多低？

　　有"枫叶之都"之称的辽宁省本溪市，在日最低气温达到 6 ℃左右时，枫叶开始变色，当气温达 0～4 ℃后，枫叶会全部变成红色（刘明芝，2012）。而不同的树木，其叶片变红的温度条件也有不同，以我国几种常见的红叶树木为例。研究表明，鸡爪槭在较高的夜温下，呼吸作用加强，致使糖分不能积累，花色素苷被消耗，叶片颜色减淡；而随着温度的降低，叶片中可溶性糖不断积累；花色素苷大量合成，同时叶绿素降解；叶片中色素比例发生变化；叶片逐渐呈现出红色（陈继卫，2010）。而黄栌树叶变色的温度阈值有 3 个：最低气温低于 14 ℃；气温日较差大于 10 ℃；日平均气温为 13～20 ℃。如果此 3 项条件保持 3 天，那么第 4 天就为黄栌树叶变红的变色日（尹志聪，2014）。元宝枫变色前十天的平均气温持续低于 15 ℃有利于叶片变色（王永格，2010），较高的昼夜温差则为糖分的积累提供了条件，有利于花色素苷的合成（蔺银鼎，2010）。

　　从上面专家们研究得出的结果来看，影响叶片变红的温度因素主要就是最低气温这项指标。从常年来看，9 月下旬我国北方大部地区的最低气温在 15 ℃以下，其中东北大部不足 10 ℃，能够满足大部分树种叶片变红的指标。但由于叶片花色素苷还需要有一定的积累，叶片才能红艳动人，因此，您 10 月去观赏红叶是最佳时节。

　　除了温度之外，降水、大风、光照和海拔高度也都能影响红叶变色。若无法满足树体所需的水分，叶片中叶绿素将强大，红叶变色会推迟或提前枯萎。大风会让空气变得干燥，加速叶片失水，树叶凋落速度变快。此外，海拔较高地区的红叶比海拔低的红叶红得快些。即便是一棵树上的红叶，阳光也能塑造色差，向阳的树叶比荫蔽处的红艳。多样的气象条件加上不同的红叶树种，才能够塑造出色彩丰富、层次分明的红叶景观，使观赏时的体验更佳。

 国外也有红叶美景哟

　　秋季，若是去国外旅行，去一个枫叶烂漫的国家也是不错的选择。下面为大家推荐两个国外枫叶旅游的圣地——美国和日本。

3.1　美国

　　美国有三大红叶胜地：新英格兰地区、蓝岭山观景公路以及北部湖区。另外，中西部也有大片可供选择的赏叶去处。

（1）新英格兰地区

无论从规模、景色、交通、知名度等各个角度，美国东北部的新英格兰地区，在全美都属于观赏枫叶最有名的地区。在电影《阿甘正传》中，阿甘一路长跑，横穿美国大陆，跑到了满地红叶的珍妮农庄，而这个农庄的取景地就在佛蒙特州。新英格兰地区红叶的最大特色是它远离喧闹的大城市，与当地小镇中质朴的房舍、星罗棋布的教堂和哥特式的建筑完美地结合，让红叶也具有了古典优雅的气质。佛蒙特以古老宁静的乡村风光为特色，美国《国家地理》曾将佛蒙特评为全世界最美的观赏枫叶的胜地（中国青年报，2011）。

（2）蓝岭山观景公路

南起田纳西州、北至弗吉尼亚州的蓝岭山观景公路纵贯北卡罗来纳州全境，是美国东南地区每到秋天最为繁忙的一条路。相比新英格兰地区小巧的乡间风情，这里观赏红叶的视野更加辽阔。

蓝岭山最大的特色是植被种类极其丰富。每到秋天，各种植物按照不同批次将自己变成红色。先是山茱萸和黑橡胶树，再是白杨树和山胡桃，然后是枫树和黄樟树，最后是在深秋时节红得透彻的橡树。秋叶的颜色变化颇具层次感，从绿变黄，从橙色到纯红，再到紫色。沿着观景小路驾车，远远望去，树叶变色的速度不尽相同，一片山林会呈现出各种层次的色调，如彩虹一般，甚是灿烂。由于地处南部，这里的红叶变色时间跨9—11月，可谓最保险的赏红叶之地。

（3）北密歇根及中西部

美国中北部五大湖区也是观赏秋景的绝佳之处，这里要山有山，要水有水，要树有树。其中的代表地是位于北密歇根的希亚瓦萨国家森林（Hiawatha National Forests）。这座被密歇根湖、苏必利尔湖围绕的森林地处美国北端，到了10月已是浓浓深秋。但天空依旧高远，湖面依然明净，风轻云淡，树林里飘散着落叶的香味（中国青年报，2011）。

除了上述三处最为著名的景地之外，位于中部和西部的美国人也有各自的观景胜地，比如密苏里州的马克·吐温国家森林在地质上属于全美最古老的山脉，科罗拉多的圣伊萨贝拉国家森林有着全美最好的山杨树，得克萨斯则有独特的大叶枫树林，波特兰附近的哥伦比亚河谷国家风景区则是西北部最好的赏秋场所。

根据气象条件的差异，美国各地出现红叶景观的时间也有不同。常年最早到9月中旬美国高纬度和高海拔地区就会率先出现秋季红叶景观，进入10月红叶的区域会逐渐向南、向低海拔的地区蔓延，而在东南部一般要等到11月初红叶才会达到最佳观赏期，全美境内红叶观赏期长达近2个月。从气候来看，一般9月底和10月初，落基山脉一带、五大湖南岸以及新英格兰一带秋叶率先转红。10月中旬，美国西部内陆山地、美国中西部地区和中大西洋地区大部先后转红，10月底和11月初，美国西部沿海地区以及东南部一带也逐渐进入到红叶的观赏期。

3.2 日本

就像春天的樱花一样，日本在秋天也有季节特产——红叶，而且日本被视为世界上红叶最美的国家之一。日本秋季漫长，多枫、山毛榉等秋天叶色转红的树木，与山明水秀的风土相得益彰。日本的红叶景观大致分布在原野和庭园，一部分属于原野自然景观；另一部分与人文景观（比如寺庙）交融，形成庭园景观，二者都颇具当地特色，使人心向往之（大观周刊，2010）。而且与樱花相比，红叶的全盛期要更长一些，所以对于现阶段没有决定去哪里看红叶的朋友来说也是个好消息，可以仔细安排好自己的行程，尽情享受红叶美景。

在日本，红叶的观赏期与9—11月的气温关系密切，通常最低气温低于8℃，叶子就开始上色，最低气温一旦低于5℃，叶子就能迅速变红。红叶的颜色要好看，还必须同时满足充分的日照、适度的水分和气温骤冷3个条件。当年夏天的气候、秋天的昼夜温差以及晴天的多少都会影响到红叶的品质，一般来说，阳光、水分充足、气温凉爽是造就红叶的最重要条件。

"自古逢秋悲寂寥，我言秋日胜春朝。"透过红叶看秋天，自会有胜似春日的感觉。愿您看了这篇文章，可以不必再错失这大自然涂抹的艳丽色彩。

 **参考文献**

陈继卫，沈朝栋，贾玉芳，等，2010. 红枫秋冬转色期叶色变化的生理特性 [J]. 浙江大学学报（农业与生命科学版），36（2）：181-186.

蔺银鼎，梁峰，2010. 主要气候因子对元宝枫秋叶着色的影响 [J]. 中国农学通报，26（2）：166-170.

刘明芝，2012. 辽宁省本溪县枫叶变红与气象条件的分析 [J]. 安徽农业科学，40（33）：16279-16280，16379.

王永格，从日，2010. 北京城区秋季红色叶元宝枫优良品种的筛选 [J]. 北方园艺，(1)：136-139.

尹志聪，袁东敏，丁德平，等，2014. 香山红叶变色日气象统计预测方法研究 [J]. 气象，40（2）：229-233.

中国青年报. 北美绚烂深秋至，美国各地赏红叶全攻略 [EB/OL]. （2011-11-02）[2016-10-26]. http：//fashion. ifeng. com/a/20111102/10353158 _ 0. shtml.

竺可桢，宛敏渭，1963. 物候学 [M]. 北京：科普出版社.

"中国枫叶之都" 本溪. 中国林业网 [EB/OL]. （2013-06-21）[2016-10-24]. http：// maple. forestry. gov. cn/fszxfs/911. jhtml.

落叶归根，邂逅"金"秋

——银杏与气象

红叶与银杏，像是大自然赐给秋天色彩最明亮的一对双姝姐妹，但是相比红叶绽放枝头的风风火火，银杏叶飘零而下的姿态，更能体现出几分秋天的落寞孤寂，待得叶子落得满地，走在树下，感觉天地一片金黄，就好似走在了黄金铺就的道路上，别有一番滋味。

银杏出现在几亿年前，是第四纪冰川运动后遗留下来的裸子植物中最古老的孑遗植物，现存的银杏稀少而分散，上百岁的老树已不多见，和它同纲的所有其他植物皆已灭绝，所以银杏又有活化石的美称。银杏树的果实俗称白果，因此银杏又名白果树。银杏树生长较慢，寿命极长，自然条件下从栽种到结银杏果要二十多年，四十年后才能大量结果，因此又有人把它称作"公孙树"，有"公种而孙得食"的含义，是树中的老寿星，具有经济、药用以及观赏价值。

 秋冬去哪儿赏银杏

银杏树的地理分布范围较广，适应性较强。在暖温带、亚热带生态条件下，银杏树均能正常生长，其经济栽培区范围位于（24°～35°N，105°～200°E），这一带的温度、水分、光照等条件，都更适宜银杏树的生长（中国银杏网，2014）。

1.1 国内

（1）浙江天目山：每年几经秋寒，天目山山上山下的古银杏便披金挂银。国画大师徐悲鸿就是慕名到天目山欣赏秋景，绘就了传世绝作《天目秋色》。天目山是世界野银杏的原生地，满山遍野生长着许多古老的银杏树。其中，最古老的被称为"五世同堂"的银杏之祖，树龄超过12 000年。

（2）江苏泰州宣堡镇：宣堡镇的江苏古银杏群落森林公园，是国家CCC级自然景区，银杏资源极为丰富，公园内古银杏密集程度世所罕见，其中银杏分布的核心区张河村一带现有定植嫁接银杏树 65 800 株。成片的古银杏树自然的生长分布于村庄、沟边、路旁，浑然天成，四季景色各有千秋，但深秋时节一片金黄，令人流连忘返。

（3）浙江湖州长兴县：长兴古银杏长廊位于长兴县小浦八都岕（当地人念"卡"），离县城 30 分钟车程。在 12.5 千米长的长廊中散落着 3 万株原生野银杏，其中百年以上的老树 2700 多株。这条长廊有点坡度，但车可以一直开到尽头，两旁时不时有山掠过，使得景色不再单调。

（4）云南腾冲：云南腾冲北部 40 千米有个江东村，这里共分布有古银杏树超过 3000 株，这里银杏林最大的特点就是"村在林中，林在村中"，相互依托，浑然天成。因独特的地理气候原因，银杏村的观赏期较长。每年 10 月下旬至 12 月中旬，是江东村赏秋色的最佳季节。

（5）广西桂林海洋乡：海洋乡位于桂林东南部，距桂林市 45 千米，百年以上的银杏就有 17 000 棵以上，还有两株千年古树，为此海洋乡被誉为"中国银杏第一乡"。桂林因地处温带，银杏树叶要比北方黄得晚一些，一般来说 12 月才进入观赏季。

（6）广东南雄市：南雄有"中国岭南银杏之乡"的美誉，在该市坪田、油山等镇至今仍生长着 2000 多株树龄在几百年以上的古银杏树，已被列为古银杏树种群保护地区。每年 11 月中旬至 12 月初这里的银杏树成熟叶黄，当属赏银杏的最佳时期。

（7）安徽塔川：深秋时节，塔川山林一片盎然生气，漫山遍野的银杏树以及一些不知名的树种向人们展示着红、橙、黄、绿等不同的色彩。清晨雾气笼罩，树木和粉墙黛瓦的古民居若隐若现，有一种静谧的朦胧之美。

（8）陕西西安嘉陵镇：徽县南部嘉陵江畔嘉陵镇，周围群峰叠翠，连片分布着 153 株号称生物活化石的千年以上古银杏树，素有"银杏之乡"的美称，在这里可以赏银杏树美景、吃银杏果、喝银杏茶、体会银杏人间风情。

（9）北京钓鱼台：钓鱼台有北京最高大上的银杏大道，据说也是北京最早种下的一批，非常密集粗壮，这里是京城人赏秋、思秋、怀秋、恋秋的好去处。一般 10 月中下旬时树叶全黄，不过很可能一场秋风就叶落归根了。

（10）山东临沂：每年初冬时节，山东省临沂市郯城县 30 万亩* 银杏林都

---

　*　1 亩≈666.67 平方米，余同。

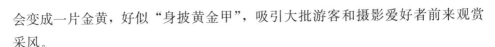

会变成一片金黄，好似"身披黄金甲"，吸引大批游客和摄影爱好者前来观赏采风。

（11）河南洛阳：洛阳嵩县白河乡以千年银杏闻名，走进八百里伏牛山主峰龙池曼，在云岩寺方圆 5 千米区域内生存着四五百株稀世珍宝，堪称天下一绝的千年银杏古树群。每年金秋霜降之后银杏叶迅速变黄，在阳光的映照下光彩夺目，形成一道靓丽的风景线。

1.2　国外

（1）韩国首尔：作为首尔的市树，秋天来到韩国游玩，最值得观赏的莫过于大街上、公园里、宅院前那一排排金黄灿烂的银杏。最美的新沙洞，数百米的街道两旁种满了一排排银杏树，繁盛茂密的枝叶搭成一条长长的天然的林荫道。这里没有城市的喧嚣与工作的压力，不论是逛街购物还是到咖啡店里闲坐聊天，甚至放空自己发发呆，都会被漫天的银杏暖色调感染着情绪，发酵着一种叫作幸福的东西。热播韩剧《来自星星的你》都选择在这里拍摄男女主人公的浪漫情节。

（2）日本东京：当年在广岛轰炸中，只有 6 棵银杏树幸存了下来并生长至今，因此银杏树在日本文化中备受尊崇，日本人将银杏视为"希望的承载者"。如今在东京，银杏树遍植在街道和公园，总数大约有 65 000 棵，其中明治神宫外苑的银杏树大道是最有名的银杏树道之一。青山大道的"青山 2 丁目"十字路口至围绕外苑中央广场的圆周路，南北向延伸的 300 米街道两旁种满了银杏树，金秋时节，如一条金黄色的隧道通往神秘幻境。

 为啥这些地方银杏长得好

温度。温度是最主要的气候因子，银杏对温度的适应范围较广，但也有一定的规律性。银杏树适宜暖温带、亚热带气候，在年平均气温 8～20 ℃的地区都可栽培生长，但以年平均气温 15～17 ℃的地区最适宜。在该温度范围内，冬季银杏不会发生冻害，夏季也不会受日灼，生长基本正常（蒋红霞等，2015）。但在低纬度年平均温度 20 ℃以上的地区，银杏的生长并不健壮。这些地区阳光直射，辐射强度大，相应的光照强度也强，另一方面，这些地区的年降水量较多，受到光照、水分等因子的综合作用，银杏的生长发育也受影响，不能形成旅游性的产品。银杏能忍耐−20～−18 ℃的低温，并在短期−32 ℃的寒冷条件下也不会被冻死，低温持续时间过长，则会受冻，甚至死亡（蒋红霞等，2015）。此外，土壤温度对银杏的生长过程也有较大的影响，土壤温度在 23 ℃以上，根系活动受抑制（中国银杏网，2011）。银杏是雌雄异株，其物候期因性别不同而有差异，雄性银杏的物候期比雌性各物候期要早，一般要提早 3～6 天（雄性银杏树叶变色期较雌性银杏晚）。

水分。银杏树喜欢在湿润的环境条件下生长，不耐干旱，降水量对银杏树的生长和结果起着重要的限制作用。5—7 月和 8—10 月的月平均降水量低于 40 毫米，大气相对湿度低于 70%，白天气温高于 28 ℃，这样的气候会造成银杏叶缘枯黄，甚至提早落叶（蒋红霞等，2015）。银杏原始中心产地的年降水量一般在 800 毫米以上，但只要土质疏松、排水良好，降水量超过 1500 毫米也不会危及银杏生长。但如果排水条件不好，林地田间持水量超过 80%，根系就会因缺氧而腐烂，叶片易枯黄、脱落。与干旱的危害相比，涝害的影响更大，所以银杏圃地和林地要注意及时排水。银杏若生长于地下水位高于 1.0～1.5 米的林地，会导致根系发育不良，细根少，叶小、易脱落。银杏是需水量较大的树种，不耐干旱。

光照。幼年的银杏树稍耐阴，进入结果期以后，便需要充足的光照。据山东农业大学 1995 年的实际测定（陶俊等，1999），发现银杏在光饱和点下，光合作用效率随着光照强度的增加而增加。所以说光照对银杏生长影响很大，光照不足，光合强度低，树叶、根系生长不良，树势减弱，观赏效果不佳；同时由于有机养分不足，也会影响开花数量和果品质量等。因而光照条件丰富的地方银杏更有观赏价值。虽然银杏喜光性强，但幼苗、幼树忌高温、忌干燥，因而在未结实前，就要使树体处在一定的庇荫条件下。银杏苗木对光强反应非常敏感。所以当炎热的夏季来临时，应给苗木遮阴，如设遮阳棚、插枝等，使透光率限制在 60%（蒋红霞等，2015）。

风。微风和小风可以促进空气流动，有利于叶片呼吸；也可调节空气湿度，增强叶片蒸腾作用，促进根系吸收养分，提高光合效率，解除辐射、霜冻的威胁。微风又给雌雄异株的银杏的传粉带来益处。5 级以上的大风会影响银杏的生长发育和结实。因此，银杏种植的林地选择应特别注意避开风口处（中国银杏网，2011）。

地形，海拔。银杏的主产区多分布在河滩、山涧、台地、河流冲积土附近。江苏泰兴的银杏主要分布在长江边沉积沙土的高地上，山东的银杏长在河流两岸的冲积土上，广西兴安植于湘江上游两岸，等等。银杏分布的海拔范围较宽，从北京的海拔几十米到西藏昌都的海拔 3240 米都有分布。

3 观赏银杏何时佳

银杏的叶子由绿变黄，最为主要的"魔力之手"是气温的变化。随着秋季的来临，气温逐渐下降，银杏叶子细胞中的叶绿素开始分解，叶黄素和胡萝卜素在叶绿素分解后大量存留，叶子的颜色才会逐渐呈现出红色、橘黄色或黄色。

由于我国幅员辽阔，南北地域跨度大，地形西高东低，因此各地银杏变黄的时间不同，观赏时间的早晚也有很大不同。一般华北、黄淮银杏叶变黄的时间都是从霜降节气前后开始，比如北京钓鱼台的最佳观赏时间在10月中下旬；而南方要稍晚一些，比如浙江在11月中下旬，广东南雄市在11月中旬至12月初，广西桂林海洋乡在12月进入观赏季，云南腾冲则一般在10月下旬至12月中旬都是赏银杏的佳期。如同花期一样，银杏的黄叶期也是有限的，不同的银杏种植区，一定要把握好当地的最佳观赏时期。

银杏的扇形叶子独具一格，波状线的叶缘具有轻快流畅的特征，放射线状的辐射叶脉有奔放之感，常有人珍藏一片夹在书页中，为书更添一缕香。其实当银杏树与不同的建筑风格相结合时，更能衬托出银杏树流传千载的风姿，既能体现古朴苍劲、威严的一面，又有柔美缓和、风韵宜人的一面。在寺庙前的一株古朴的银杏，似乎能够带人穿越回古老的时空。"文杏栽为梁，香茅结为宇。不知栋里云，去做人间雨。"这样优美的风景，引人遐想，令人难忘。

 参考文献

蒋红霞，冯慧慧，丁圆月，等，2015. 郯城银杏生长气象条件及最佳观赏期研究［J］. 安徽农业科学，43（28）：164-166.

陶俊，陈鹏，佘旭东，1999. 银杏光合特性的研究［J］. 园艺学报，26（3）：1-5.

银杏生长发育对温度的要求. 中国银杏网［EB/OL］.（2011-08-24）［2016-10-24］. http：//www. zgyx. com/news_type. asp? id=15580.

中国银杏网. 如何选择适宜种植银杏树的环境条件［EB/OL］.（2014-05-04）［2016-10-24］. http：//www. zgyx. com/news_type. asp? id=29138.

中国银杏网. 适宜银杏树种植的环境条件［EB/OL］.（2011-08-23）［2016-10-24］. http：//www. zgyx. com/news_type. asp? id=15560.

什么时候去海滨浴场玩耍妥妥的

炎热的季节里去海边吹吹凉爽的海风，满桌的海鲜大快朵颐，痛痛快快洗个海水澡，绝对是人生幸事。我国大陆海岸线绵延1.8万千米，岛屿海岸线1.4万千米，海滨旅游资源可谓是相当丰富，海滨浴场横跨多个气候带，从最南端热带季风气候的三亚海滨浴场，到东部沿海亚热带季风气候的海滨浴场，向北一直延伸到北方温带季风气候的海滨浴场。受气候和水温的影响，我国南北各地海滨浴场的最佳旅游、游泳的季节相差很大，哪里的海滨浴场四季都适合去？什么季节去哪里的海滨浴场能够玩得最尽兴？海滨浴场游泳最怕什么天气？不同的时节去各地的海滨浴场都需要注意哪些天气呢？

决定海滨浴场最佳旅游季节的主要因素包括海水温度和气候条件。根据海温、气候以及泳期等因素，可以把福建、浙江两省的省界作为浴场的区域界限，以北为海水浴场北区，以南为海水浴场南区。南区海水浴场游泳季很长，从6月1日一直到10月31日，地域上位于华南地区，包括广东、广西、海南岛、南海诸岛及福建沿海的海滨浴场，其中海南的一些海滨浴场几乎全年都可以开放；北区海水浴场开放时间较短，平均游泳季从6月25日一直到10月7日共105天，包括浙江及以北的沿海浴场（王晓青，2006）。

按照海水浴场游泳季气温、水温高低及其变化情况，又可以将海滨浴场分为以下三类。

温暖型：包括三亚、海口、北海、深圳、厦门等地，整个游泳季平均气温多在25℃以上，日变温一般小于10℃，并且水温较高，多数时间在25℃以上，部分时间可超过30℃，水温变化幅度小，在5℃左右。由于温暖型海滨浴场水温和气温较高，所以泳期都比较长，每年基本在100天以上。

凉爽型：包括大连、北戴河、青岛等地，整个游泳季平均气温多在25℃以下，日变温比较大。凉爽型的海滨浴场水温相对较低，游泳季的水温多在20～25℃，泳期也较短，全年少于100天。

过渡型：包括舟山和温州在内浙江的海滨浴场介于温暖型和凉爽型之间（王晓青，2006）。不同的气候带海滨浴场天气气候差异较大，最佳的游泳季节也各不相同。

 # 1　热带和南亚热带海滨浴场

1.1　海南三亚亚龙湾海滨浴场

海南省属于热带季风海洋性气候，全年长夏无冬。三亚的亚龙湾海滨浴场和海口的假日海滩是我国著名的热带海滨浴场。其中最南端的三亚亚龙湾海滨浴场是我国难得的全年都适合的海滨浴场，这里被誉为"天下第一湾"。三亚亚龙湾全年水温基本都在 20 ℃以上，最冷的 1 月平均水温也在 22.5 ℃左右，其他月份基本都在 23 ℃以上，其中 5—10 月这里的平均水温达到 28 ℃以上，有时亚龙湾的水温甚至会高达 30 ℃。从三亚的气候来看这里长夏无冬，最冷的 1 月平均气温也有 21.6 ℃，夏无酷暑，高温天气较少出现。无论从水文还是气象条件来看，亚龙湾全年大部分时间都非常适宜游泳。根据综合评价，亚龙湾海水浴场一年适宜游泳的时间占全年天数的 85% 以上（周永召等，2011）。

包括亚龙湾浴场在内华南地区的海滨浴场最怕的就是台风。当受到台风影响时，海滨浴场风浪大，还有可能伴有风暴潮，不仅不适合游泳，也不适合靠近海边。例如 2005 年受到台风"达维"影响，亚龙湾浪高 6.5 米，2009 年台风"凯萨娜"虽然没有登陆三亚，但是三亚依然受到严重影响，亚龙湾最大浪高 7 米。由于海南岛被南海包围，台风在海南的战线拉得很长，4—11 月都出现过台风登陆。其中 7—10 月台风对三亚的影响最为频繁，特别需要关注的是 9 月，这个月影响海南的台风不仅最多而且最强，像上述提到的台风"达维"就是 9 月登陆海南万宁，台风"凯萨娜"也是 9 月生成并严重影响三亚。其次就是 8 月和 10 月，尤其是 10 月上旬恰逢国庆长假，属于旅游旺季，一旦有台风靠近影响特别大。因此，9 月到国庆长假期间前往三亚亚龙湾浴场需要密切关注台风的预警和预报。

海泳的第二号敌人就是强雷电天气。雷雨天气里海边的沙滩含有充沛的水分，是雷击的危险地带，雷雨天气在海滨浴场游泳遭遇雷击的可能性非常大（刘建等，2003）。5 月开始一直到 9 月都是三亚雷电天气的高发期，10 月也容易受到雷电天气的影响。

热带地区大气透明度高、紫外线强，三亚从4月开始紫外线强度明显加强，并且日照时数长，海滨游泳格外需要注意防晒，这种光照强烈的日子要一直持续到10月。

1.2 北海银滩海滨浴场

广西南端濒临北部湾的北海银滩为国家AAAA级旅游景区，享有"天下第一滩"的美誉。北海银滩海滨浴场最大的优势为海滩面积大、沙质优、海滩宽长连绵，银滩宽逾100米，连绵20多千米，沙滩面积超过北戴河、青岛、大连、烟台、厦门海滨浴场沙滩的总和，每天可同时接纳游客10万至15万人次入浴。这里滩长平、沙细白、水温净、浪柔软、无鲨鱼、无污染、空气清新自然，负氧离子含量是内陆城市的50～100倍，特别适合海滨旅游。我国适宜度假旅游的沙质海岸为1400千米，人均仅为0.0012米，而北海一地的海岸线就长达500.13千米，人均为0.3496米，是全国人均量的291倍。并且这里的沙滩朝向好、质细色白、细腻柔滑，与国际的A级沙滩标准接近，比国内其他著名的沙滩相比也有很大的优势（简王华等，2005）。

北海银滩的年平均水温为23.7℃，全年有9个多月可以入水游泳，只有在12月至翌年2月这里的水温和气温都比较低，不适合入水。需要注意的是，北海的雨季时间很长，而且雨水特别充沛，雨季里的强降雨和雷雨天气会增加户外海泳的危险性，需特别注意。从气温和水温条件来看，6—9月是北海户外游泳的旺季，但是这三个月恰恰是北海雨水最多的季节，暴雨多发，同时也是雷暴天气最多的日子，尤其需要关注暴雨、雷电的预警预报。

虽然同属华南地区，相比海南、广东、福建、台湾等省份，登陆广西壮族自治区的台风比较少，只是其他华南省份登陆台风数量的零头。这是因为广西海岸线较短，而且有广东雷州半岛和海南岛的遮挡。也正因为这个缘故，登陆广西的热带气旋，大多是"二手货"（登陆广东或海南以后，再次登陆广西），从强度上来说也相对较弱一些，影响也会小一些。5—10月都出现过登陆广西的台风，不过多数还是集中在6—9月。1954年02号台风5月12日登陆广西北海，为登陆广西最早的台风，1995年第16号台风10月13日登陆广西合浦，为登陆广西历史最晚的台风。其中有4个台风登陆过北海，其余几次为较弱的热带低压登陆北海。最近的一次是2001年的第14号台风"菲特"。尽管台风"菲特"强度比较弱，最强时只有20米/秒（8级），但是台风环流维持时间长，对华南沿海地区影响长达17天，特别是北海的涠洲岛出现了11级阵风，降水总量达到了 300～600 毫米，好在北海市区受到的风雨不算严重，但是海滨浴场受到的影响比较大。

虽然广西的地理位置占优，直接登陆广西的台风不多，但是由于靠近南海，北海一带仍然免不了频繁受到台风影响，特别是 7—9 月北海容易受到台风大风圈的波及，导致海滨浴场的关闭。

综合气象和水文条件来看，3—11 月北海都可以进行海滨游泳，3 月和 11 月气温和水温稍低，4—10 月较为适宜，其中 6—9 月雷雨和强降雨多发，需防范雷电和风雨天气，北海银滩海滨浴场台风登陆概率不高，但是 7—9 月依然有可能受到台风影响。

亚热带海滨浴场

2.1　厦门海滨浴场

厦门是我国著名的滨海旅游胜地，素有"海上花园"的美誉，环境优美的海滨浴场对游客具有相当高的吸引力。厦门山海风光秀丽，海岛清幽，金黄色的沙滩、湛蓝的大海、碧绿的防护林带和绿化带、宽敞的环岛路、彩色的人行道、多姿多彩的雕塑等有机结合，给厦门的海滨游览、乘车环游、日光浴、沙滩浴、海水浴、森林浴、水上娱乐活动等旅游活动增添了强烈的诱惑力和吸引力。厦门 12 个海滨浴场的环境容量与开发程度各不相同，如沙坡尾至白城、港仔埔、曾厝、天泉湾等沙滩基本上处于初级开发阶段，其滩面多数零散分布碎砖石块或漂浮垃圾等；其余多数已经历了初级开发阶段而进入综合开发阶段初期，滩面较为洁净、周围环境优美，并配备少量的配套服务设施，如厦门岛的珍珠湾、太阳湾、黄厝海滨，鼓浪屿的美华、港仔后、大德记、浩月园（欧寿铭等，2001）。

厦门近海的海域年平均水温为 21.3 ℃（欧寿铭等，2001），低于三亚和北海，因此厦门的海滨泳季比三亚、北海等地也要短一些，特别是在春季厦门一带的气温和水温都比较低，而且春季厦门海雾多发，沿海地区能见度差，总体而言不适宜海滨游泳。一般进入 5 月之后厦门才逐步进入海滨泳季，这里泳季开始得比较晚，好在结束得也比较晚，一直到 11 月，这里的水温都可以维持在 20 ℃以上，不过最好的泳季是在 6—10 月，水温和气温都非常适宜。

厦门所在的福建省是我国受台风影响比较严重的省份之一，台风是对厦门海滨游泳影响比较大的天气系统。根据 1949—2013 年登陆福建的台风统计来看，福建的台风季是 6—10 月。其中 8 月是台风登陆福建最频繁的一个月，1949—2013 年共有 33 个台风在 8 月登陆福建，平均每年有 0.58 个，全年的登陆比例达到了 34.7%，其次分别是 9 月和 7 月。对于厦门而言，即使 10 月也可能遭遇台风登陆，2005 年 10 月 2 日，台风"龙王"以强热带风暴的级别登陆厦门。2016 年 9 月 15 日，台风"莫兰蒂"正面登陆厦门，为 1949 年以来登陆闽南的最强台风之一，厦门受到了台风的重创。

厦门位于近海台风行进路线上的十字交叉口，从西北太平洋往西行、西北行靠近我国的台风都有可能途经厦门，台风大风圈的半径能达到几百千米，登陆或影响广东、台湾、海南以及福建其他地区台风的大风圈都有可能波及厦门。从台风的统计数据来看，厦门的海水浴场受到台风大风天气影响的频率甚至要高于三亚和深圳的海滨，可谓是最容易受台风"外伤"的海滨浴场之一。7—9 月是台风影响厦门高发期，特别是 8 月，平均下来几乎每年 8 月都有台风影响厦门。而这三个月恰恰是游泳旺季，前往厦门海滨浴场，提前打听打听台风的消息保准没错。

2.2　温州南麂大沙岙海滨浴场

浙江的海滨浴场资源十分丰富，温州和舟山的海滨浴场非常出名。温州的南麂岛曾被《中国国家地理》杂志社联合相关媒体评选为"中国最美十大海岛"之一（严俊等，2007）。南麂大沙岙海滨浴场的沙滩纯净松软，湛蓝色的海水常年洁净透明，是全国罕见的贝壳沙质海滨大浴场，也是浙、沪一带沿海非常理想的海滨浴场。

浙江一带海滨浴场属于过渡型，泳季时间介于华南温暖型和北方凉爽型海滨浴场之间。春末夏初，随着气温的快速上升，温州沿海的海温回升的脚步也逐步加快，5 月也是当地水温上升最快的一个月。到了 6 月下旬，温州海滨的水温基本回升到 23 ℃，也就是适宜入海游泳的温度。7—8 月，温州海滨的水温会逐步达到 26 ℃左右，这样的水温非常适合游泳。9 月，这里海滨的水温开始下降，不过下降的速度比较缓慢，小于气温的降幅，9 月中旬，这里的水温开始比平均气温还要高些。夏末秋初，这里的水温缓慢下降，即使到了"十一"黄金周，温州海边的水温依然是适宜游泳的 23 ℃以上。从水温来看，6 月下旬到 10 月上旬温州海滨都是比较适合游泳的（严俊等，2007），这段时间正好是夏季的泳期，我国中东部地区都进入一年中最热的时期，也是人们最热衷于海泳的季节，可以说夏季泳期大部分时间，温州的海滨都是适宜游泳的。

7—8月，这里的平均气温都达到了28 ℃，平均水温也能达到26 ℃；9月，这里的气温略有下降，但是水温依然比较高，结合气温和水温来看，7—9月是温州海滨浴场最适宜游泳的季节。这三个月与台风季重叠，正是浙江频繁遭受台风影响的季节（朱业等，2012）。位于浙江南部的温州离福建省较近，登陆福建的台风，其外围环流也经常会影响到温州一带，8月是温州海滨浴场最容易被台风影响的时期。即使没有台风，也要注意防范雷电天气。7—8月，雷雨天气在温州也很常见，在海滨畅游的同时也需要关注雷雨预警信号，及时躲避雷雨。

2.3　舟山朱家尖海滨浴场

舟山朱家尖海滨浴场是国家AAAA级旅游景区，位于长江三角洲的入海处，是舟山群岛1000多个岛屿中的第五大海岛，全岛面积72平方千米，集中了9个沙滩，是华东地区乃至全国最大的组合沙滩群，沙滩质地优越，沙粒纯净细腻，沙滩平缓坡度小（潘静芬，2012）。

每年6月底至9月是这里的游泳旺季。6月底这里的水温基本上达到23 ℃这样比较适宜游泳的温度，这样的水温会一直维持到9月。6月底至9月这里平均水温基本在26 ℃以上，特别是7月下旬到8月，这一带无论从气温和水温来看都是非常适宜下水游泳的。舟山比温州的位置偏北，6月下旬和10月上旬舟山沿海的水温要略低于温州沿海，所以这里夏季泳期适宜游泳的日数比温州的海滨浴场略少一些。

舟山朱家尖海滨浴场旅游旺季集中在7—9月，期间恰恰是台风的高影响期，特别是8月。虽然直接登陆舟山的台风不多，但是由于舟山的地理位置偏东，即使是转向不登陆我国的台风，途经东海的时候也可能给舟山带去比较大的风浪，这种转向台风最容易出现在8—9月。与温州的海滨浴场相比，舟山海滨浴场夏季更容易受到风浪的影响，当风力超过6级，浪高达到1.8米就非常不适宜下海游泳了。

 温带海滨浴场

温带海滨浴场分布在我国北方地区，这一带的海滨浴场的泳期比较短。由于水的比热远大于空气，海水温度的上升和下降都要落后于空气。初夏的时期北方的海滨浴场一般水温还比较低，要等到盛夏季节才适宜开放，9 月，水温下降得比气温慢，9 月也是比较适宜的时节。

3.1　青岛第一海水浴场

青岛属温带季风气候。市区由于海洋环境的直接调节，受来自洋面上的东南季风及海流、水团的影响，又具有显著的海洋性气候特点。青岛的夏季湿热多雨，但无酷暑，7 月和 8 月是全年最热的时段，但平均最高气温也分别只有 27.1 ℃和 28.4 ℃。青岛出现 35 ℃及以上高温的日数屈指可数，可谓是盛夏避暑的优选之地。

青岛第一海水浴场位于汇泉湾畔，拥有长 580 米，宽 40 余米的沙滩，曾是亚洲最大的海水浴场。这里三面环山，绿树葱茏，现代的高层建筑与传统的别墅建筑巧妙地结合在一起，景色非常秀丽。海湾内水清波小，滩平坡缓，沙质细软，作为海水浴场，自然条件极为优越。青岛 7 月下旬至 9 月上旬的水温在 20 ℃以上，适合游泳，而青岛第一海水浴场的开放时间一般是在 7 月 1 日—9 月 25 日，但 7 月初水温只有 20 ℃出头，感觉还微凉，建议做好热身活动之后再下水，避免抽筋。

虽说青岛第一海水浴场 7—9 月基本都是开放的，但要注意的是，有些天气里也是不适合下水的。比如每年的 7 月和 8 月是青岛一年之中下雨最多的时段，并且多雷雨打扰，7 月的雷暴日数也是全年最多的。如当地气象局发布雷电预警信号，海水浴场可能就会临时关闭。

登陆山东的台风不算多，登陆青岛的台风就更少了。1949—2013 年里共有 12 个台风登陆过山东，平均 5～6 年才有一次，其中 1960 年有过一个台风登陆青岛。虽然正面登陆青岛的台风极少，但是影响青岛的台风不在少数，平均下来一年会有一个影响青岛的台风，而且多集中在 7—9 月，其中 8 月概率最高，这恰恰是当地水温最适宜游泳的季节。

还需要注意的是，与大陆地区秋冬季节多大雾天气不同，夏季是青岛沿海地区大雾的高发期，这是因为青岛的大雾都是由于海雾造成的。初夏水温还比较低，暖湿气流在比较凉的海面上经过遇冷凝结形成海雾，伴着海风海雾会影响到沿海地区。其中 7 月是青岛一年中海雾最多的一个月，平均有 10.5 个雾日，加上轻雾，青岛 7 月平均有 24 天会出现轻雾或雾。海雾会导致能见度下降，对海上游泳也有不利的影响。除去水温的考虑，影响海滨浴场各项影响因子的重要性排列基本为浪高＞气温＞风力＞天气状况＞能见度，能见度对海滨浴场的影响排在最后，不过低能见度也可能导致游泳的安全问题，海边救生员无法看到海水里游得比较远的游客，因此能见度较低的时还是要做好海上游泳的安全措施。

青岛海雾的发生是全天候的，一天中任何时次都有可能出现海雾，不过依然有规律可循。海雾最可能发生的时段是每天早晨到 10 时，其次是 20 时到第二天 03 时，而中午前后出现的概率较低，这表明海雾的日变化与太阳辐射的日变化密切相关，海雾出现后，白天随着太阳辐射的加强，海雾会渐渐消散。因此中午前后去海滨浴场能见度会好于早上和晚间。

有时候在特殊的天气条件下，海雾的日变化规律就不起作用了，例如在暖湿的偏南气流源源不断地输送到较冷的海面形成海雾，如果大气环流形势短期内不会发生变化，那么海雾维持的气象条件继续存在，海雾也将继续维持，并且会深入到内陆，特别是入海高压后部型的天气形势最易导致持续几天的灾害性海雾天气的出现，2004 年 6 月 23 日—7 月 3 日连续 11 天青岛出现大雾天气，正是在这种天气形势下出现的。

3.2　大连金石滩海水浴场

大连金石滩黄金海岸位于金石滩旅游度假区中部，是东北地区最大的天然海水灯光浴场。金石滩海滨浴场绵延 4.5 千米，宽 100～200 米，沙滩沙质柔软，水质清洁，是旅游、度假、避暑的胜地，被国家海洋局评为"健康型"一级海水浴场，是辽宁省海水浴场资源最好的地区之一（董晓菲等，2002）

大连地处东北，纬度接近 40°N，位于北半球的暖温带地区，具有海洋性特点的暖温带大陆性季风气候，是东北地区最温暖的地方，冬无严寒，夏无酷暑，四季分明。每年最热的月份是 7—8 月，平均最高温分别为 26.6 ℃ 和 27.3 ℃。大连比青岛还要更凉快，根据 1951—2013 年的气象数据统计，大连 7 月和 8 月出现高温的日数只有 3 天而已，为夏季避暑优选之地。

由于大连地域偏北，适合游泳的时间比青岛更为短暂，浴场每年的开放时间在 7 月 17 日至 9 月 3 日之间。但 7 月和 8 月是大连一年之中下雨最多的时段，并且多雷雨打扰，7 月的雷暴日数也是全年最多的。如当地气象局发布雷电预警，海水浴场可能就会临时关闭。雷电可以说是夏季大连海滨浴场最需要防范的不利天气。同时 7 月也是大连海雾的高发期，轻雾日数和雾日数都是全年最多的，7 月轻雾和雾日数总共达到了 20 天，略少于青岛。与青岛类似，大连海雾的日变化也与太阳辐射的日变化有关，一般来说中午前后去海滨浴场的

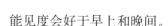

能见度会好于早上和晚间。

　　大连所在位置更北，受到台风影响的概率比青岛更小一些，平均下来大概每两年会有一个台风影响大连，主要的影响时段集中在 7—9 月，其中 8 月概率最高。需要注意的是，夏末初秋台风北上遭遇冷空气会变身为温带气旋，这种低压系统有时引发的风雨天气甚至会更强，对大连的影响非常大。

 **参考文献**

　　董晓菲，韩增林，2002. 基于可持续发展的大连市海滨浴场现状分析与对策研究 ［J］. 地域研究与开发，17 (1)：112-117.

　　简王华，陆聪慧，张金霞，等，2005. 北海市滨海旅游资源综合生态开发探讨 ［J］. 广西师范学院学报（自然学报版），22 (3)：53-58.

　　刘建，司空图，2003. 海滨浴场雷击命案 ［J］. 旅游纵览，5：36-39.

　　欧寿铭，杨顺良，2001. 厦门海滨浴场的环境质量及容量研究 ［J］. 台湾海峡，20 (4)：471-477.

　　潘静芬，2012. 舟山朱家尖海水浴场夏季水质状况分析与评价 ［J］. 浙江海洋学院学报（自然科学版），31 (40)：366-370.

　　王晓青，2006. 海水浴场环境安全评价研究 ［D］. 北京：中国地质大学.

　　严俊，丁骏，卢美，等，2007. 南麂大沙岙海水浴场预报总结 ［J］. 海洋预报，24 (2)：98-106.

　　周永召，车志伟，车志胜，2011. 三亚亚龙湾海水浴场环境质量状况评价 ［J］. 海南大学学报（自然科学版），29 (1)：74-77.

　　朱业，丁骏，卢美，等，2012. 1949—2009 年登陆和影响浙江的热带气旋分析 ［J］. 海洋预报，29 (2)：8-13.

"我美丽、我健康"
——雾凇景观

雾凇俗称树挂，是一种重要的天气气候旅游景观，是一种世界奇观。雾凇是低温时空气中水汽直接凝华，或过冷雾滴直接冻结在物体上的乳白色冰晶沉积物。雾凇有两类：在微风严寒（−15 ℃）的天气里，如果湿度很大，超过冰面饱和时，空气中水汽直接在地面物体上凝华，形成针状雾凇，其外形为白色毛茸茸的针状晶体，有冰晶闪光，厚度一般较小；在微寒（−5 ℃）、浓雾、有风的天气里，过冷雾滴碰到物体（如树枝等）的迎风面和突出部位上很快冻结，由于保持了雾滴外形，结果形成表面起伏不平的粒状乳白色冰层，成为粒状雾凇。粒状雾凇可增至很大厚度。

雾凇仪态万方、独具丰韵的奇观，让络绎不绝的中外游客赞不绝口，此外雾凇还是天然的空气"清洁器"以及环境"消音器"。雾凇正迎合了时下非常流行的一句话："我美丽、我健康。"

 雾凇的分布

国内雾凇旅游资源开发最好的当属吉林省吉林市，截至 2013 年，当地已经举办了 19 届中国吉林国际雾凇冰雪节。吉林雾凇、桂林山水、云南石林以及长江三峡于 1958 年并列被国家有关部门誉为"中国四大自然奇观"，受到海内外各界人士的青睐和赞誉。然而我国幅员辽阔，雾凇并不只是吉林特产，那我国的雾凇分布是怎样的呢？

从雾凇的形成原理并不难理解，雾凇形成的一个重要的条件就是气温低，因此，冬季雾凇最多，当然在春季、秋季和冬季均有出现，只是不成规模，不值得专门车马劳顿去观赏而已。

雾凇在北方很普遍，在南方高山地区也很常见，在寒冷的天气里，泉水、河流、湖泊或池塘附近的蒸汽雾可形成雾凇。但不论是北方还是南方，雾凇在高山地区尤为集中。如四川峨眉山最多，江西庐山、陕西华山、安徽黄山等地的雾凇要明显多于以雾凇闻名的吉林省吉林市。

通过对比 1954—1995 年这 42 年的数据发现，吉林市平均每年的雾凇日数为 27 天，而峨眉山、庐山、黄山、华山平均每年出现雾凇的天数为吉林市的 1.6～5.1 倍，而且从连续日数来看，吉林的雾凇最长连续日数也为最少，仅有 17 天，远远低于峨眉山的 142 天，也明显低于庐山、华山、黄山（表 1）。

表 1　1954—1995 年各个站点海拔高度和雾凇天数对比

站点	峨眉山	庐山	黄山	华山	吉林市
海拔（米）	3048.6	1165.3	1835	2057.9	184.4
雾凇天数（天）	5851	1762	2602	2544	1150
平均每年雾凇天数（天）	139	42	62	61	27
最长连续日数（天）及对应日期	142（1969-11-16 至 1970-04-06）	37（1984-01-15 至 1984-02-20）	32（1984-01-15 至 1984-02-15）	36（1972-01-23 至 1972-02-27）	17（1964-02-12 至 1964-02-28）

然而，这些名山的冬季旅游资源却远不如吉林市开发得好。如黄山风景区，据统计，黄山风景区年接待游客百万，其中 90％以上集中在春、夏、秋三季，冬季黄山为明显旅游淡季（吴有训，2002）。然而，黄山有丰富的、得天独厚的冬季旅游气候资源，黄山每年 10 月至翌年 5 月都有可能出现降雪、积雪、雨凇和雾凇，尤其冬季出现日数最多。因此，雾凇这样美丽的气象景观是黄山等名山冬季旅游气候资源开发利用的重要方面，大家不妨错峰出游，冬季去领略一下黄山的雾凇风采。

 雾凇景观与气象的关系

接下来给大家介绍一个如何根据天气预报计划雾凇观赏行程的方法。因为雾凇具有特殊的季节性，只有在某一特定时间并且满足某些气象条件才会呈现出最好的景致。那如何让慕名前来的游人高兴而来满意而归？作者整理了一些可寻的规律，满足天气条件不一定出现雾凇，但是不满足条件的话出现雾凇的可能性将很低。根据海拔高度，把雾凇分为平原型雾凇和高山型雾凇两种，平原型雾凇的代表站以吉林省吉林市为代表，高山型雾凇的代表站以峨眉山、庐山、华山、黄山为代表。根据 1954—1995 年这 42 年雾凇数据的历史统计，我们选出对平原型雾凇和高山型雾凇影响大的气象因子。

2.1 气温低是首个必要条件

不论是平原型还是高山型雾凇，气温越低越容易形成雾凇，尤其是平原型雾凇的代表站吉林市，雾凇日最低气温的上限值为－4.2 ℃，虽然高山型雾凇最低气温上限在 0 ℃以上，但至少有 97%以上雾凇当日最低气温是不足 0 ℃（表2）。

表2 雾凇的最低气温区间（单位:℃）

类型	高山型				平原型
站点	峨眉山	庐山	黄山	华山	吉林市
最低气温区间	－20.9～5.2	－16.8～4.2	－22.7～7.4	－25.3～6.9	－40.2～－4.3

2.2 昼夜温差大对平原型雾凇很重要

对于平原型雾凇来说，昼夜温差越大越容易形成雾凇，吉林市的雾凇日中有 96%昼夜温差不低于 10 ℃。但是对于高山型雾凇，昼夜温差并不是形成雾凇的关键因素，峨眉山、庐山、黄山、华山雾凇日昼夜温差超过 10 ℃普遍不足 20%，尤其是华山甚至仅有 2%昼夜温差在 10 ℃以上（表3）。

表3 雾凇的昼夜温差区间（单位:℃）

类型	高山型				平原型
站点	峨眉山	庐山	黄山	华山	吉林市
昼夜温差区间	5.5～18.5	0.9～22.3	1.0～25.8	7.9～11.1	5.1～29.9

2.3 无风或微风时也容易出现雾凇

无风或微风（风力≤3 级）条件下，不论是高山型还是平原型都易出现雾凇。吉林市雾凇日仅有 2 天风力达 4 级。高山型出现雾凇时风力普遍也不大，75%以上是无风或微风，其中华山和峨眉山无风和微风达 90%以上。也就是说，平原型雾凇和高山型雾凇多以针状雾凇为主（表4）。

表4 雾凇的平均风速区间（单位：米/秒）

类型	高山型				平原型
站点	峨眉山	庐山	黄山	华山	吉林市
平均风速区间	0.8～7.8	0.8～11.6	0.5～8.3	0.5～8.3	0.2～7.0

2.4　雾凇日出现雾概率大

不论是平原型雾凇还是高山型雾凇，雾凇日出现雾的概率比较大，为70%～80%（表5）。

表5　雾凇出现雾的概率（单位:%）

类型	高山型				平原型
站点	峨眉山	庐山	黄山	华山	吉林市
出现雾的概率	89	78	76	71	79

2.5　前一天出现降水，高山型雾凇更易出现

对于高山型雾凇来说，雾凇日的前一天和当天若有降水则更容易出现雾凇，尤其是雾凇日前一天出现降水的概率达到60%～70%。而对于吉林市来说，雾凇日前一天和当天是否有降水对于雾凇影响不大，当然这并不是因为湿度不是平原型雾凇出现的重要因子，而是因为吉林独特地理位置的原因，冬季不封冻的江面向空中源源不断地蒸发大量水汽，雾多、雪多、空气湿度大，吉林冬季早晨的相对湿度经常在95%以上，水汽充足，易饱和（马红旭，2013）。

 参考文献

吴有训，2002.黄山冬季旅游气候资源之优势［J］.安徽师范大学学报（自然科学版），25（2）：190-193.

马红旭，2013.吉林雾凇环境因素浅析与预报［J］.资源节约与环保，(12)：159-160.

夏季避暑去哪里

人们常常把夏天与酷暑、炎热联系在一起，"赤日炎炎""骄阳似火"是常被用来描述盛夏的词语，其实仅用"炎热"来描述夏季是不公平的，夏季的天气是最丰富多彩的：热浪袭人、电闪雷鸣、大雨倾盆、碧空如洗、乱云飞渡……都是夏季天气的真实写照，夏天的天空是最美的。在诗人眼里，夏天与秋天一样充满了诗意，"蝉噪林愈静，鸟鸣山更幽""接天莲叶无穷碧，映日荷花别样红"都是咏夏诗中千古传诵的名句。

夏天的时候，很多单位会有高温假，学生有暑假。他们会按着自己的意愿，把生活安排得丰富多彩。夏日，并不是处处炎热，软软的沙滩、蔚蓝的海水、徐徐的海风，是人们度假的天堂；在山地风景区中，松林、云海、瀑布、山泉，轻轻的山风，宜人的温度，是人们避暑的好去处。

2014年，国家旅游局和中国气象局再度推出避暑旅游指数，为广大朋友推荐国内避暑胜地，评选结果显示，盛夏时节（7月和8月）适合旅游的城市有哈尔滨、昆明、青岛、大连、贵阳、烟台、吉林市、沈阳、秦皇岛、长春、延边、西宁、太原！从地域分布来看，这13个城市北方有11个，光是东北地区就有6个，而南方仅有昆明和贵阳。根据13个城市的特点，我们将夏季避暑旅游分为三大类。

海滨游避暑推荐——青岛、大连、烟台、秦皇岛

青岛、大连、烟台、秦皇岛都属于沿海城市，它们受海洋影响大。平均最高气温大多在27～28 ℃，平均最低气温20 ℃出头。而且盛夏时节海温也都上升到了22 ℃以上，这样的水温一点也不凉了，老人小孩也可以下水嬉戏。

这些沿海城市极少出现高温天气，比如青岛从1951年以来这里7—8月只出现过5次高温天气。通常由于海陆风的作用，每逢岸上气温升高，青岛便会

由原来的陆风（偏北风）转为海风（偏南风），或使海风加大，青岛素以避暑胜地著称。每逢夏天，海滨浴场人如潮涌，笑语喧喧，夜间凉意甚浓，需要盖被而眠。根据数据计算得出，山东热得让人不舒服的日数自西向东递减，尤其是到了沿海地区，日数迅速降低，鲁西南和鲁西北地区日数最多，在 40～46 天；半岛的沿海地区最少，均在 10 天以下，长岛、威海、成山头、石岛和青岛都不到 5 天（杨成芳，2006）。

再比如大连，阳光、沙滩、海水这三大元素勾勒出大连这座"浪漫之都"的卓越风姿。大连的气候就像这个城市一样温文尔雅，虽然夏季 7—8 月是大连最热的时候，但依然保持了它那温和的个性，平均气温只有 24 ℃，平均最高气温也就 27 ℃上下，平均最低气温不到 22 ℃，而且从 1951—2014 年以来大连的 7—8 月从未出现 35 ℃以上的高温天气，但 2015 年大连出现了 7 月历史上首个高温。

此外海雾也是海滨城市的另外一个特点。比如青岛，3—7 月是青岛的雾季（表1），海雾日数从 3 月的平均 4.1 天逐月递增到了 6 月的 10.6 天。春季，青岛近海由于受北方南下寒冷洋流的影响，水温比较低。此时南方洋面上的暖湿空气被带到冷海面上，其低层冷却而形成了雾。海雾一般在较稳定的天气形势下出现，青岛沿岸的地形正好与季风方向相垂直，海雾容易在下午或傍晚随风登陆。到 8 月海雾骤减，近海水温高于气温是不利于海雾产生的原因之一。

表 1　青岛大雾日数逐月变化（单位：天）

月份	1 月	2 月	3 月	4 月	5 月	6 月	7 月	8 月	9 月	10 月	11 月	12 月
天数	3	2.9	4.1	5.9	7.7	10.6	9.9	2.4	0.9	0.8	2.4	2.9

注：表中数值为 1981—2010 年气候平均

出行建议：

防晒：虽然海滨气候清凉宜人，但是由于穿着暴露而且沾水后皮肤尤其容易晒伤，所以防晒是海滨旅游的头等大事，太阳镜、防晒霜必不可少，一定要带一件薄薄的外套，身上沾水时可以穿上，以免晒伤。

游泳：下海游泳水温在 27 ℃为最佳，一般 21 ℃以上即可下水。在海边戏水，注意潮水及海浪的变化，上岸后应及时用淡水冲凉。

2　高原避暑型——贵阳、昆明、太原、西宁

贵阳、昆明、太原、西宁这几个城市有一个共同特点就是海拔高，海拔高

度依次为 1223.2 米、1896.8 米、779.5 米、2296.2 米。一般情况下，气温随高度的升高而降低，平均高度每升高 100 米，气温下降 0.5～0.6 ℃，因此高原面上的温度低于同纬度平原或海拔低的地方。特别是西宁两千多米的海拔注定了这里是避暑的天然胜地。7—8 月的西宁平均最高气温在 24 ℃上下（表 2）。从 1954 年以来，8 月的西宁与高温绝缘，30 多度的气温也不多见，高原的晴夜气温下降得很快，这里的平均最低气温只有 10 ℃左右（表 2），夜晚甚至会有些寒意，多带几件保暖的衣服是比较明智的。

表 2　西宁最高和最低气温逐月变化（单位：℃）

月份	1 月	2 月	3 月	4 月	5 月	6 月	7 月	8 月	9 月	10 月	11 月	12 月
最高气温	2.0	5.2	10.1	16.0	19.9	22.7	24.8	24.1	19.3	14.1	8.4	3.2
最低气温	−13.8	−10.0	−4.0	1.6	6.1	9.4	11.6	11.0	7.5	1.3	−6.0	−11.9

注：表中数值为 1981—2010 年气候平均

再来说位于南方的昆明、贵阳，每当炎炎夏日特别是长江流域梅雨季过后，西太平洋副热带高压脊线位置越过 25°N，我国南方及长江中下游地区出现持续高温酷暑的天气，炎热难熬，而此时昆明和贵阳却有着温凉宜人的舒适感。

昆明具备低纬高原的气候特点，同时拥有干湿季分明的季风气候特征。7 月和 8 月的昆明正处于雨季，雨水频频，雨水中天气自然是非常清凉的，平均气温不足 20 ℃，平均最高气温也只有 24 ℃左右（表 3），极少出现炎热的天气，不仅高温绝迹，连 30 ℃以上的炎热都非常罕见，1951 年以来昆明在 7—8 月出现过三天最高气温超过 30 ℃。高原上夜间的气温比较低，昆明 7 月和 8 月平均最低气温只有 17 ℃左右（表 3），有的时候最低气温甚至只有 10 ℃左右，需要多备几件保暖的衣服。

表 3　昆明最高和最低气温逐月变化（单位：℃）

月份	1 月	2 月	3 月	4 月	5 月	6 月	7 月	8 月	9 月	10 月	11 月	12 月
最高气温	15.9	17.9	21.1	24.0	24.6	24.6	24.4	24.7	23.1	20.9	18.0	15.5
最低气温	3.5	5.0	8.0	11.4	14.7	17.0	17.3	16.8	15.2	12.7	7.9	4.2

注：表中数值为 1981—2010 年气候平均

从气候舒适性分析，就西部地区层面，马丽君等（2009a）分析了西部 11 个热点城市旅游气候舒适性综合指数，单从数值来说，昆明的得分最高，舒适期最长。全国层面，马丽君等（2009b）也曾对全国 41 个热点旅游城市的气候舒适度进行了对比分析，结果显示昆明仍是得分最高的城市，同时指出全国 41 个热点旅游城市中，只有昆明属于"四季适应"型旅游气候。综合以上分析显示，昆明在旅游气候上具有自身突出的优势，无论是自身评价还是对比评价均显现出良好的素质，得分值高，舒适期长，一年四季气候宜人，在夏天可感受凉爽，在冬天可感受温暖。

昆明每年 4—8 月、10—12 月形成旅游旺季，游客接待月平均指数在 8％以上，1—3 月气温逐渐变暖，气候舒适度更加适宜，月平均指数逐渐提高。9 月为旅游平季，月平均指数为 7.80％（表 4）。昆明旅游旺季与旅游气候舒适期基本吻合（陈永涛，2013）。

表 4　昆明旅客量月平均指数（单位：%）

月份	1 月	2 月	3 月	4 月	5 月	6 月	7 月	8 月	9 月	10 月	11 月	12 月
入境游客	4.17	5.23	6.86	8.79	9.19	8.82	8.25	9.63	7.80	10.74	11.00	9.53
国内游客	6.70	8.16	7.31	6.86	7.05	7.62	9.24	12.38	8.01	10.61	8.19	7.86

出行建议：白天防晒、早晚保暖。高原城市白天日照强，要注意防晒，太阳镜、防晒霜必不可少。早晚天气凉，西宁甚至有些冷，早晚要注意保暖。

3　夏适型避暑——哈尔滨、吉林市、沈阳、长春、延边

根据国家旅游局和中国气象局避暑旅游指数评选出的夏季避暑胜地中，东北地区的城市最多，除了大连之外，还有哈尔滨、吉林市、沈阳、长春、延边五个。这五个城市共同的特点是纬度高，都属于夏适型气候。夏适型气候是指夏季温凉舒适，冬季寒冷不舒适的气候类型主要分布在我国北部高纬度地区，即 40.6°N 以北的地区，综合气候舒适度低。夏季气候舒适凉爽，适宜于旅游活动，是夏季避暑的最佳去处，每年 5—9 月是旅游最佳时期，舒适期多为 6 个月，不舒适期较长。

以哈尔滨为例，哈尔滨属于温带大陆性季风气候，即使是盛夏时节平均最高气温也只有 27 ℃上下，平均最低气温甚至只有 17 ℃左右，昼夜温差大，夜游还需要注意及时添加衣物（表 5）。哈尔滨在有气象记录以来 7—8 月总共有14 天高温，大多出现在 2000 年前，2000 年后共出现过两次高温，一次是 2000年 7 月 9 日的 36.5 ℃，一次是 2001 年 7 月 6 日的 35.7 ℃。即使白天最高气温达到 30 ℃甚至 35 ℃，但全天炎热的时段非常短，入夜后气温下降特别快，夜晚十分清凉。

表5　哈尔滨最高和最低气温逐月变化（单位：℃）

月份	1月	2月	3月	4月	5月	6月	7月	8月	9月	10月	11月	12月
最高气温	−12.0	−6.3	2.8	14.0	21.5	26.5	27.8	26.5	21.2	12.3	−0.1	−9.2
最低气温	−22.9	−18.3	−8.5	1.4	8.8	15.2	18.6	16.9	9.3	0.9	−9.5	−19.0

注：表中数值为1981—2010年气候平均

在其他地方高温盛行的时候，哈尔滨早晚还要加薄外套、盖被子，难怪夏季是一个旅游旺季呢！根据哈尔滨入境游客年（2004—2006年）变化，年内分布形成倾斜的"W"形。6—8月气候舒适为旅游旺季，11—12月和翌年1—2月气候寒冷形成独特冰雪景观资源，故而形成"反气候"的旅游旺季，客流量月平均指数为8.7%～14.1%（马丽君等，2009c）。

出行建议：白天防晒、早晚保暖。夏适型避暑城市和高原城市一样，白天要注意防晒，太阳镜、防晒霜必不可少。早晚天气凉，建议带件薄外套。

 参考文献

陈永涛，2013. 昆明旅游气候舒适度与客流量相关性分析 [J]. 云南民族大学学报：自然科学版，22（6）：382-386.

马丽君，孙根年，2009a. 中国西部热点城市旅游气候舒适度 [J]. 干旱区地理，32（5）：791-797.

马丽君，孙根年，2009b. 中国热点城市旅游气候舒适度评价 [J]. 陕西师范大学学报：自然科学版，37（2）：96-102.

马丽君，孙根年，王洁洁，2009c. 中国东部沿海沿边城市旅游气候舒适度评价 [J]. 地理科学进展，28（5）：713-722.

杨成芳，2006. 山东旅游气候舒适度评价 [J]. 山东气象，26（2）：5-7.

油菜花也有春天

"莺飞草长三月天，油菜花开满山间。"每年春天，黄灿灿的油菜花漫山遍野，早早吹响了迎春的号角。从早春至深秋的漫长季节里，油菜花仿佛一群金色的候鸟，自西向东、由南到北，次第绽放（佟屏亚，2010）。油菜不仅仅是重要的油料作物，油菜花更是人们为之热捧的旅游景观。虽非"花中名媛"，但是油菜花旺盛朴实的生命力铺天漫地地展现出大自然美好的脉动。

跟着作者一起，让我们走进属于油菜花的那个春天。

油菜为十字花科芸薹属植物，分芥菜型、白菜型和甘蓝型3种。顾名思义，它们分别是由芥菜、白菜和甘蓝进化而来的。而它们都是由共同的祖先山白菜演化而来的。因其籽实可以榨油，故得油菜之名。油菜是人类栽培最古老的农作物之一，以其重要的经济价值和广泛的适应能力遍植世界各地，与大豆、向日葵、花生一起，并列为世界四大油料作物（佟屏亚，2010）。

我国是世界最大的油菜生产国，种植面积和产量约占世界1/3。油菜在我国分布地域极广，北起黑龙江，南至海南，西起新疆，东至沿海各省，不论是海拔4000米以上的青藏高原，还是地势低平的长江中下游平原，均有大面积的油菜种植。

我国油菜种植区分为冬油菜区和春油菜区，其分界线为东起山海关，经长城沿太行山南下，经五台山过黄河至贺兰山东麓向南，过六盘山再经白龙江上游至雅鲁藏布江下游一线。分界线以南以东为冬油菜区，以北以西为春油菜区（佟屏亚，2010）。

 油菜花花期与谁相关

油菜花花期主要与两个临界气温相关，正所谓成也气温，败也气温（这里讨论的油菜花花期指的都是冬油菜的花期）。

当平均气温达到油菜花开花的基本要求时，油菜花开。当极端最低气温低于油菜生长的基本要求时，即遭遇了冻害或湿害，油菜花是不会开的。

不同生长地点的油菜，开花的具体临界气温各异，例如安徽省油菜开花期在 3—4 月，开花期的平均气温要求在 12～20 ℃，并且省内油菜开花期平均气温要高于 5 ℃ 的低温要求，因为如果低于 5 ℃，可能造成油菜停止开花或少量开花。如果遇到低温灾害、秋冬较干旱和春季油菜种植的阴害和湿害（宋蜜蜂等，2007），对油菜开花是极为不利的。

浙江省油菜的开花期是 3 月，3 月的月极端最低气温 0 ℃ 是花期冻害临界温度，当月极端最低气温高于 0 ℃ 时，油菜正常开花和生长；当低于 0 ℃ 时，即遭遇寒冷、冰冻天气时，不仅油菜花受冻害，而且植株生长也会受到严重影响。此外，3 月中旬至 4 月下旬总降水量为 400 毫米，是丰、歉临界指标，低于该指标值有利于油菜开花、植株生长（童明达等，2008）。

以杭州为例，1981—2010 年 30 年气候平均上来看，3 月的平均气温为 9.5 ℃，平均最高气温为 13.7 ℃，平均最低气温为 2.7 ℃，从 1951 年有气象记录以来到 2013 年，杭州 3 月逐日的平均气温来看，只有 3 次出现平均气温低于 0 ℃ 的情况，分别是在 1951 年的 3 月 1 日和 2 日，2005 年的 3 月 12 日。从最低气温来看，有 54 次出现过单日最低气温低于 0 ℃ 的情况，气候概率只有 2.8%。杭州 3 月上旬到 4 月下旬逐年降水量的平均值只有 219.6 毫米，只达到丰、歉临界指标 400 毫米的一半，只在 1987 年 3 月中旬至 4 月下旬的总降水量达到了 400.4 毫米，刚刚超过指标，所以区域的差异性还是存在的，浙江各地的降水对于油菜花生长的影响程度还是有差异的。

如果从观赏性的角度来看，油菜花除了始花期之外，盛花期更是我们关注的焦点。

按照《农业气象观测规范》，逐年开展油菜播种、出苗、开花始期、开花普遍期、开花盛期等发育期测定。各花期标准：始期为第 1 次观测到开花植株数占总株数达到 10%；普遍期为达到 50%；盛期为全田半数以上植株、2/3 的分枝花开放。

始花期与盛花期有着一定的对应关系，始花越早，盛花也越早，尤其是始花后日照时数越多，日照越强，盛花期来得越早，而始花越迟，盛花相应也会推迟（叶海龙，2013）。

但是油菜花季漫长，遍布华夏大地。从开春到霜降的漫长季节里，全国总有盛开的金色油菜花。油菜花随季节演变，展示出一幅流光溢彩的美丽风景线。

尽管并非花中"名媛",但在辽阔的原野她却显得那么风姿绰约,力盖群芳,堪称自然天成的天然画作。

2　油菜花景观大放送

在华夏大地上,在不同的时间我们都有机会一览油菜花的盛景。

1月和2月,油菜花在北回归线附近开放;3月,四川盆地和南岭与武夷山以北的油菜花进入了花期;4月,江浙一带的沿海地区油菜花开;到了6月和7月,江淮、华北乃至西北地区的油菜花逐渐开始绽放。

2009年,人民网旅游频道曾推出"中国最美油菜花海"评选活动,共有全国15个知名油菜花观赏地区参与评选,陕西汉中成为中国最美油菜花海,评选排名第2至第5位的分别是江苏兴化、湖北荆门、云南罗平、重庆潼南。此外,青海门源、浙江瑞安、上海奉贤、江西婺源、贵州贵定分列6—10名(人民网,2009)。

2014年,由中国农业部开展的中国美丽田园推介活动评选出10项油菜花景观,上海市奉贤区庄行油菜花景观拔得头筹,江苏省南京市高淳区慢城油菜花景观、安徽省望江县沿江油菜花景观分列二三名。此外,重庆市巫山县万亩油菜花景观、四川省泸州市江阳区油菜花景观、云南省腾冲县万亩油菜花景观、陕西省南郑县油菜花景观、甘肃省永昌县油菜花景观、青海省祁连县卓尔山油菜花景观、新疆生产建设兵团第四师76团油菜花景观也都榜上有名(农业部农产品加工局,2014)。

下面根据2009年的评选结果,简单介绍我国著名的油菜花景点景观。

2.1　江苏兴化——河有万湾多碧水,田无一垛不黄花

兴化市位于长三角经济带北缘,建城已有2300多年历史,是江淮地区的一颗水乡明珠,有着深厚的文化积淀和独特的水乡美景。"兴化千岛菜花"位于兴化市缸顾乡,以千岛样式形成的垛田景观享誉全国。

每年的清明前后,在辽阔的水面上,千姿百态的垛田形成了上千个湖中小岛,岛上开满金灿灿的油菜花,在水面上形成一片金黄色"花海",一望无际,令人叹为观止。兴化垛田风光带位于兴化缸顾乡东旺村。这里河港纵横,菱藕飘香,块块隔垛宛如漂浮于水面岛屿,有"万岛之国"的美誉。每年春季,油菜花开,蓝天、碧水、"金岛"织就了"河有万湾多碧水,田无一垛不黄花"的

奇丽画面。泛舟其中，如入迷宫，浓郁花香让人迷醉，旖旎风光令人流连忘返。（七饭小说，2015）

2.2　云南罗平——罗平油菜甲天下

云南省罗平县，位于滇、黔、桂三省（自治区）交界处，素有"鸡鸣三省"的美誉。独特的气候，造就了罗平独特的生态农业。每年2—3月，连片的20万亩油菜花在罗平坝子竞相怒放、流金溢彩，绵延数十里，好似金浪滔滔的海洋，凡驻足这个最大的天然油菜花海，无不感叹罗平是"金玉满堂之乡"。324国道、南昆铁路从花海中横贯而过。登山远眺，可以看到花海中玉带湖、腊山湖、湾子湖像三面银光闪亮的镜子，衬托着山色青翠的白蜡山；油菜花海里，村落点点，寨子棋布；此起彼伏的喀斯特锥形山点缀花海中，有如人间仙境，构成绝妙的图画；牛街石岩溶洼地，是喀斯特岩溶中的一种典型地貌，呈现出别致的"千丘田"田园风光；一年一度的油菜花旅游节，向海内外游客发出春天的邀请，吸引了无数海内外朋友到罗平观花、尝鲜蜜（七饭小说，2015）。

2002年，万亩油菜花海被上海大世界基尼斯总部授予"世界最大的自然天成花园（油菜种植园）"称号；2004年4月，景区被国家旅游局评为"首批全国农业旅游示范点"；2005年，罗平金鸡峰林被中国地理学会评为"中国最美的峰林"。2006年，云南罗平油菜花文化旅游节在第三届中国会展（节事）产业年度评选活动中被评为"2005中国节庆50强"。罗平县油菜花也是国内花期最早盛开的。

罗平县油菜花花期一般是在2月20日前后开始，直到3月底。2013年，罗平油菜花的花期延长到了3月20日，该年罗平油菜花节的时间为1月31日至4月18日，比往年稍有延长。

2.3　湖北荆门——荆楚油菜美如画

荆门是湖北种植油菜第一市，现已成为全国油料产业带的核心区，湖北最大的优质双低油菜生产区、"一壶油"战略的原料区、加工区和油菜新品种、新技术、新成果的转化区。荆门市油料加工企业也迅速崛起，油料年加工能力80万吨以上，居湖北第一。

2.4　青海门源——门源油菜最豪放

青海省门源县是北方小油菜生产基地，从每年的7月初开始，这里就进入了油菜花盛开的季节，开花时间是 7 月 5—25 日，最佳花期是 7 月 10—20 日。

7 月初，门源的油菜花还不是最盛的季节，但是此时色彩非常丰富，田野抹上了一片翠绿，其间点点滴滴地透出了一丝丝的淡黄——那是一种精力旺盛、生机勃勃的浪漫宣言。7 月中旬，整个浩门川将是一片金黄，在高原深蓝的天空下，油菜花镶嵌浩门河两岸，浓艳的黄花，北依祁连山，南邻大坂山，西起永安城，东到玉隆滩，绵延近百公里，繁花一片，无际无边，宛如金黄的大海。这里的油菜花与云南罗平多丘陵所勾画出的画面有所不同，完全表现出了北方地区油菜花在蓝天、白云和雪山下铺天盖地的霸气。

由于田地多向着盆地中间浩浩荡荡的浩门河方向倾斜，所以站在河岸上向两边看，铺天盖地的都是金黄色，浩门河在中间流淌，这种景色就像镶了两道金边的银丝带蜿蜒飘舞，与祁连山遥相辉映。在高原上常见的蓝天白云衬托下，一望无际的金黄显得异常斑斓，令人慨叹，大色块的简单构图给人丰富的遐想。喜欢油菜花的人都是喜欢那种强烈的色彩，喜欢那种扑面而来的恢宏气势。

2.5　陕西汉中——汉中油菜花天堂

汉中位于陕西南部，地处秦岭以南，是长江最大支流汉江的发源地，地属长江流域。汉中是中国历史文化名城。北有秦岭，南有巴山，山水秀丽，人杰地灵。这里四季分明，适合多种生物的繁衍，也是国宝大熊猫和朱鹮的栖息地。春天的油菜花海是汉中的一大靓丽景色，外地游客纷纷慕名参观。

汉中盆地是传统的油菜种植生产基地，年种植油菜 100 多万亩，年产油料近 20 万吨。每年春天，汉中盆地和浅山丘陵的百万亩油菜花盛开，把汉中装扮成一个巨大的山水盆景（七饭小说，2015）。

由人民网旅游频道主办的 2009 "中国最美油菜花海" 评选活动，从 2009 年 3 月 30 日至 4 月 29 日历时 30 天，共有全国 15 个知名油菜花观赏地区参与评选，吸引了全国 100 多万网友竞相投票。素有 "小江南" 之美誉的汉中艳压群芳，成为中国最美油菜花海。

2.6　江西婺源——婺源油菜有韵味

江西最美丽的油菜花在婺源，走进婺源，漫山的红杜鹃，满坡的绿茶，金黄的油菜花，加上白墙黛瓦，五种颜色，和谐搭配，胜过世上一切的图画。3 月中下旬，棵棵粉红的桃花、洁白的梨花点缀在漫山遍野金黄色的油菜花中，掩映着白墙灰瓦的徽派建筑，使得每一个逃离纷繁城市的人都能找到归宿。

3月初，婺源油菜花进入始花期；3月中下旬至清明节前后，油菜花处于旺花期；4月中旬，绝大部分油菜花走向谢幕。

2.7　重庆垫江——流金溢彩是垫江

3月的油菜花大观园花海茫茫，溪流纵横，村落棋布，山丘横卧，桃李点缀，群蜂飞舞，大地一派流金溢彩，真有天下花香袭人的美韵，花海里蜂蝶相戏，花香醉人，春风吹来，金浪翻滚，波连云涌。有葡萄溪、万蜂浣、醉花榭、溪竹雅舍、黄金海岸等几处特色景点。

2.8　新疆昭苏——雪山脚下，金色海洋

新疆昭苏大草原位于中亚内陆腹地的一个高位山间盆地，属大陆冷凉型气候，冬长无夏，春秋相连，这里是新疆最大的春油菜产区，其种植面积近百万亩，占全疆油菜种植面积的40％左右，被誉为"中国油菜之乡"。每年6月底，漫无边际的油菜花犹如一条条金色的织毯席卷着广袤无垠的昭苏大草原，与天山遥相辉映，堪称西部盛景。

2.9　黄山石潭——云海花海齐相连，江南最是好风光

石潭村静谧幽深的街巷格式（十八街），诗情画意的村边水口景观，淡雅明快的建筑色调，小桥流水人家的江南风景，精湛华丽的装饰风格，无不给人留下深刻的印象。

从石潭村越往里走，风景越好，也越有野趣。村与村之间仅靠一条羊肠小道相连。当春季来临时，漫山遍野的油菜花、梨花，盛开得如火如荼，那才是真正的世外桃源啊！

2.10　厦门同安——吹苑野风桃叶碧，压畦春露菜花黄

3月同安莲花镇蔗内村的几十亩油菜花陆续盛开，遍地金黄、金光闪闪。耀眼夺目的油菜花让人兴奋，微风吹来，此起彼伏，置身美丽金黄的花海，犹如画中游。

参考文献

农业部农产品加工局．农业部公布 2014 年中国最美休闲乡村和中国美丽田园［EB/OL］．(2014-10-22)［2016-10-25］．http：//www. agri. cn/V20/ZX/nyyw/201410/t20141022 _ 4112782. htm.

七饭小说．中国最美十大油菜花景点排名［EB/OL］．（2015-03-18）［2016-10-24］．http：//mt. sohu. com/20150318/n409981883. shtml.

人民网．"中国最美油菜花海"票选活动结果公布［EB/OL］．（2009-05-06）［2016-10-25］．http：//travel. people. com. cn/GB/41636/41644/9252873. html.

宋蜜蜂，蒋跃林，2007. 安徽油菜生产的气象条件分析［J］. 安徽农学通报，13（21）：44-46.

佟屏亚，2010. 油菜花开遍地金［J］. 森林与人类，（4）：70-81.

童明达，王文军，2008. 气象条件对油菜生产影响分析研究［J］. 上海农业科技，（6）：64-66.

叶海龙，吴海镇，2013. 气象因子预测油菜盛花期的探讨［J］. 浙江农业科学，（9）：1080-1081.

黄山云海

——可遇而不可求的美景

"望中汹涌如惊涛，天风震撼大海潮。有峰高出惊涛上，宛然舟楫随波漾"是对黄山云海的真实写照。黄山云海是黄山第一奇观，黄山的四绝中，首推的就是云海。云海并非黄山独有，然而黄山云海的气势和特色为它山所不及。黄山云海景观的基本特色是宏伟神奇，变幻莫测，凝聚难散，浩瀚无垠。每当雨过天晴，在高气压的作用下，成片的层积云云海稳定出现。深谷巨壑之中烟云聚集，初时冉冉上升，袅袅如篆，渐渐凝聚，成团成片；接着迅速弥漫，顷刻间汇成白云滚滚、银浪滔滔、浩瀚无际的"海洋"。黄山云海不仅本身是一种独特的自然景观，而且还把黄山峰林装扮得犹如蓬莱仙境，令人置身其中，神思飞越，浮想联翩，仿佛进入梦幻世界。当云海上升到一定高度时，远近山峦，在云海中出没无常，宛若大海中的无数岛屿，时隐时现于"波涛"之上。云海出现时，天上闪烁着耀眼的金辉，群山披上了斑斓的锦衣，璀璨夺目，瞬息万变。黄山的奇峰、怪石只有依赖飘忽不定的云雾的烘托才显得扑朔迷离，怪石愈怪，奇峰更奇，使它们增添了诱人的艺术魅力。登黄山、观云海，是一大批登山爱好者、摄影爱好者、旅游爱好者不可缺少的项目之一。

何为云海

云海，是指在一定的气象条件下形成的云层，并且云顶高度低于山顶高度，当人们在高山之巅俯视云层时，看到漫无边际的云，如临于大海之滨，波起峰涌，浪花飞溅，惊涛拍岸，故称这一现象为"云海"。日出和日落时形成的云海，五彩斑斓，也称为"彩色云海"，更是极为壮观。

2 黄山不同方位有哪些美景可观赏呢

黄山地处皖南山区的中部，地形崎岖，幽壑纵横。景区内海拔 1400 米以上的山峰众多，而莲花峰（1864 米）、光明顶（1860 米）、天都峰（1810 米）三大高峰都在海拔 1800 米以上，且黄山主要游览景点大多在海拔 1600 米左右。所以说想要观赏到黄山云海的美景，还是需要相当好的体力去爬山了。

黄山云海年平均出现次数为 223.85 次，云海浩瀚无际，景象壮观，是黄山重要的旅游气候资源。黄山景区群峰耸立，峡谷纵横，每当云涌来时，整个黄山景区就被分成诸多云的海洋。根据方位的不同黄山云海可分为：东海、南海、西海、北海、天海五个区域。

（1）黄山东海

位于白鹅岭以东，莲花峰、天都峰、佛掌峰以北，皮蓬、丞相源的上空均为东海范围。东海虽不如南海、北海那样宽广，但山峭谷深，风起云涌，更为变幻莫测。随着谷风的环流运动，云雾急速翻滚，如同惊涛骇浪，汹涌澎湃，亦具气势与特色。贡阳山麓的"五老荡船"，在云海之中更加逼真。

观赏东海的最佳地点在白鹅岭和东海门。

（2）黄山南海

指莲花峰—玉屏楼—天都峰—紫云峰—桃花峰—云门峰—云际峰—容成峰—鳌鱼峰形成的空间，亦叫"前海"。这里峰高壑深，常有云雾缭绕并行成浩瀚云海。这一带，云海广阔，无数山峰沉入海底，唯独朱砂峰、老人峰、紫石峰等诸峰尖露出海面，如大海中的岛屿。

玉屏峰的文殊台在天都、莲花两峰之间，坐北向南，是观南海的理想之地。在玉屏峰前晨观云海，最为奇绝。"自然彩笔来天地，画出东南四五峰"便是这一美景的真实写照。

（3）黄山西海

以排云亭为中心，左右两边群峰围成的空间称为西海。右面是松林峰—九龙峰—云外峰—浮丘峰—云门峰—汤岭关；左面是左数峰—飞来石—薄刀峰—平天矼—石床峰—石柱峰—云际峰—汤岭关。西海是黄山五海中最大的一个，约占黄山精华景区的三分之一。它也是黄山风景区中最秀丽、最深邃的部分。

观西海，最佳地点在排云亭。排云亭前绝壁千丈，云气缭绕，是欣赏云海、晚霞和奇峰幽谷的绝佳境地。

（4）黄山北海

北海又称"后海"，在平天矼以北，东面以白鹅岭为界，西面以丹霞峰为界。狮子峰、始信峰、上升峰等秀丽山峰均在北海。狮子峰、始信峰北侧陡峭，悬崖幽谷之间，常有云海出现。由于地形复杂，气流在山峦间穿行时，不断遇到障碍，形成环流，在深壑中时而上升，时而跌落。云雾随之上下，回旋飘动或弥漫舒展，如同海涛起伏，浪飞潮涌。凌晨，红日东升，霞光万道，照射云海，色彩绚丽，更显奇观。

清凉台和狮子峰顶，是观赏北海的最佳境地，也是观日出的极好境地。

（5）黄山天海

位于光明顶前，即南、北、东、西四海之间，是海拔 1750 米的高山盆地，地势平坦，云雾从足底升起，云天一色，故以"天海"名之。从光明顶回望，有一览众山小之势。当周围群峰没在云海之中时，此处却是一片晴空。正面的鳌鱼峰和"鳌鱼"背上的"金龟"在云海之中更加绝妙。

光明顶顶部高旷平坦，是观天海的最好去处。同时也可统观东海、南海、西海、北海和天海，五海烟云尽收眼底。

3 天时＋地利创造黄山美景

黄山云海如此壮美，除了其优越的地形条件之外，还跟天气、气候条件息息相关。可以说，天时加地利才能创造出如此绝妙的美景。云海的形成，有其原因和规律。黄山山高谷深，林木繁茂，降水量大，东近大海，北临长江，大量温湿空气不断涌入，因而湿度大，水汽多。同时林木的蒸腾作用，又为雾的形成增加了水汽的来源。含大量水分的空气，由于地面的辐射冷却或地形的热力作用而上升发生绝热冷却等多种原因，使水分凝结成云雾，弥漫于峰峦、沟谷之间，汇聚于五海之中。

气象学家认为，只有两种云雾才能形成云海：一种是云底高度低于 2500 米的低云；另一种是地形云或辐射雾形成的云。低云主要是层积云。黄山光明顶气象资料表明，每年 11 月至翌年 5 月，有 97％的云海由层积云形成。

（1）黄山云海形成的前一天或当天一般都有降水发生

黄山多云海，与黄山多雨是否密切相关呢？这是必然的，黄山年平均雨日为 207.3 天，年平均降水量为 2269.1 毫米，湿润多雨的气候和复杂的地形是黄山云海形成的基本条件。黄山山脉相对海拔高，山地对气流的抬升作用显著，暖湿空气上升冷却凝结，成云致雨；降水天气系统移到这里受山脉阻挡，滞留时间长，降水天气维持时间长。最后冷暖空气常在这里交汇，给黄山带来极为丰沛的降水（吴有训等，2005a）。

统计表明，黄山出现云海当天有降水的概率小于前一天有降水的概率，并且两天中只要一天有降水（包括两天都有降水）的最小概率为69.19%，这就表明黄山云海形成前一天或当天一般都有降水发生。

（2）黄山云海出现时风向多为西至西北风，风速不大

黄山大于等于8成的云海是在风力不太大的情况下形成的，如果风力增加，就会使湍流垂直交换加强，上下气层湍流气块带着各自的热量、动量和水汽属性互相交换，使云海不易形成或已形成的云海消散。

黄山地处东亚季风区内，冬季盛行偏北风，夏季盛行偏南风。黄山云海是在一定的天气形势下形成的，如冬季冷空气过境后，受西北气流控制，往往有云海形成。

（3）气温低容易形成云海

冬、春季节，大气中低层的气温低，层积云的凝结高度低（在800～1200米），冷空气活动频繁。在雨雪天气后，常出现大面积的云海，尤其是壮观的云海日出。入夏后渐进梅雨季节，随着气温升高，云的凝结高度升到1500米左右，云层高度超过或接近大部分峰顶，这时候云雾笼罩，不易看到云海。7—8月为黄山盛夏，这段时间常受太平洋副热带高压控制，气温上升，低云的凝结高度也上升到全年的最高，这就导致云层高于峰顶，因而云海少见。入秋以后，9—10月，由于北方冷空气的影响，气温下降，低云的凝结高度也随之下降。冷空气过后，常出现层积云较高的大面积云海。

所以说，在黄山特殊的地形以及气候背景条件下，黄山云海的形成还需要非常合适的天气条件。因此，想要看到黄山云海，不仅需要天时地利，有时候甚至是需要看人品啦！

黄山云海时间分布规律

虽然说看到黄山云海在一定程度上要拼人品、靠运气。但是我们还是凭借大量的观测资料和数据分析，找出了黄山云海的时间分布规律，以便大家有更大的机会一览云海奇观。在这里需要说明的是，这里所说的云海多为云和雾的混合体。按照气象观测中的规定，云不接地，而雾接地，由于黄山的特定复杂

地形，云和雾常常混为一体，难以区分。

黄山全年平均云雾日有 250 天左右，可谓云雾之乡。黄山多年平均云海日有 47 个，主要出现在 9 月至翌年 5 月，冬季最多。月平均云海日为 5～7 个，夏季最少，月平均只有 2 个。近几年来，云海出现次数有减少趋势，这与全球气温升高，特别是暖冬的出现有关。

（1）黄山云海日数月分布特征

黄山 10 月云海平均日数最多（13.84 天），是因为 10 月出现云顶高度较低的山下云日数多，使得该月平均日数多于其他月份；7 月平均云海日数最少（9.90 天），夏季气温高，山下云的云底凝结高度增高，雾笼罩测站（7 月平均雾日为 26.6 天），因此云海日数少，持续时间也短。

（2）黄山云海日数旬分布特征

10 月中旬平均日数最多（4.71 天）；2 月下旬平均日数最少（2.87 天）。

（3）黄山云海一日中各时次分布

一般 08 时出现次数较多，14 时出现次数较少；中午常出现少量的积云，到了傍晚气温下降，积云消失，因此微量以上的云海 14 时略多于 20 时。

雾的日变化与温度的日变化密切相关，雾出现的最大频率在气温最低的早晨，最小频率在午后气温最高的时候；早晨太阳出来后，地面渐渐加热，雾经常抬升成层云，一般到 09—10 时消失，这就是 08 时测到云海次数最多的主要原因（吴有训等，2005b）。

以上说了这么多，结论只有一个，黄山云海景色美不胜收，但是什么时候出现云海奇观，预报起来难度实在很大，有时候不靠拼人品、拼运气还真是不行呢。不过，好在随着气象观测手段不断增多、观测资料不断累积和预报技术不断进步，我们还是可以在一定程度上对黄山云海的出现进行较好地预估，使游客们观赏到云海奇观的概率逐渐增大。

 参考文献

吴有训，王克强，杨保桂，等，2005a. 黄山连续性云海过程的天气学分析 [J]. 气象，31（4）：73-76.

吴有训，杨保桂，王克强，等，2005b. 黄山云海的天气气候分析 [J]. 气象科学，25（1）：97-105.

健康篇

暮春雪景
——杨柳飞絮漫天飘

"无限残红著地飞，溪头烟树翠相围。杨花独得春风意，相逐晴空去不归"。这是王安石笔下的"暮春"，描述的就是春末，鲜艳的春花陆续凋谢，而杨柳絮在晴空中曼妙飘飞呈现的又一美景。杨柳絮非常符合中国人的审美，古人笔下的杨柳絮，是一种唯美的景观，是一种浪漫的情怀。据考证，杨柳絮最早出现在文学作品上，竟然和天气相关，在东晋诗人谢道韫的作品中最先将杨柳絮作为雪的比喻出现。而现如今，在气候变暖的大背景下，能看见雪的日子越来越少了，但是春季里飘杨柳絮的场景却年年如约而至。

每年的四五月，暮春时节，气温回升，天气转暖，轻轻暖风将杨柳絮吹向半空，仿佛空中飘起了雪花，那这飞絮到底为何物呢，什么天气条件下才会开始飘飞呢，对我们的生活有哪些影响呢，以下一一揭晓答案。

产生飞絮的主要树种——杨树、柳树

1.1 杨树

杨树是杨柳科杨属植物落叶乔木的通称，全属共有 100 多类品种，主要分布在欧洲（东非林场）、亚洲及北美洲，其中中国有 50 多种。像是胡杨、白杨、棉白杨等，通称"杨树"。杨树性较耐寒、喜光、速生，沿河两岸、山坡和平原都能生长，是用材林、防护林和四旁绿化的主要树种。2015 年，我国杨树人工林面积已超 1 亿亩，居世界前茅。目前已有 30 个优良品种在我国 26 个省区市规模化推广应用，推广面积达 63.72 万公顷，覆盖主栽区面积 80% 以上，是世界杨树人工林种植较广泛的国家，特别是我国北方地区。

1.2　柳树

柳树在中国已有 2000 多年的栽培历史，柳树属落叶大乔木，别名杨柳。柳树耐寒，耐涝，耐旱，喜温暖至高温。世界有 520 余种，中国有 250 余种，遍及中国各地。柳树适于各种不同的生态环境，不论高山、平原、沙丘、极地都有柳树生长，主要分布于北半球温带地区。旱柳产自中国华北、东北、西北地区的平原。垂柳遍及中国各地，欧洲、亚洲、美洲许多国家有引种。在春天，柳树是最为迷人、最为"潇洒"的树木，也是千百年来诗人和作家们颂扬不已的题材之一。盛开时，树枝展向柳树四方，具有很高的观赏价值，为美化庭院之理想树种。

1.3　杨树、柳树地理分布的基本规律

杨树和柳树分布区的形成同其他树种一样，受气候、土壤、地形、生物、地史变迁及人类活动等因素的综合影响。但杨树和柳树的分布主要取决于热量和水分的变化，即受纬度、经度和垂直地带性的制约有规律地分布。

我国处于世界杨树中心分布区域内，所以我国杨树种类之多，分布之广是其他国家不可比拟的。我国的杨树主要分布在北方和南方山地寒温带或者温带较干燥寒冷气候条件的地带。分布界限是西起西藏，东止江浙，南起福建、两广的北部和云南，北至黑龙江和蒙新地区，具有分布广泛的特点（董世林等，1988）。大多数种类是分布于秦岭和长江以北中低山和平原地带。其中因毛白杨分布广泛，在辽宁（南部）、河北、山东、山西、陕西、甘肃、河南、安徽、江苏、浙江等省均有分布，以黄河流域中、下游为中心分布区。杨树具有深根性，耐旱力较强的特点，黏土、壤土、沙壤上或低湿轻度盐碱土均能生长，在水肥条件充足的地方生长最快，20 年生即可成材，为我国良好的速生树种之一。

柳树是杨柳科柳属植物的通称。全属有 500 多种，主要分布在北半球温带地区，以西南高山地区和东北三省种类最多，其次是华北和西北，纬度越低种类越少。造林树种主要有旱柳、垂柳和白柳等。其中垂柳产自长江流域与黄河流域，在我国各地均有栽培，为道旁、水边等绿化重要树种。

1.4　我国主要杨树、柳树品种的物候期及气象指标

（1）加拿大杨

• 物候期

3 月下旬开花始期，4 月上中旬展叶，10 月中旬落叶始期，11 月中旬落叶末期。

- 气象指标

日平均气温达到 8 ℃，>0 ℃积温达到 190 ℃·d，进入开花始期。日平均气温达到 14 ℃，开始展叶，日最低气温降至 10 ℃，进入落叶始期。日最低气温降至 3 ℃，进入落叶末期。

（2）白毛杨

- 物候期

1 月中旬芽膨大期，2 月上旬芽开放期，3 月上旬开花始期，4 月上旬展叶始期，4 月上中旬果实种子成熟，杨絮飘飞，10 月中旬叶初变色期，11 月上旬叶全变色期，10 月下旬落叶始期，11 月下旬落叶末期。

- 气象指标

日平均气温达到 7 ℃，>0 ℃积温达到 120 ℃·d，进入开花始期。日平均气温达到 13 ℃，进入展叶始期。日平均气温达到 14 ℃，>0 ℃积温达到 480 ℃·d，进入果实种子成熟期。日最低气温降至 8 ℃，进入叶初变色期。日最低气温降至 7 ℃，进入落叶始期。日最低气温降至 0 ℃，进入落叶末期。

（3）垂柳

- 物候期

2 月下旬芽膨大期，3 月上旬芽开放期，3 月中旬展叶始期，4 月上旬开花始期，4 月中旬末果实种子成熟脱落，柳絮飞舞。垂柳绿叶期较长，可达 8 个月，11 月上旬叶初变色期，11 月中旬叶全变色期，11 月中旬落叶始期，12 月上旬落叶末期。

- 气象指标

日平均气温达到 5 ℃，进入芽膨大期。日平均气温达到 9 ℃，进入展叶始期。日平均气温达到 13 ℃，>0 ℃积温达到 340 ℃·d，进入开花始期。日平均气温达到 16 ℃，>0 ℃积温达到 610 ℃·d，果实种子成熟。日最低气温降至 3 ℃，开始落叶。日最低气温降至 -2 ℃，进入落叶末期。

（4）旱柳

- 物候期

2 月下旬芽膨大期，3 月中旬展叶始期，3 月下旬开花始期，11 月中旬叶初变色期，12 月上旬落叶末期。

- 气象指标

日平均气温达到 6 ℃，进入芽膨大期。日平均气温达到 10 ℃，进入展叶始期。日平均气温达到 11 ℃，>0 ℃积温达到 290 ℃·d，进入开花始期。日最低气温降至 5 ℃，进入叶初变色期。日最低气温降至－2 ℃，进入落叶末期（郭彦波等，2011）。

 杨、柳絮是杨树、柳树的种子

杨和柳均属杨柳科，但在植物学上是有严格区别的，它们有不少相似的地方。例如都有毛毛虫样的花序（柔荑花序），这种花序有雌雄之分，老熟时整个脱落，雌花序中的果实裂成两瓣，具有白色茸毛的种子就随风飘散出来。而很多人会把空中的飞絮误认为是杨树和柳树的花，但其实飞絮是杨树和柳树雌株的种子。抓一团杨絮或是柳絮仔细观察，就会发现里面有些小颗粒，那就是杨树或柳树的种子。杨树和柳树就是靠飞絮把种子传播到四面八方。

 以北京、石家庄、南京为例，春季杨、柳絮飘飞概况

在北京，由于杨树和柳树树干高，树冠遮阴面大，一直是城镇绿化中的主要树种。据北京市园林绿化局统计，目前北京地区仍有产生飞絮的杨树雌株约200 万株，柳树雌株 120 万余株。每年的四五月，杨柳絮就会在北京城漫天飞舞，仿佛"四月飞雪"。也有环保专家指出，北京春季飞絮另一个重要原因是，树下地面往往被硬化，飞絮无法着地。只要树下有草或灌木，飞絮落下后，大部分就会被滞留在植被上。所以，京城大树底下应该保留杂草，并有意识地在树下和树周围种上草类、藤类、灌木等植被，以控制飞絮（陈晓然等，2012）。

石家庄市区种植有大量的杨树和柳树，每年在杨柳树种植密度大的路段，杨柳絮飘飞严重，给人们出行带来不便。据石家庄多年物候资料统计，石家庄市杨絮平均在 4 月 11 日开始飘飞。杨絮始飘最早的一年是 2002 年，发生在3 月26 日，最晚的一年是 2010 年，发生在 4 月 22 日（车少静等，2009）。

根据多年物候观测，北方的杨絮开始飘飞平均在 4 月 10 日，大约一周之后柳絮始飞，二者飘絮的时间总共长达半月以上。

南京杨絮的飘落开始于每年 4 月下旬（比华北地区还要偏晚一些，主要是因为 3—4 月为江南春雨期，与华北比起来，光照不足，不利于杨树果实的成熟），整个飘絮过程大致需要 1 周时间。前 2 天飘絮较少，第 3 天明显增多，第4—5 天达到飘絮高峰。杨树周围几十米甚至上百米范围内均有杨絮飞舞。从第6 天起飘絮明显减少，第 7 天结束。之后经过 3～5 天果穗全部脱落，到此为止飘絮过程结束（唐晓岚等，2014）。

飞絮何时开飘，能预报吗

每年春季，空中飘飞的毛絮一直是困扰园林绿化部门以及行人的一大问题。杨柳絮飘飞的时间是否可以预报呢，答案是肯定的。下面以白毛杨为例进行介绍：对于白毛杨来说，当日平均气温达到 14 ℃，>0 ℃积温达到 480 ℃·d，进入果实种子成熟期，毛絮开始飘飞（注：积温就是温度的累积，>0 ℃积温也就是说只有当日平均气温 >0 ℃，才是对白毛杨的生长发育有用的温度，将其累加起来的温度总和达到 480 ℃·d 的时候，白毛杨的果实就开始成熟了，毛絮开始飘飞）。

比如说 2015 年，全球气温普遍偏暖，北京也不例外，除 2 月下旬和 3 月上旬的平均气温比常年略偏低以外，其他各旬均偏高。据当时 4 月 8 日的预报，北京在 4 月 11 日可以达到飘絮的积温要求。而实际的观测结果表明，北京在 10 日杨絮开始飘飞，预报结果还是比较准确的，由此可以证明，用积温来预报杨絮的始飞时间还是比较科学有效的。一般北京杨絮开始飘飞的时间在 4 月 16 日左右，2015 年由于气温偏高，提前了近一周。

 什么样的天气条件利于飘絮

干燥、温暖和阳光充足的天气有利于飞毛飞絮从植物体上脱落和飘散。阴雨天气和空气较潮湿时微小的飞毛飞絮容易发生沉降，在被雨水冲刷后的空气中飞毛飞絮量会明显减少。

（1）日变化规律

飞絮虽是植物种子成熟开裂的自然现象，但当天的天气状况对其也有一定影响。干燥、高温、光照充足、湿度小以及一定的风速也有利于飞毛飞絮及气味的飘散。在北方地区，上述天气条件比较常见，而且持续时间长，与植物植源性污染物出现的季节又比较一致。另外，毛絮飘飞也具有一定的日变化，一日当中随着太阳辐射的增强，气温的升高，气流扰动增强，毛絮飘飞开始增多，晴朗天气时，一般 10—16 时是毛絮飘飞的高发时段。早晨和晚上，随着气温的降低，风力的减小，毛絮飘飞也就有所减少（高祺等，2009）。

（2）飞絮生成量与气象条件的关系

气温越高，光照越强，越有利于植物芽与花的形成和成熟。因此，在气候适宜的条件下，悬铃木的"芽衣絮""果毛"、杨柳絮的生成量便会增加。

（3）地面温度对空气中飞毛飞絮量具有决定性影响

一方面，因为地面温度的昼夜差异，可导致周期性的地面空气对流，直接影响空气中飘散的飞毛飞絮量。由于地面的比热容比空气大，上午形成的地面高压，使飞毛飞絮受空气对流影响而抬升飘散。而下午和傍晚时分形成的地面低压，又使其受空气对流影响而向下沉降，空气中所含飞毛飞絮也随之降低。

另一方面，软质地面与硬质地面之间的温度差别也导致了空气中飞毛飞絮含量的不同。软质地面与空气的比热容相近，气温和地温的变化基本一致，难以形成温度差，全天温差不明显，不利于形成空气的上下对流，因而空气中飞毛飞絮的含量明显下降。而硬质地面与空气的比热容差异大，地温较高且比气温下降速度慢，地表温度促使空气上下对流加剧，巨大的温差使空气的上下对流现象增强，加剧了飞毛飞絮的飘散，增加了其在空气中飞毛飞絮的含量（陈效逑等，2001）。

 ## 6 飞絮影响健康，敏感人群需特别注意

虽然飞毛飞絮本身无毒，但是由于质地轻，常随风或起或落或飘，当杨柳絮飘舞，就会带起地上的脏物、灰尘，从而影响空气质量。同时，很容易成为病菌携带者和传播者，导致居民眼鼻喉等产生炎症，是一种重要的过敏源（王成，2003）。杨絮柳絮对一般人影响不大，但对杨絮柳絮过敏的人，容易引发上呼吸道和皮肤过敏。皮肤过敏指皮肤在接触杨絮柳絮后，容易出现皮肤瘙痒等现象。而上呼吸道过敏指由鼻腔吸入飞絮，引起鼻痒、流涕、咳嗽等一系列类似感冒的症状。此外，还会出现皮肤瘙痒、眼睛红肿、奇痒等过敏反应，甚至呼吸道出现水肿、充血，引发过敏性鼻炎和哮喘（杨颖等，2008）。

 ## 7 如何积极采取措施，预防飞絮过敏

要预防杨絮、柳絮引发的过敏性鼻炎，最好在杨絮、柳絮出现前就用药，如使用喷雾剂或吃抗过敏药。有过敏史的人这个时候要少出门，出门前一定要使用药物预防，最好再戴上纱巾或薄口罩捂住鼻子。回家前要把身上的杨絮残留物消除干净，不要带到居室内。

当飞絮落到口、鼻、眼等处时，不要用手去揉，要用清水洗脸，或者用纸巾擦拭。皮肤和飞絮接触后也不要抓挠，因为人的面部皮肤娇嫩，口、眼、鼻

等处的黏膜防病能力又较弱，搓揉和抓挠容易造成其破损，并让杨絮携带的病菌和手上的病菌趁机而入，加大危害。最好是马上用纸巾或消毒湿巾擦拭，回家后再及时用清水洗净。出现过敏反应，不要用手抓挠，可在家中备淡盐水放入冰箱，然后打湿毛巾敷在脸上，可以起到缓解皮肤红肿的作用。如果过敏严重应及时到医院治疗。

老人、孩子和本身有呼吸道疾病的患者，往往对杨絮的反应特别强烈，需特别严加防范。

对于必须要接触有杨絮环境的人，除口服抗过敏的药物和补充维生素 C 外，也可到医院做脱敏治疗。

这个季节晾晒衣物时尽量选择在室内，以免杨絮飞在衣物上，出现过敏现象，另外还要注意饮食调节。

 参考文献

车少静，赵士林，2009. 石家庄春季自然物候对气候变化的响应研究 [J]. 山东气象，29 (1)：1-5.

陈晓然，宗鹏飞，2012. 北京市行道树的选择 [J]. 道路与交通工程，3 (30)：41-43.

陈效逑，张福春，2001. 近 50 年北京春季物候的变化及其对气候变化的响应 [J]. 中国农业气象，22 (1)：1-5.

董世林，王战，1988. 中国杨树地理分布规律的研究 [J]. 生态学杂志，7 (6)：12-18.

高祺，缪启龙，赵士林，2009. 近 43 年石家庄春季物候与气候变暖的关系 [C] // 第 26 届中国气象学会年会会议文集. 北京：气象出版社.

郭彦波，陈静，2011. 植物物候图谱 [M]. 石家庄：河北人民出版社.

唐晓岚，尤婷，吴雯，等，2014. 南京 2 种常见行道树致敏性及其控制措施 [J]. 吉首大学学报（自然科学版），35 (3)：70-73.

王成，2003. 城市森林建设中的植源性污染 [J]. 生态学杂志，22 (3)：32-37.

杨颖，王成，郄光发，等，2008. 城市植源性污染及其对人的影响 [J]. 林业科学，44 (4)：151-155.

"仙境"并非处处美好

——雾与人体健康

通常提到雾，人们可能会首先想到雾气带来的自然美景。比如山峰配上雾，别有一番风韵："残云收翠岭，夕雾结长空。带岫凝全碧，障霞隐半红。"河川配上雾，也是更添姿色："烟雾氛氲水殿开，暂拂香轮归去来。"就连寻常庭院有了雾，也会变得与平时不同："拂树浓舒碧，萦花薄蔽红。"雾的到来会使我们周边的景色更加诗情画意，为我们的生活增添意想不到的乐趣。

在城市中，雾也可以大显神通，水泥森林摇身一变也可以成为"仙境"，但是这种"仙境"对人们而言未必美好。因为城市中往往工业发达、机动车多，空气污染比较严重，雾天到来时，污染物会大量聚集在人们呼吸、生活的近地面空气中，对人体健康造成威胁。含有大量污染物的雾不仅可能对人体的呼吸系统、心血管系统等造成不利影响，长期的雾天甚至会对人的心理造成负面影响。

 什么是雾

白茫茫一片的雾是由什么组成的呢？雾是空气中的水汽凝结成的大量细微的水滴所组成的，与云的成分非常相似，换言之，雾可以视作接近地面的云，所以它的形象也和云非常相似。

下面再用气象上的语言来说一下雾是什么：在水汽充足、微风及大气层结稳定的情况下，气温接近露点，相对湿度达到90%以上时，空气中的水汽便会凝结成细微的水滴悬浮于空中，使地面水平能见度下降，这种天气现象称为雾。

1.1 雾的分类

当雾出现时，最明显的现象就是大气中能见度会下降。根据能见度降低到不同程度，雾也有不同的称谓：在能见度低于 10 千米、高于 1 千米的时候称为轻雾；低于 1 千米、高于 500 米时称为大雾；低于 500 米、高于 200 米时称为浓雾；低于 200 米、高于 50 米时称为强浓雾；当能见度低于 50 米的时候，称为特强浓雾。

1.2　雾现身的时间和地区

对于我国大多数地方来说，冬天出现雾的频率总体比夏天更高。而在地点分布上，由于南方比北方更加湿润，山区比开阔地更加湿润，沿海或沿江、沿湖地区比内陆更加湿润，所以我国南方的一些山区、四川盆地一带、云南南部以及沿海（江、湖）的出雾频率总体要高于其他地区。

下面来介绍几个"雾天高发地区"，如果想要感受雾气氤氲的风光，挑好时间和地点，遇到"仙境"并不难。

（1）长江流域：每年 11 月至翌年 1 月是长江流域出雾频率最高的时期，每月的平均雾日数大都在 4 天以上，山区可达 10 天以上。

（2）四川盆地：由于四川盆地周边遍布高原或山地，相对较低的地形和湿润的空气导致这一带非常容易出雾，从气候上看，四川盆地南部一年中每月的平均雾日数都会达到 4 天以上，部分地区达到 8 天以上；盆地北部在夏季各月的雾日数少于 4 天，但是每年 10 月至翌年 2 月各月雾日数也会达到 4 天以上，特别是 12 月和 1 月，四川盆地大部的雾日数都达到 8 天以上。

（3）云南南部：云南南部的地势比云南北部低，又多河谷地形，空气湿润，也是我国容易出雾的地区之一，而且冬天出雾的频率明显高于其他季节。到了 10 月，云南南部不少地方的雾日数就会超过 4 天，这种情况会一直维持到翌年 3 月。其中，12 月和 1 月也是云南南部雾最多的时期，楚雄、勐腊和周边地区的平均月雾日数普遍达到 12 天以上。

（4）一些著名的山区：如四川峨眉山、福建九仙山、湖南衡山、安徽黄山等，这些地方由于山峰较高，山谷众多，空气湿润，所以一年中不论何时都比较容易出雾，有时一个月就有 20 天以上会出现雾。例如 5 月，九仙山、峨眉山、衡山的平均雾日数分别为 26.8 天、26.0 天和 22.7 天。

1.3　雾和霾不一样

最近几年，随着大众对空气污染的关注度逐渐提高和媒体的逐渐发展，"雾"和"霾"出现的频率一路飙升，但是"雾"和"霾"其实是两种不一样的

天气现象，它们相似的外表下也有诸多区别。

- 区别1：相对湿度

相对湿度是雾和霾最主要的区别。当空气中的相对湿度达到90％以上时，出现的是雾；相对湿度低于80％时是霾。如果相对湿度为80％～90％，出现的则是雾和霾的混合物，但主要成分是霾。

- 区别2：厚度

雾的厚度通常比较薄，只有几十米至几百米（平流雾不一定属于此列，有时平流雾的垂直厚度可以达到2千米）；而霾的厚度相对较厚，通常能达到1～3千米。

- 区别3：颜色

如果不考虑雾和霾的混合物，通常雾的颜色是乳白色或青白色；而霾的颗粒物含量较高，所以颜色以黄色或灰褐色为主。

- 区别4：边界

通常雾和周围环境的边界场很清晰，过了"雾区"可能就是晴空万里，这种情况在山区有时可以见到。但是霾则比较混浊，而且和周围环境的边界不明显。

雾对人体健康的影响

雾可以营造缥缈梦幻的景色，使人如同置身仙境，但是您有没有想过，有时候雾也是会对人体健康造成一些负面影响的。

雾通常是在水汽充足、微风及大气层稳定的情况下形成的，而且它们的形成都需要近地面（或水面）空气温度相对较低，上层的气温相对较高的条件（即"逆温层"）。逆温层的出现会导致近地面凝结成的雾滴不断积累聚集形成雾，但同时低空排放的废气、烟粒等空气污染物也被逆温层像盖子一样阻挡着，不能扩散到高层大气中去。这些污染物滞留在逆温层下，有些飘浮在空气中，有些会黏附于雾滴上，还有一部分会成为雾滴的凝结核，促使大雾更快形成。

所以白茫茫的雾就像一块海绵，不仅能锁住水汽（雾的主要成分就是凝结的水滴），还能黏附甚至"吸收"空气中的污染物。如果雾出现在空气清洁的山林里，那么它会比较"干净"，对人体的危害较小；而如果雾出现在污染源较多的城市里，与大量空气污染物混合，形成了"脏雾"，那么它对人体的危害就大得多了。有时候，雾可以使空气中污染物的含量达到平时的几十倍之多。

2.1 藏身于雾中的有害化学物质

"脏雾"对人体健康的威胁，不仅体现在它能富集大量空气污染物，它的出现也会"催生"一些新的空气污染物产生或浓度增大，使空气污染更加严重，对人体更加有害。当雾出现时，空气湿度至少达到 80％以上，而空气中的一些有害物质与水汽结合，会变得毒性更大。例如二氧化硫转化为硫酸或亚硫化物，二氧化氮与水汽结合产生硝酸和一氧化氮等，如果这些有害物质浓度过高，可能会对人体造成伤害。

下面来简单介绍一下空气中浓度较高的二氧化硫、二氧化氮及其衍生物对人体的危害。

（1）二氧化硫

二氧化硫及其在空气中的衍生物——亚硫酸盐或硫酸盐气溶胶，在浓度达到一定程度后都会对人体造成伤害。当空气中的二氧化硫浓度达到 0.5 ppm*（对应我国现行空气质量标准，大致相当于 4 级，即中度污染）以上时，会对人体有潜在影响；浓度达到 1～3 ppm（大致相当于 5 级，即重度污染）时，多数人会开始感受到刺激作用。

另外二氧化硫与大气中的烟尘也有协同作用，会对人体造成更大危害。当空气中二氧化硫浓度达到 0.21 ppm（大致相当于 3 级，即轻度污染），烟尘浓度大于 0.3 毫克/升，可使呼吸道疾病发病率增高。如伦敦烟雾事件、马斯河谷事件和多诺拉等烟雾事件，都是这种协同作用造成的危害。

（2）二氧化氮

二氧化氮及其他氮氧化物主要会损害人的呼吸系统，且损害具有一定滞后性。在吸入二氧化氮初期，人体可能只有轻微刺激症状，如咽部不适、干咳等。但是过了数小时至十几小时或更长时间潜伏期后，人体可能会发生迟发性肺水肿、成人呼吸窘迫综合征，主要症状包括胸闷、呼吸窘迫、咳嗽、发绀等。

2.2 "脏雾"有害人体健康

雾天对人体有负面影响还有一个原因，那就是组成雾凝结核的颗粒（可以是可溶性盐类如 $MgCl_2$、Na_2SO_4，也可以是 $PM_{2.5}$）很容易被人吸入，并容易在人体内滞留，如果雾出现的时候污染物浓度也比较大，那么它对人体的威胁

　＊　1 ppm＝$1×10^{-6}$，余同。

可想而知。

　　所谓"病从口入"，雾首先威胁的是人的呼吸系统，进而可能会诱发其他系统疾病。因为雾天的空气中含有大量水汽，长时间外出或锻炼时，水汽和颗粒物会伴随呼吸进入人体，大量吸入水汽可能会阻碍肺泡的气体交换，进而导致大脑缺氧，出现头晕等不适症状；而吸入过多颗粒物，可能会引发气管炎、咽喉炎、鼻炎等各种过敏性疾病。如果本身就患有对环境敏感的慢性疾病，像支气管哮喘、肺炎等呼吸系统疾病，吸入大量雾气之后可能会出现血液循环阻碍，诱发心血管病、高血压、冠心病、脑溢血等。

　　雾天本身具有的一些特征也会使心血管病患者雪上加霜。一方面是因为雾天的气压比较低，容易使人心情烦躁，导致血压上升。另一方面，雾天的清晨往往气温较低，一些高血压、冠心病患者从温暖的室内突然走到寒冷的室外，血管的热胀冷缩也会导致血压升高，甚至可能会引发中风、心肌梗死等严重后果。

　　另外，比较长期的雾天也会对儿童的生长发育有不利影响。因为雾天日照减少，儿童接受的紫外线照射不足，会导致体内维生素 D 合成不足，进而对钙的吸收也会大大减少，影响儿童的成长。严重时可能会引起婴儿佝偻病、儿童生长减慢。

　　雾天甚至能对人产生一定心理上的负面作用，由于雾天光线较弱，能见度较差，有些人在雾天会产生精神懒散、情绪低落的现象。

 雾天注意事项

　　如前面所说，雾对人体健康是有一定负面影响的。不过大家也不用太紧张，如果在空气比较清洁的山区或海边，雾中所含的有害物质并不多，适当减少剧烈运动，只管欣赏"仙境"美景即可。但是如果在繁华喧嚣、车水马龙的城市里，雾中可能会含有大量空气污染物，属于"脏雾"，这个时候就要做好防护了。

　　雾天到来的时候，最好减少外出，户外运动更要尽量停止。如果雾天在户外剧烈活动，吸入大量水汽和空气污染物将会危害人的呼吸系统，引发各种呼吸道疾病、头晕等身体不适。这时不妨把锻炼改在室内进行，既能远离疾病又能保持健康的生活习惯。

　　如果出现雾的同时还伴有空气重污染，外出就要做好防护了，最便捷而又有一定效果的措施就是戴口罩。目前很多人会选择美国 NIOSH 标准的 N95 型口罩或者国标 KN90 型口罩，这类口罩适合过滤非油性颗粒物，且对直径为 0.1～0.5 微米的细颗粒物过滤效率高，是比较普适的选择。但是老年人、孕妇、有呼吸系或心脑血管疾病的人要慎重选择这类口罩，因为这类口罩的密闭性比较好，戴上后容易导致呼吸困难、缺氧、头晕等症状。

雾天外出归来后，要做好个人卫生。雾中含有的各种有毒有害物质和细颗粒物，可以附着在面部、鼻腔、口腔及暴露的肌肤上。因此，雾天外出归来应立即清洗身体暴露在外的部位。

雾天要适当调节情绪、清淡饮食。雾天日照少、能见度差、气压低，可能会使人感到精神懒散、心情压抑、情绪低落。这时候需要注意调节自身的情绪，保持科学的生活规律，避免过度劳累，注意清淡饮食，多补充水分（李仰瑞等，2013）。

 参考文献

李仰瑞，赵云峰，2013.PM$_{2.5}$对呼吸系统的影响［J］.中华肺部疾病杂志（电子版），6（4）：372-374.

不要让霾"霾汰"了自己
——霾与人体健康

霾是一种与雾相像但又不相同的天气现象，与"白雾"相对，霾经常被搭配成"灰霾"一词，形象地表现出霾是一种让天色晦暗无光、让街道烟雾重重的现象。特别是在城市中，由于人口众多、工业发达、机动车流量大等原因，导致污染源众多，这些污染源排出的大量空气污染物（主要是颗粒物）弥漫在空气中，使空气质量变差，进而导致霾出现。近些年，随着工业迅速发展、公众的环保意识提高以及媒体逐渐发展起来，不仅雾和霾天气时常会出现，"雾"和"霾"也成了热点话题。那么接下来我们来说说"霾"的那些事。

 什么是霾

霾是指因大量烟、尘等微粒悬浮在空气中形成的大气浑浊现象。霾的核心物质是空气中悬浮的灰尘颗粒，气象学上称为气溶胶颗粒，正是这些颗粒使霾看起来呈现偏黄的灰色，有点"脏脏的"感觉。

霾的形成有三方面因素。

（1）垂直方向的逆温现象。通常情况下，从地面到对流层顶部，气温是逐渐下降的。如果低空中出现了比近地面气温高的气层，就称为"逆温层"。虽然这和常态不同，但是"逆温层"的大气比近地面层温度高，密度也小，反而能稳定地存在，就像一个锅盖一样。而这个"锅盖"也同时导致污染物不能及时扩散出去，只能在原地聚集，形成重污染天气。

（2）近地面水平方向风力弱，甚至静风现象。随着城市建设的迅速发展，大楼越建越高，增大了地面摩擦系数，使风流经城区时明显减弱，静风现象增多，这不利于空气污染物向城区外围扩展稀释，容易在城区内积累，形成比较严重的空气污染。

（3）悬浮颗粒物增加。近些年来随着工业的发展，机动车辆的增多，污染物排放和城市悬浮物大量增加，直接导致了能见度降低，使得整个城市看起来灰蒙蒙一片。霾的形成与污染物的排放密切相关，城市中机动车尾气以及其他烟尘排放源排出粒径在微米级的细小颗粒物，停留在空气中。有了充足的"颗粒物源"，只要城市上空出现逆温层、近地面风力接近静风等不利于污染物扩散的天气出现时，就可能会出现霾。

1.1 霾和雾，傻傻分不清楚

近些年，随着工业快速发展，城市化逐渐推进，以及媒体和社交平台逐渐发达，"雾"和"霾"目前已经成为人们关注的热点。当天空变得灰蒙蒙的时候，往往可以在网络上看到"今天雾霾太严重了，打开窗帘以为我瞎了"之类的评论。不过我们在吐槽之前，先得分清自己吐槽的对象到底是"霾"还是"雾"。

（1）"外在"区别——看空气湿度

从表面上看，霾和雾最大的区别就是形成于湿度不同的空气中。当出现雾和霾现象的时候，如果大面积观测到的空气相对湿度大于 90%，就以雾为主导；当大面积观测到的空气湿度低于 80% 时，则以霾为主导。

之所以用空气湿度作为雾和霾区分的依据，是因为水汽在雾和霾变化中扮演着重要角色。当空气中水汽较多时，某些吸水性强的干气溶胶粒子会吸水，体积扩大，并在过饱和的气象条件下最终活化为云雾的凝结核，在气溶胶粒子之外产生一些云雾滴，从而推动由霾向雾的转化。而当空气湿度降低时，雾向霾的转变也会发生。

（2）"内在"区别——看形成原因

虽然上面说到霾和雾是两种不同的现象，但是也说到了二者可以相互转化，有些看官可能有点晕了，其实我们只要看看霾和雾的主要成分和形成原因，就会清楚一些。

根据霾在气象学上的概念，霾的主要成分是大量烟、尘等固体颗粒物，而且这些颗粒物非常细小，其中包括了直径小于或等于 2.5 微米的细颗粒物，也就是常说的 $PM_{2.5}$。既然主要成分是固体颗粒物，那么霾的形成不仅是靠静稳的天气形势，最主要的还是靠污染源排放的大量颗粒物。简单来说，如果污染源够多够强，只要等到冷空气影响结束或者降雨停歇，天气持续平静，就有可能出现霾天气。

而雾就大不一样了。首先雾的主要成分不是颗粒物，而是小液滴，这些小液滴是由空气中的水汽凝结而成的。其次，雾的形成主要原因是水汽"冷却"形成液滴，而"冷却"的方式是多种多样的：可以是暖空气移动到冷水面上方凝结形成平流雾；也可以是暖洋流移动到冷空气控制区形成蒸发雾；当然，还可以是在晴朗的夜晚，垂直方向存在逆温层、低空风力微弱的"静稳形势"下，形成辐射雾。

不过上面也提到，霾和雾在空气湿度变化的时候可以相互转化，这主要是在污染源比较多的城市里可以实现。因为污染比较严重的时候，空气中飘浮着大量细颗粒物，不仅是形成霾的原料，也是形成雾滴的凝结核。在我国华北一带，霾和雾有时可以在同一天中相互转化。夜间空气湿润的时候，水汽更容易凝结成雾，不过也属于"脏雾"；到了白天，空气湿度逐渐降低，"脏雾"也会转化成霾。

1.2 霾的出没时间和地区

随着我国的工业发展和城镇化建设，各地遭遇霾天气的时间已经越来越多，而从季节分布来看，我国冬季出现霾天气最多，夏季最少，春秋季居中。因为霾发生时的天气特点是气团稳定、近地面较干燥（空气湿度在80%以下）。我国中东部地区在秋冬季节的降水相对较少，所以满足这样天气条件的天数较多，再加上我国北方的一些地方冬季采暖使用煤，产生的粉尘多，更容易形成霾。反之，夏季对于我国很多地方来说都是一年中降水较为集中的时期，一方面，雨水对空气中的污染物可以起到沉降的作用；另一方面，夏季气温比较高，所以空气的局地对流比较强烈，利于污染物向外扩散，霾天气不容易形成。

然而天气形势只是提供了适合霾形成的环境，霾的主要成分是空气污染物，这也是霾会形成的根本原因。所以对于我国来说，霾出现最频繁的区域莫过于我国工业和城镇化相对发达、人口密集又地势相对较低的四大城市圈：京津冀地区、长江三角洲、珠江三角洲以及成渝地区，这其中，京津冀地区又是全国霾气溶胶污染最严重的地区之一（刘伟伟，2014）。

不过，有两类天气可以抑制霾天气，一是冷空气活动带来的大风天气，它可以吹散空气污染物，从而抑制霾出现；二是雨雪天气，降水可以使污染物沉降，以另一种方式抑制霾。而国家气候中心的分析表明，1961年以来我国中东部平均风速呈现显著减小的趋势，其中春、冬季减小最明显，其次是秋季。另外近50年来，全国降水日数减少了10%，秋、冬季降水日数减少尤为明显，这也导致霾气溶胶通过降雨、降雪等使颗粒物从大气中去除的机会减少，也在一定程度上促使了霾天气多发（刘钊，2014）。

2 霾与人体健康

霾中含有数百种大气化学颗粒物质，如矿物颗粒物、硫酸盐、硝酸盐等，很多颗粒物的直径小于 2.5 微米，也就是通常说的 $PM_{2.5}$。$PM_{2.5}$ 不仅能降低空气质量和能见度，也对人的身体非常有害。

在以下方面，$PM_{2.5}$ 都可以说是"讨厌鬼"。

（1）很多 $PM_{2.5}$ 粒子的成分有毒、有害，但是由于它们很小，所以在空气中停留时间长、输送距离远。

（2）$PM_{2.5}$ 的直径不到人的头发丝粗细的 1/20，但是它与人体的接触效率比 PM_{10} 更高。

（3）最重要的一点是，人体的生理结构几乎挡不住 $PM_{2.5}$ 的进入。同为可吸入颗粒物，PM_{10} 到达人体的咽喉就会被纤毛组织挡住，但是 $PM_{2.5}$ 却可以随着人的呼吸进入体内，从这一点来看，以细颗粒污染物为主要成分的霾天气比沙尘天气（以 PM_{10} 或更大的颗粒物为主）对人体的负面影响要大得多。$PM_{2.5}$ 甚至可以直接进入肺泡和血液中，干扰肺部的气体交换和血液循环，从而引起呼吸系统、心血管系统、免疫系统、内分泌系统等出现疾病，例如咽喉炎、肺气肿、哮喘、鼻炎、支气管炎等炎症。长期处于高 $PM_{2.5}$ 浓度的环境中，甚至可能会诱发肺癌、心肌缺血及损伤。

2.1 霾是否可以反映呼吸道疾病就诊人数

霾中的主要成分——$PM_{2.5}$ 对肺组织存在毒性作用，而高浓度的 $PM_{2.5}$ 不仅可以引起呼吸系统疾病症状，还可以导致原有的呼吸道疾病急性发作。

时常出行在霾等重污染天气的大城市里，呼吸道疾病就诊人数的变化规律甚至可以间接反映 $PM_{2.5}$ 的浓度变化——当 $PM_{2.5}$ 为主要污染物的霾天气出现时，出现呼吸道疾病的人就会明显增多。上海交通大学、上海市环境监测中心等机构针对上海市 2009 年雾和霾天气的研究发现，每当雾和霾天气出现的时候，上海市发生上呼吸道感染、哮喘、结膜炎、支气管炎、咳嗽、呼吸困难、鼻塞流涕、眼和喉部刺激、皮疹等疾病的患者就会增多，其中老年人和儿童患病率上升得更加明显。而且 $PM_{2.5}$ 对人体影响还有比较明显的累积效应，通常在重污染天气开始出现之后的几天，门诊人数会比污染出现当天更多（殷永文等，2011）。

2.2　$PM_{2.5}$ 可导致心血管疾病发病率增加

由于 $PM_{2.5}$ 颗粒细小，所以它能通过气流到达呼吸道末端并沉积下来，再通过肺部气血交换进入人体其他器官造成损伤。同时，$PM_{2.5}$ 中的有毒物质或放射性物质可能会影响血管和心肌，加重心肌缺血、增加心血管疾病的发病率及死亡率。

近年来，大量流行病学研究资料表明 $PM_{2.5}$ 是非意外死亡的诱因之一，而在空气污染导致的非意外死亡中，心血管疾病患者占有很大的比例。一项在东京的调查表明，$PM_{2.5}$ 浓度每增加 10 微克/米^3，心肺疾病引起的死亡率就会增加 11.6％，同时，缺血性疾病死亡率会增加 12.7％。

另外，即使是短期暴露于高浓度 $PM_{2.5}$ 的重污染天气下，也会使缺血性心脏病、心律失常、心力衰竭等疾病的发生率提高，其中心力衰竭发病率最高，$PM_{2.5}$ 浓度每增加 10 微克/米^3，当天的入院危险度就会增加 1.28％。而且 $PM_{2.5}$ 对心血管系统的负面影响也有比较明显的累积效应，当以 $PM_{2.5}$ 为主要污染物的重污染天气开始后，往往重污染天气第 2 天、第 3 天的心血管死亡相对危险度要比开始当天更高（陈鹏，2014）。

2.3　冬季采暖也会影响死亡率吗

每年进入冬季，我国北方城市纷纷进行采暖，这期间颗粒物排放水平升高，如果天气形势持续平静稳定，就有可能使城市 $PM_{2.5}$ 浓度升高，进而导致心血管疾病和呼吸系统疾病患者病情加重，甚至死亡率也会因此上升。

一项 2004—2008 年在西安市的研究表明，西安冬季采暖时期 $PM_{2.5}$ 平均浓度比非采暖时期高 60％，且采暖时期附着于 $PM_{2.5}$ 颗粒上的污染物也多于非采暖时期。当 $PM_{2.5}$ 质量浓度每增加 103 微克/米^3 时（空气中 $PM_{2.5}$ 浓度达到 103 微克/米^3 时，相当于轻度污染等级；如果本身是轻度污染，再增加 103 微克/米^3 就达到重度污染或更高等级了），居民因空气污染导致的死亡率就会上升 2.29％，而且在重污染天气开始 1～2 天之后，这个死亡率还会继续上升（Huang et al，2012）。

3　如果有霾需注意什么

霾天对人体健康可谓弊端重重，所以当霾出现的时候，需要注意以下几方面：

最好减少外出，户外运动更要尽量停止。前面提到，霾天出行时，空气污染物很容易通过人的呼吸进入体内，而如果这时候还坚持户外锻炼，那么会吸入更多的污染物，不仅达不到保持健康的效果，反而可能会引发呼吸道疾病。所以最好的办法是，霾天尽量减少接触室外空气，老人、孕妇、小孩和体质虚弱的人最好不要外出。

如果出行，要尽量避开高污染时段。如果可能，出行时尽量避开早晨上班和傍晚下班的时间段。显然，这个时间段出行的车辆比其他时间多，大量的汽车尾气会使空气污染更加严重。

出行要做好防护。最便捷而又有一定效果的措施就是口罩，不过也要视自己的身体状况和周围环境来选择。下面介绍一下简单的 "口罩攻略"。

（1）很多口罩无法有效防 $PM_{2.5}$

常见的一次性使用的普通口罩（内含过滤棉或活性炭层等）以及普通医用口罩其实无法有效过滤细颗粒物（$PM_{2.5}$）。因为这些口罩主体是无纺布，孔径较大，防护普通的粉尘和粗颗粒物（PM_5 以上）还可以，但是对细颗粒物就爱莫能助了。而那些由棉布、绒布等材料制成的 "可水洗" 并 "可重复使用" 的口罩，以及外观时尚的各式 "艺术" 口罩，或许可以用于防寒保暖，至于防颗粒物么……基本无效。

如果真心想选择防颗粒物的口罩，可以参考美国和我国的口罩执行标准来选用。

美国 NIOSH 标准对防颗粒物口罩的分类如表 1 所示。

表 1　美国 NIOSH 标准对防颗粒物口罩的分类

分类	过滤效率≥95％	过滤效率≥99％	过滤效率≥99.97％
N 类	N95	N99	N100
R 类	R95	R99	R100
P 类	P95	P99	P100

N 类：Non-Oil，适合于过滤非油性颗粒物。

R 类：Oil Resistance，适合于过滤油性和非油性颗粒物，但是用于油性颗粒物的使用时间不得超过 8 小时。

P 类：Oil Protective，适合于过滤油性和非油性颗粒物，用于油性颗粒物的使用时间需参照制造商建议，通常比 R 类使用时间更长。

中国 GB2626—2006 标准对防颗粒物口罩的分类如表 2 所示。

表2　中国 GB2626—2006 标准对防颗粒物口罩的分类

分类	过滤效率≥90%	过滤效率≥95%	过滤效率≥99.97%
KN 类	KN90	KN95	KN100
KP 类	KP90	KP95	KP100

KN 类：适合于过滤非油性颗粒物。非油性颗粒物指固体和非油性液体颗粒物及微生物，如煤尘、水泥尘、酸雾、油漆雾等。

KP 类：适合于过滤油性和非油性颗粒物。油性颗粒物指油烟、油雾、沥青烟、焦炉烟、柴油机尾气中的颗粒物等（妞妞爱吃桃，2014）。

目前，符合美国 NIOSH 标准中 N95 型的口罩以及国标 KN90 型口罩可谓市场上的宠儿，不过大家也要根据自己的实际需要来选择口罩。如上面所说，N95 型和 KN90 型口罩可以过滤非油性的污染物，霾天出行的时候，用这两种基本上就可以了。但是如果你需要长期接触油烟、沥青烟等油性污染物，N95 就不是最好的选择了，这时需要选择可以过滤油性颗粒物的口罩，例如 R95 型口罩。

（2）戴口罩的"正确姿势"

当你准备戴口罩前，首先要仔细检查一下，这个口罩还能不能用了？

口罩也会有"有效期"。通常在口罩的外包装上会有一个有效期，这指的是口罩未拆包装，并且在适合保存的环境中的有效期。如果口罩已经拆封使用过，那么佩戴之前，需要看看它是否有明显变黑、异味、破损、发软等现象，或者试戴时呼吸阻力变大，出现以上情况时，口罩就需要更换了。

如果经检查口罩还可以继续使用，那么佩戴的时候需要注意调整口罩，使它的轮廓与自己面部紧紧贴合。很多口罩是有里外或上下方向之分的，注意不要戴反，通常在中间有一小条金属（鼻夹）的是口罩上侧。戴上口罩后，也要注意调整口罩的鼻夹和拴绳，使它尽量与面部贴紧。戴好之后还要试着呼吸几次，测试有没有漏气的地方，以便进一步调整。口罩与面部贴合得越好，防颗粒物的效果就越好。

最后，外出回来时要做好个人卫生。因为出现霾时，空气中的有害物质可以附着在面部、鼻腔、口腔及暴露的肌肤上。部分有害物质可能会导致疾病发生，前面已经提到过了，而附着在皮肤上的物质也可能会导致皮肤出现过敏等不适症状。所以外出归来时最好洗脸、洗手，清理掉附着的污染物。

参考文献

陈鹏, 2014. 论述 $PM_{2.5}$ 与心血管疾病的关联 [J]. 吉林医学, 35 (7): 1493-1495.

李仰瑞, 赵云峰, 2013. $PM_{2.5}$ 对呼吸系统的影响 [J]. 中华肺部疾病杂志 (电子版), 6 (4): 372-374.

刘伟伟. 四大"雾霾带"渐显, 长三角在其中 [N/OL]. 现代快报, 2014-10-26 [2016-10-25]. http: //kb. dsqq. cn/html/2014/10/26/content_367516. htm.

刘钊. 秋冬季节为何多现雾和霾 [N/OL]. 中国气象报, 2014-02-25 [2016-10-25]. http: //www. cma. gov. cn/2011xwzx/2011xqxxw/2011xqxyw/201402/t20140225_239253. html.

妞妞爱吃桃. 史上最全的防雾霾口罩选取攻略 [EB/OL]. (2014-01-12) [2016-10-25]. http: //www. guokr. com/blog/743144/.

殷永文, 程金平, 段玉森, 等, 2011. 上海市期间 $PM_{2.5}$、PM_{10} 污染与呼吸科、儿呼吸科门诊人数的相关分析 [J]. 环境科学, 32 (7): 1894-1898.

Huang Wei, Cao Jun-ji, Tao Ye-bin, et al, 2012. Seasonal variation of chemical species associated with short-term mortality effects of $PM_{2.5}$ in Xi'an, a central city in China [J]. American Journal of Epidemiology, 175 (6): 556-566.

爱妹子，从紫外线开始

夏日炎炎，相信每个爱美的妹子都在进行美白的长期奋战吧！古人云"一白遮百丑"，对于五官精致柔和的亚洲人来说，白皙通透的肤色确实让人看起来更干净、精神和自信。但是过多的紫外线却是我们美丽的杀手，晒黑、晒伤、色斑，任何一项都可以让妹子们如临大敌！

单身的你们，还在用"多喝水、多休息"这些所谓的"一招鲜"吗？哎哟喂，您这招早就 out 了！

技多不压身，爱妹子、追女士，从紫外线开始……

那么什么是紫外线？紫外线又是怎么影响我们的健康和美丽？紫外线又有什么样的特点？下面这些内容都可以迅速让你长知识，对付妹子手到擒来。

什么是紫外线

紫外线（Ultraviolet 或简称 UV），俗称紫外光，属于物理学光学的一种，是波长比可见光短，但比 X 射线长的电磁辐射。自然界的主要紫外线光源是太阳，当紫外线穿透大气层的时候有 97％～99％ 都被地球的臭氧层阻绝了，在透过臭氧层的剩余紫外线当中，UV-A（波长 320～420 纳米）占 97％ 左右，UV-B（波长 275～320 纳米）占 3％，因此对人类有影响的主要是这两种（梁俊宁等，2008）。其中，紫外线是太阳放射的五种主要光线当中对人体影响最大的。

大量研究表明，少量的紫外线对人体是有益的，它能促进人体维生素 D 的合成，有利于人体对钙的吸收，但高强度、长时间的紫外线辐射对人体皮肤危害较大，它可穿过真皮造成皮肤细胞损伤，严重时可引发皮肤癌、白内障等疾病。

紫外线指数，也称为"UVI"指数，是一个衡量某地正午前后到达地面的太阳光线中紫外线辐射对人体皮肤、眼睛等组织和器官可能损伤程度的指标。

按照国际上通用的方法，紫外线指数一般用 0～15 的数字来表示。紫外线指数值越大表示在越短的时间里对皮肤的伤害程度越强（吴兑，2000）。而一般我们对付紫外线常用的防晒霜，其中的 SPF（Sun Protection Factor）称为皮肤保护指数，也称为防晒因子，它所表示的是防晒用品所能发挥的防晒和吸收紫外线的能力，主要针对 UVB 的防护，SPF 指数的数值每一个单位代表在日光下 15 分钟而不会受到紫外线的伤害。比如防晒霜上标有 SPF15 字样，即表示涂擦该防晒用品后，能在阳光下停留 15 乘 15，约 225 分钟，保护皮肤不会受到紫外线的伤害（刘晶森，2003）。所以夏季的午后，和妹子出门约会时，记得经常提醒妹子补涂防晒霜哦。

另外，日本化妆品工业联合会在 1998 年制定并提出 UVA 的防护指数为 PA（Protection Factor of UVA），它分为三个等级，"＋"越多，表示防晒效果越明显。

2 什么会影响紫外线呢

紫外线辐射与太阳高度角、大气中的臭氧含量、云、气溶胶、水汽含量以及局地的地理特征等多种因素有着非常复杂的相互作用关系，和气象因素有关的主要有以下几点。

（1）干球温度，也就是在没有水汽和辐射干扰下的大气实际温度（天气预报当中所指的温度），而湿球温度就不能很好地体现紫外线与辐射的关系，最明显的例子是纬度相同的拉萨和素有"火炉"之称的重庆相比较，自然重庆气温比拉萨高得多，但拉萨的紫外辐射强于重庆，而与重庆气温相等的吐鲁番紫外辐射也强于重庆（刘晶森，2003）。

另外，地表温度也跟紫外线辐射有很大的相关关系，当晴天无云时地表温度高则说明地表接收的总辐射量多，紫外辐射量也相应较多。

（2）气溶胶，包括我们所熟知的云、雾、霾、臭氧、二氧化硫等因素（王普才等，1999）。

云和紫外线变化的关系最大，云量越多紫外线更容易被削弱。当总云量在 4 成以下时，云量对紫外辐射量的影响不是很明显；当总云量增加到 6 成以上时，紫外辐射量的减弱速度较快，紫外辐射量可削减 50％以上（侯晓玮等，2012），但是高云和碎云对紫外线削弱作用不明显。

另外，空气污染物对紫外辐射具有显著的削减作用：空气质量为良（优）

的紫外辐射量整体高于空气质量为轻度污染的紫外辐射量。

（3）气压、风等其他因素与紫外线变化无明显关系。

3　不同城市的你们，关爱妹子的时机可要把握好

当你邂逅一个美腻的妹子，于是发动攻势，一起相约出去约个小会拉个小手；或者心仪已久的女士，终于在某一天感觉空虚寂寞冷，约你一起出去郊游。这个时候，是不是表现的机会来了?! 晴空万里，如果献上一顶遮阳帽、一副有型有款的墨镜或者一瓶防晒霜，是不是分分钟备胎转正的节奏?! 不过友情提醒，场合你要把握好!!

什么是合适的场合呢?? 当然要先从紫外线的分布特点来看啦。

从季节上来看，一年当中紫外线辐射要数夏季最强，春秋其次，冬季最少（武辉琴，2010）。

冬季（以 1 月为代表）紫外线辐射强度是南强北弱。像是横断山区、云贵高原西部、东南沿海、海南岛、台湾岛，辐射较强，而东北北部、新疆地区辐射强度最低。

夏季（以 7 月为代表），紫外辐射一般都比冬季的高得多，不过分布特点与冬季截然不同：从黑龙江纬度偏中地区到云南省一线有一条明显的分界线，把中国分为西北和东南两部分，西北部分的紫外辐射明显大于东南部分（祝青林等，2005）。青藏高原北部、内蒙古高原中西部、黄土高原以及长江以南中东部地区日辐射强度较高，青藏高原南部、横断山区、云贵高原西部、阿尔泰山地区、大兴安岭北部日辐射强度较低（廖永丰等，2007）。

另外，在同一纬度紫外辐射随海拔高度的增加而增大。青藏高原始终是中国紫外辐射非常高的区域，而西南地区东部一带往往是紫外辐射明显偏低的区域。海拔高的地方紫外线强烈，海拔每上升 1000 米，紫外线就增强 10％左右。所以，和妹子去高原旅游的时候，别忘了贴心地准备防晒霜和墨镜哦!

而在一天中，一般来说也是正午时，娇弱的妹子更需要荫凉的呵护。总体来说，晴天时，一天当中，正午的紫外线辐射明显大于早晚。对于大部地区来说，10—14 时这段时间，紫外线辐射明显增强，14 时左右达到一日中的最大值。

阴天时，影响紫外线的因素较多，太阳是否是直射、云层厚薄或者是否有雨等都对辐射值影响较大。总的来说，随着太阳入射角度的变化早上开始逐渐

增多。不同于晴天的单峰型结构，阴天时中午前后并不是紫外辐射的最强时段（王普才等，1999）。

4 给妹子们的紫外线小百科

虽然我们头顶有一层引以为豪的臭氧层，能为我们阻挡大部分的紫外线，但是穿透这一层臭氧到达地面的紫外线还是不容小觑。这些紫外线不仅能把我们晒黑，还能把我们晒伤、晒出皮肤癌，它们的高能量对于生命结构的破坏，仍然在困扰着很多爱美的姑娘们。

有利影响：适量的紫外线能杀死或抑制皮肤表面的细菌，适量的紫外线照射可促进皮肤中的脱氢胆固醇转化为维生素 D3，增强交感神经、肾上腺系统的兴奋性和应激能力，增强人体免疫力，促进体内某些激素分泌，对人体的生长发育有重要作用（中国防紫外线面料网，2013）。

不利影响：过多的紫外线会对人体产生伤害作用。虽然紫外线辐射量占太阳全波段辐射总量的比例很小，但由于其光量子能量较高，所产生的光化学作用和生物学效应十分显著，过多地接触紫外线辐射可引起皮肤晒伤、晒黑、皮肤光敏反应、皮肤光老化甚至皮肤癌等，此外还可引起光性角膜炎，增加发生皮质性白内障、翼状胬肉甚至眼黑色素瘤的危险性（Suney，2001）。

研究证明，少量的紫外线对人体有益，可以杀菌消毒、产生人体所需的维生素 D 等。但长时间过量的紫外线照射却具有以下危害。

（1）色素沉着

紫外线引起的色素沉着是由于黑色素小体和黑色素增多的结果，引起色素沉着反应最强的是波长为 320～380 纳米的波段。

（2）晒斑

晒斑是正常皮肤过度照射或人工紫外线照射后所引起的一种急性损伤性反应。急性晒斑还可激发单纯疱疹、红斑性狼疮、多形红斑、迟发性皮肤叶琳症、毛细血管扩张症、日光性荨麻疹等。致病光谱主要为 250～310 纳米。引起红斑反应的作用光谱主要为 305 纳米。

（3）皮肤过早老化

经常被紫外线照射皮肤会产生一系列生物学变化，导致皮肤起皱、松弛和其他老化现象。产生皮肤老化的光谱主要是 UVB，UVA 在诱发皮肤老化和皮肤退行性变化中也起一定的作用。

（4）皮肤癌

大量的流行病学调查资料表明，皮肤癌的发生与日光紫外线照射之间存在着肯定的关系。诱发皮肤癌的是光谱为 240～320 纳米的紫外线，主要在 UVB 段，UVA 也起一定作用。

（5）眼睛损伤

如果长期受到紫外线较大剂量的照射，可引起光感性眼炎即出现眼睑炎与结膜炎，并伴有剧痛和异物感，严重时可出现眼睑水肿或痉挛甚至角膜溃疡。此外，清亮的晶状体会变得昏黄，有如在窗上蒙上一层玻璃纸，最终引起白内障和失明。

（6）对毛发的影响

当头部长时间暴露于阳光下时，秀丽的头发会发生颜色变淡、触感粗糙、干燥（含水率降低）、弹性降低等变化。实验证明，在紫外线增强的盛夏，头发若一直暴露在阳光下，其切断强度、伸展度和吸水量均有变化。切断强度是指一根毛发能承受多少重量的指数，通常健康的头发可承受 150～200 克的重量，若毛发受损承受度则会变小。伸屈度是测量一根毛发伸屈比例的指数，通常是 50％左右。受损的毛发其伸展度会降低 20％左右。

感受到了来自世界的满满恶意？知道真相的我眼泪掉下来。

 5　几个小诀窍，防晒没烦恼

防范紫外线应根据自己所到的场合、季节、时间、湿度等条件和环境的不同采取不同的措施，只要裸露在衣服外面的肌肤都应该涂上防晒品，包括脖子、下巴、耳朵、手臂、小腿等部位；当然嘴唇更要防护，需要时可选择具有防晒功能的口红或唇膏；对头发除戴帽子、用遮阳伞等以外，在洗发时也要使用具有防晒剂的洗发水或出门前喷上一些护发精华，以免头发经受紫外线的侵害后，造成变脆、分叉、干燥、变色和脱落等。

（1）防晒化妆品的使用

日本根据实际紫外线照射量提出了防晒化妆品的选择标准，以室内工作为主的一般职业女性在平日上下班的情况下，宜选用 SPF10 左右，PA＋的防晒化妆品；室外工作的职业和终年在室外工作的人，建议使用 SPF20 左右，PA＋＋的防晒化妆品，并且需要间隔几个小时重复涂抹；在烈日下活动以及进行海水浴时，应使用耐水性好的防晒化妆品，宜选用 SPF30 左右，PA＋＋＋的防晒产品。

使用防晒化妆品最好在出门前 30 分钟，均匀地涂抹到需要使用的部位。如果长时间在户外活动，还需要每隔 2～3 小时涂抹一次。在办公室工作、下雨天、阴天或一般遮阳伞下也需要使用防晒化妆品，但是 SPF 值不要选择太高。在选择防晒化妆品时要注意并不是 SPF 值越高越好，选择要适当。使用过高防晒指数的化妆品，会影响皮肤毛孔呼吸等功能，增加皮肤的负担。一旦皮肤被晒伤后，就不要再使用防晒化妆品，待皮肤恢复后再使用（张殿义，2007）。

（2）有利于皮肤健康的食物

①适量摄取红橘黄蔬果及深绿色的叶菜，如胡萝卜、芒果、红黄番茄、木瓜、地瓜、南瓜、地瓜叶、空心菜等，有助于抗氧化，增强皮肤抵抗力。

②每天吃高维生素 C 水果。

③每天 2 杯茶。喝绿茶或是使用含绿茶成分（指儿茶素）的保养品，可以让日晒导致皮肤晒伤、松弛和粗糙的过氧化物减少约三分之一。茶类里含有茶多酚，是一种强力抗氧化剂，有研究甚至指出，它比传统维生素 A、C、E 的抗氧化能力更高。

④热可可巧克力是对健康有益的好食物，因为巧克力里含有多种丰富的抗氧化物，如可可多酚、类黄酮，适量摄取也对皮肤有益。

⑤大豆制品。大豆中的异黄酮素是一种植物性雌激素，可以代替一部分女性荷尔蒙的作用，帮助对抗老化，它也具有抗氧化能力，如豆腐、豆浆（建议不放糖）是比较好的选择，而其他加工豆制品，如百页豆腐、豆干及豆皮等，热量都比一般豆腐高很多，最好少食用（中国网，2012）。

（3）常见误区

①使用防晒霜和防紫外线遮阳用具可以有效阻止紫外线的损害。

真实情况：防晒霜只能阻挡部分 UVA，对 UVB 则不太管用；而防紫外线遮阳用具对从地面和墙面反射来的紫外线根本无能为力。

②防晒产品的防晒系数越高，对皮肤越有利。

真实情况：防晒系数越高的产品，就意味着添加了越多的防晒剂，对肌肤的刺激也就越大，因此选择防晒产品应根据实际情况做出决定。

③阴天时云层很厚，紫外线就不会伤害到皮肤了。

真实情况：云层对紫外线来说几乎起不到任何隔离作用，90％的紫外线都能穿透云层，唯有昏暗而又厚重的雨云层才能阻止部分紫外线。

④只有在十分炎热的高温下，紫外线才会非常强烈。

真实情况：紫外线一年四季都存在。冬天的紫外线强度只比夏天弱 20％。

在冬季，晴空万里的景象使紫外线辐射更加强烈。冬天，雪地和冰面上的紫外线和夏季的海滨相同。并且，紫外线会在雪地上产生反射而变强。

 参考文献

侯晓玮，廖颖慧，2012. 河北省太阳紫外辐射时空分布特征 [J]. 干旱气象，30（4）：583-587.

梁俊宁，丁荣，贾晓龙，2008. 张掖市紫外线辐射特征的初步分析 [J]. 干旱气象，26（3）：44-47.

廖波，熊平，2011. 贵阳市紫外线辐射强度变化特征分析 [J]. 贵州气象，35（1）：15-17.

廖永丰，王五一，2007. 到达中国陆面的生物有效紫外线辐射强度分布 [J]. 地理研究，26（4）：821-827.

刘晶淼，2003. 太阳紫外辐射强度与气象要素的相关分析 [J]. 高原气象，22（1）：45-50.

王普才，吴北婴，1999. 影响地面紫外辐射的因素分析 [J]. 大气科学，23（1）：1-8.

吴兑，2000. 到达地面的紫外辐射强度预报 [J]. 科技动态，26（12）：26-29.

武辉琴，2010. 石家庄紫外线与气象因子的相关性分析及等级预报方程的建立 [J]. 干旱气象，28（4）：483-488.

张殿义，2007. 紫外线伤害皮肤的机理与防护 [J]. 日用化学品科学，30（5）：20-22.

中国防紫外线面料网. 紫外线对人体的利与弊 [EB/OL].（2013-09-05）[2016-10-25]. http：//blog. sina. com. cn/s/blog _ 80424e980101e3jl. html.

中国网. 紫外线照射致癌，吃啥最能对抗紫外线 [EB/OL].（2012-07-06）[2016-10-25]. http：//news. xinhuanet. com/tech/2012-07/06/c _ 123374132. htm.

祝青林，蔡福，刘新安，2005. 中国紫外辐射的空间分布特征 [J]. 资源科学，27（1）：108-1131.

Suney D H，2001. Photoprotection of the eye-UV radiation and sunglasses [J]. Journal of Photochemistry & Photobiology B Biology，64（2-3）：75-166.

光化学污染
——悄无声息的健康杀手

阳光明媚，碧空如洗，可能在我们大多数人眼中，这样的天气与空气污染根本挨不上边儿。也有不少朋友会说，进入夏季，雾、霾"退场"，终于可以大口大口呼吸新鲜空气了。然而，这样看似美好的天气里，另一种潜在的危险同样存在于每天呼吸的空气当中，那就是光化学烟雾污染天气现象。

在每年夏季，如果有人留心查看空气质量测报，会发现华北、华中、黄淮甚至一直到长三角、珠三角地区，都出现过中度以上的空气污染。但是和秋冬季不同，空气中的首要污染物大部分已经从 $PM_{2.5}$ 悄然变为了臭氧。专家表示，光化学污染中绝大多数都是臭氧污染，它对呼吸道、眼睛都有伤害，对过敏人群的影响也不容小觑。与 $PM_{2.5}$ 污染天不同，臭氧污染日往往天气看着不错，阳光灿烂，蓝天白云，所以夏季臭氧伤人最无形。

这种污染在中国其实并非陌生。随着城市化的进步，北京、上海、南京、广州、济南、兰州等大城市都曾发生过光化学烟雾污染，而 1974 年兰州西固地区的空气污染，是发生在中国的第一起光化学烟雾污染事件，我国的大气污染研究正是肇始于此。"雾茫茫，眼难睁，人不伤心泪长流"，1974 年，一场因空气污染致小学生上学时刺眼流泪的事件，成了中国空气污染研究的分水岭。而现在，光化学污染越来越被我们百姓所熟知，那么光化学污染究竟是什么？其危害真的比 $PM_{2.5}$ 还要大吗？

什么是光化学污染——臭氧为主要污染物

虽然经常说起来这个名词，但是你真的知道光化学烟雾是什么吗？光化学烟雾主要是由于汽车尾气和工业废气排放造成的，汽车尾气中的烯烃类碳氢化

合物和二氧化氮（NO_2）被排放到大气中后，在强烈的阳光紫外线照射下，会吸收太阳光所具有的能量，形成新的物质。这种化学反应被称为光化学反应，其产物就是我们所知的含剧毒的光化学烟雾（郭彦军，2008）。

光化学污染是一种严重危害人体健康和农业生产的二次污染物，在发达国家已经成为十分突出的大气污染问题，也被特别认真地研究。中国是世界上拥有很多严峻的空气污染的国家之一。在城市地区，烟雾发生的原因更多是因为大量的人类生活和大量的车辆排放。在光化学污染物质中，不管是高浓度的臭氧还是一些空气污染粒子都给城市带来了严峻的问题（Xu，2012）。

其中，对我们人类的健康带来最大威胁的还是属臭氧无疑。城市发生臭氧浓度高值事件主要归结为不利于扩散的天气条件，与大气环流、气象要素、气团轨迹以及污染物的排放、传输、光化学反应以及干湿沉降等方面密切相关（Zheng et al，2009）。那么作为污染物之一的臭氧又有着怎样的规律呢？让我们来一一探究。

（1）午后最高

臭氧作为一种典型的光化学反应产物，其浓度高低与其和其前体物以及气象条件的关系极为密切，有着明显的日变化规律，属于单峰型，臭氧浓度一般在06—07时达到最低值，之后浓度迅速上升，14—15时出现最大值，随后开始下降直到次日凌晨再次开始循环。

很多学者在不同地点包括中国北方的北京、天津，珠三角地区和香港地区甚至美国的几个地点的研究都显示出了相似的日变化规律（Wang et al，2013；Xu et al，2011；Zhang et al，2011；Zheng et al，2009）。这种变化规律与每天气象因素的日变化有关，一般来说，中午是一天中温度最高和太阳辐射强度最强的时间段，臭氧作为二次污染物在平流层和对流层扮演了重要角色，通过碳氧化物和不稳定的有机物与氮氧化物通过光化学反应生成，温度和辐射强度是影响光化学反应的最重要因素，所以会有这样的日变化规律，而臭氧的前体物也表现出与臭氧相反的日变化规律（叶芳等，2011）。

（2）夏季最高

从对流层臭氧的季节变化可以看出，夏季对流层臭氧浓度最高，这是因为夏季对流层臭氧由光化学反应产生的要比平流层注入的多得多，而夏季太阳辐射比较强，因此光化学反应产生大量臭氧，四季中臭氧的高值区都在四川的东部，而山东、河南、湖北等地区为次高值区，青藏高原地区始终为最低值区。

以北京为例，边界层臭氧浓度也呈现明显的月变化规律，1月最小，然后逐月增长，增长幅度逐渐增大，到 6 月，臭氧浓度达到最大，然后又开始逐月减小，以同样的减小幅度逐月减小，到 1 月达到最小。这种相同的变化模式在北方很多大型的城市中都存在。以 3—5 月为春季，其余依此类推，属于夏季的月份大气臭氧浓度值都比较高，属于春季和冬季的月份大气臭氧浓度值低，这种季节变化与其他各种研究表明，大气中臭氧浓度的季节变化类型相同。

(3) 空间分布特征——东高西低

在我国，随着汽车保有量逐渐增多，其排放产生的一次污染物也逐渐增多，具有潜在的光化学烟雾危险性。所以一般来说臭氧分布和城市化的发展也有一定的对应关系，越发达的城市臭氧浓度普遍更高。就全国总体而言，臭氧总量随着纬度增加而增加，总体呈现"西南低东北高"的倾斜纬向型分布特点（刘晓环，2010），不过与我们日常生活关系最大的对流层臭氧含量的分布，与整层臭氧含量的分布有很大的不同，这主要与臭氧的来源有关，对流层臭氧主要来源于前体物的光化学反应，而平流层臭氧主要源于氧分子吸收紫外线所产生的，因此在中国的东部以及四川地区，前体物比较高的地区对流层臭氧含量较高。在中国的中东部地区对流层臭氧的含量较高，这是受到人类活动的影响，排放了大量臭氧前体物，在青藏高原北部边缘的新疆沙漠地区及向东的延伸，虽然人类活动稀少，但对流层臭氧柱总量的浓度都相对较高，从印度西北部、中亚地区以及欧洲地区（Pascala et al，2012）的西来气流中的对流层臭氧，对于该区域的对流层臭氧高值可能有贡献。

 2 天气究竟如何影响近地层的臭氧

有研究表明，潜在的高臭氧浓度日将会发生在强的太阳辐射、低风速和弱的垂直稀释作用的一天。所以总结来看，高温、低湿、低风速有助于光化学反应生成臭氧（宗雪梅等，2007）。

国内研究表明，臭氧浓度主要与气象要素中的气温、相对湿度和紫外线辐射呈较好的相关性，特别是气温和相对湿度对臭氧浓度存在很大的影响。地面和边界层上部区域表现一致，湿度与臭氧浓度的相关性比较差，温度与臭氧浓度的相关性比较好，这说明，温度和湿度都是影响臭氧浓度的重要气象因子，温度对臭氧浓度具有更大的影响。湿度与臭氧浓度的相关性是随着湿度的增加而成对数减小，高湿度经常与大面积的云和不稳定大气联系在一起，随着光化学作用减弱，地面臭氧浓度降低（Wang et al，2011）。在国内的研究中也显示，高浓度的臭氧一般出现在低湿度的条件下。

除基本的温度、湿度之外，不同高度的气象变化也是影响臭氧浓度的重要因子之一（Chaxel et al，2009）。逆温层压制污染物的扩散，使高浓度的臭氧更容易发生在高海拔处（Wang et al，2011）。

大气输送的方向也是臭氧生成和输送的重要影响因素。大气输送方向上臭氧浓度大大增加，比如北京乡村大气输送的上风向是城市区域，这样带来了乡村臭氧浓度峰值相对于城市要晚等影响（安俊琳，2007）。

 # 3 臭氧对人体健康的影响

臭氧具有很强的杀菌效果，有研究表明，臭氧可在5分钟内杀死99％以上的繁殖体；同时臭氧也可以起到除臭的作用，许多室内空气净化器以臭氧的强氧化性为原理，将空气中的有机物氧化，以达到净化空气的目的。

低浓度的臭氧确实可消毒，一般森林地区臭氧浓度即可达到0.1 ppm，但超标的臭氧则是个无形杀手！

臭氧的强氧化性对人体健康也有危害作用。一般认为臭氧吸入体内后，能迅速转化为活性很强的自由基—超氧基，主要使不饱和脂肪酸氧化，从而造成细胞损伤。臭氧可使人的呼吸道上皮细胞脂质在过氧化过程中花生四烯酸增多，进而引起上呼吸道的炎症病变，志愿者研究表明，接触0.09 ppm臭氧两小时后，肺活量、用力肺活量和第一秒用力肺活量会显著下降；浓度达0.15 ppm时，80％以上的人感到眼和鼻黏膜刺激，100％出现头疼和胸部不适。由于臭氧能引起上呼吸道炎症、损伤终末细支气管上皮纤毛，从而削弱了上呼吸道的防御功能，因此，长期接触一定浓度的臭氧还易于继发上呼吸道感染。臭氧浓度在2 ppm时，短时间接触即可出现呼吸道刺激症状、咳嗽、头疼。

它会强烈刺激人的呼吸道，造成咽喉肿痛、胸闷咳嗽，引发支气管炎和肺气肿；臭氧会造成人的神经中毒，头晕头痛、视力下降、记忆力衰退；臭氧会对人体皮肤中的维生素E起到破坏作用，致使人的皮肤起皱，出现黑斑；臭氧还会破坏人体的免疫机能，诱发淋巴细胞染色体病变，加速衰老，致使孕妇生畸形儿；复印机墨粉发热产生的臭氧及有机废气更是一种强致癌物质，它会引发各类癌症和心血管疾病。

因此，臭氧和有机废气所造成的危害必须引起人们的高度重视。空气中臭氧浓度在 0.012 ppm 水平时——这也是许多城市中典型的水平，能导致人皮肤刺痒，眼睛、鼻咽、呼吸道受刺激，肺功能受影响，引起咳嗽、气短和胸痛等症状；空气中臭氧水平提高到 0.05 ppm，入院就医人数平均上升 7%～10%。原因就在于，作为强氧化剂，臭氧几乎能与任何生物组织反应。当臭氧被吸入呼吸道时，就会与呼吸道中的细胞、流体和组织很快反应，导致肺功能减弱和组织损伤。对那些患有气喘病、肺气肿和慢性支气管炎的人来说，臭氧的危害更为明显。

 参考文献

安俊琳，2007. 北京大气臭氧浓度变化特征及其形成机制研究 [D]. 南京：南京信息工程大学.

郭彦军，2008. 机动车排放物 VOCs 对光化学臭氧生成的影响研究 [D]. 西安：长安大学.

刘晓环，2010. 我国典型地区大气污染特征的数值模拟 [D]. 济南：山东大学.

叶芳，安俊琳，严文莲，等，2011. 北京近地面 O_3 浓度的影响因素分析 [C]//中国气象学会. 第 28 届中国气象学会年会论文集.

宗雪梅，王庚辰，陈洪滨，等，2007. 北京地区边界层大气臭氧浓度变化特征分析 [J]. 环境科学，28（11）：2616-2619.

Chaxel E，Chollet J-P，2009. Ozone production from Grenoble city during the August 2003 heat wave [J]. Atmospheric Environment，(43)：4784-4792.

Pascala M，Wagner V，2012. Ozone and short-term mortality in nine French cities：Influence of temperature and season [J]. Atmospheric Environment，(62)：566-572.

Wang X S，Zhang Y H，Hu Y T，et al，2011. Decoupled direct sensitivity analysis of regional ozone pollution over the Pearl River Delta during the PRIDE-PRD2004 campaign [J]. Atmospheric Environment，(45)：4941-4949.

Wang Y H，Hu B，Tang G Q，2013. Characteristics of ozone and its precursors in Northern China：A comparative study of three sites [J]. Atmospheric Research，(132-133)：450-459.

Xu J，Zhang X L，Xu X F，2011. Measurement of surface ozone and its precursors in urban and rural sites in Beijing [J]. Procedia Earth and Planetary Science，(2)：255-261.

Xu J，2012. Aerosol effects on ozone concentrations in Beijing：A model sensitivity study [J]. Environmental Sciences，24 (4)：645-656.

Zhang Y N，Xiang Y R，Chan C Y，et al，2011. Procuring the regional urbanization and industrialization effect on ozone pollution in Pearl River Delta of Guangdong，China ［J］. Atmospheric Environment，(45)：4898-4906.

Zheng J，Zhang L，Che W，et al，2009. A highly resolved temporal and spatial air pollutant emission inventory for the Pearl River Delta region，China and its uncertainty assessment ［J］. Atmospheric Environment，43 (32)：5112-5122.

烈日灼心更灼身

《红楼梦》第十六回，清虚观打醮时是五月初一，天气已见炎热。虽贾府中的主子们俱在清虚观内的楼上就座，比较凉快，但是黛玉还是中了暑，回房休息，并且吃了"香薷饮"。

这是著名的"清虚观打醮"事件，描写了黛玉的保护伞贾母如何斗破王氏集团。黛玉的中暑成了事件的导火索之一。贾母的诸多心思，王夫人的高明手段，红学的诸多流派竞相绽放，甚至有人分析频频出现的"香薷饮"为何物。

这里暂且不表，还是主要来看一下让黛玉频频中暑的高温天气。

炎炎夏日，烈日灼心！高温天气让人们烦闷异常，心脏病、高血压、急性肠胃炎的患者陡然增加，许多医院的就诊率居高不下。并且近年来高温热浪天气频繁出现，高温带来的灾害也日益严重。

 ## 话及至此，何为高温

我国一般把日最高气温达到或超过 35 ℃时称为高温，连续数天（3 天以上）的高温天气过程称之为高温热浪（或称之为高温酷暑）。高温也是一种较常见的气象灾害，特别是高温热浪，由于高温持续时间较长，会引起人、动物以及植物不能适应并且产生不利影响。

 ## 知己知彼，高温的"底细"

由于人体对冷热的感觉不仅取决于气温，还与空气湿度、风速、太阳热辐射等有关。因此，不同气象条件下的高温天气，也有其相应的特征。应对高温的战争，还需要知己知彼，才能百战不殆，通常有干热型和闷热型两种类型。

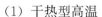

（1）干热型高温

气温极高、太阳辐射强而且空气湿度小的高温天气，被称为干热型高温。在夏季，我国北方地区如新疆、甘肃、宁夏、内蒙古、北京、天津、河北等地经常出现。

（2）闷热型高温

由于夏季水汽丰富，空气湿度大，在相对而言气温并不太高时，人们会感觉到闷热，就像在蒸笼中，此类天气被称之为闷热型高温。由于出现这种天气时人感觉像在桑拿浴室里蒸桑拿一样，所以又称"桑拿天"。在我国沿海及长江中下游，以及华南等地经常出现。

 何时要吃"香薷饮"

常年来看，我国南北方高温集中的时间并不一致。北京、天津、河北、山东、河南、陕西等北方省（直辖市）通常6—7月高温最多，而重庆、湖南、江西、浙江、福建、江苏、安徽南方一带的高温，则主要出现在7—8月，对应省会城市这两月的高温天数之和，能占全年的80％以上。

在每年的高温争霸赛中，江南城市下半年发力反扑便成为常见的戏码。华北城市领先江南城市的状况，即将在7月和8月被逆转。以石家庄和杭州为例，通常位于华北平原的石家庄，7月和8月是一年中降水最丰沛的时段，因此高温也将随之减少。而此时，杭州则刚刚告别梅雨季，高温迅猛发力，要不是偶有台风救驾，给点雨降降温，那烧烤加蒸煮模式随你自选，热死没商量。通常8月的高温，南北方开始分化。南方地区，8月依然火热，以重庆、广州为代表，8月为一年中高温日数最多的月份。相比之下，北方地区一般立秋一过，高温天气就会明显减少。

有研究表明，气温24 ℃，相对湿度70％，风速2米/秒，是夏季人体最舒服的小气候条件（叶金印等，1998）。高温热浪能够造成严重的健康事件，甚至致人死亡。早在1743年，北京热浪造成近11 000人死亡。20世纪90年代以来，夏季高温酷热天气频发。印度继1998年2500余人在热浪中丧生后，2002年又造成1200人死亡；2004—2006年，我国广州和西南地区、南非及欧美又遭受热浪袭击，造成大量人员死亡。一般初夏发生的热浪及热浪前几日更易造成死亡率增加，中高纬度地区更明显，这可能与人体对热浪的适应性有关。持续时间长、强度大的热浪危害也越大，危害程度不仅与个体心理、身体素质有关，也与环境条件联系：一般经济条件差、居住条件差、独居的人风险大，且城市热岛会加重热浪的影响，使城市及人口稠密地区更易受影响，夜间尤其明显（田颖等，2013）。

 中暑的主要症状

先兆中暑。高温环境下出现大汗、口渴、无力、头晕、眼花、耳鸣、恶心、心悸、注意力不集中、四肢发麻等，体温不超过 38 ℃。

轻度中暑。症状加重，体温在 38 ℃以上，面色潮红或苍白，大汗，皮肤湿冷，脉搏细弱，心率快，血压下降等，有呼吸及循环衰竭的症状及体征。

重度中暑。具体表现为：一是中暑高热，体温调节中枢功能失调，散热困难，体内积热过多所致。开始有先兆中暑症状，以后出现头痛、不安、嗜睡甚至昏迷、面色潮红、皮肤干热、血压下降、呼吸急促、心率快，体温在 40 ℃以上。二是中暑衰竭，由于大量出汗发生水及盐类丢失，引起血容量不足，表现为面色苍白、皮肤湿冷、脉搏细弱、血压降低、呼吸快而浅、神志不清、腋温低、肛温在 38.5 ℃左右。三是中暑痉挛，大量出汗后只饮入大量的水，而未补充食盐，导致血液中钠及钾离子降低，患者口渴、尿少、肌肉痉挛及疼痛，体温正常。四是日射病，因过强阳光照射头部，引起颅内温度升高（可达 41～42 ℃），出现脑及脑膜水肿、充血，故发生剧烈的头痛、头晕、恶心、呕吐、耳鸣、眼花、烦躁不安、意识障碍，严重者发生抽搐昏迷。

 "高温综合征"

（1）热射病：也就是通常说的中暑症。由于盛夏气温过高，人体散热出现困难，体温调节受到限制，热量积蓄在体内，从而引发全身发热、头晕、口渴、恶心等中暑症状。此外，高温导致人体盐分过多流失，水盐代谢平衡失调，使得血液循环发生障碍，出现肌肉痉挛、尿量减少、脉搏加快等"热痉挛"症。对于轻度的中暑病人，首先要让患者脱离高温环境，其次让患者喝一些盐开水，如有清凉药品也应尽早使用；而对于严重的中暑患者，当务之急要送医院抢救。

（2）热昏厥：此类患者多半不适应高温环境，常因在高温下体位改变站立过久或从事体力活动时，发生头晕、眼花、恶心等症，严重者可猝然昏倒，不省人事，面色苍白，冷汗淋漓，血压有轻度下降，或伴有体温升高。发现此类

患者，应立刻将其转移到阴凉通风处，解开衣扣，饮含盐饮料或对症药品，若仍不见效，应立即送医院救治。

（3）无汗性热衰竭：此病症易发生于高温环境里长时间作业的人，其病症过程常常表现为大量出汗后，突然出汗明显减少，甚至无汗，随后就出现体软无力、多尿等低钾征象；也可出现头痛、头晕、心悸、呼吸加速等症状。患者应多服橘子水、浓茶水等高钾饮料或适量的氯化钾，既减轻缺钾症状，又能防止病情转为热射病。

（4）日射病：盛夏强烈阳光的直射，热能通过皮肤和颅骨的传递，使得颅内组织过热，脑膜温度升高，造成脑膜和大脑充血、水肿等，由此引发头晕、头痛、耳鸣、眼花等症状，严重的还会出现昏迷、抽风等，这便是"日射病"。此类患者如果症状较轻，可通过在低温环境里休息或使用些清凉药品，一般可消除症状；如果症状较重，则要及时送医院抢救，否则会危及生命。

（5）高温焦虑症（情绪中暑）：在高温笼罩下，人们特别容易疲劳、焦躁、发脾气、失眠、情绪波动等。科学证明，人的情绪与外界环境有密切联系，当遇到持续高温天气和外界大环境变化时，人体这一小环境受到影响也会发生变化。当气温超过 35 ℃、日照超过 12 小时、湿度高于 80％时，气象条件对人体下丘脑的情绪调节中枢的影响就明显增强，人容易情绪失控，频繁发生摩擦或争执等现象。专家指出，这是因为在炎热的夏季，人的睡眠和饮食量有所减少，加上出汗增多，使人体内的电解质代谢出现障碍，影响到人的大脑神经活动，从而产生情绪、心境、行为方面的异常。预防高温焦虑症有以下几个措施：一要"静心"养生，保持平静；二要保证睡眠；三要调剂好饮食，多食清淡食品多饮水。

预防"高温综合征"，首先，要合理安排劳动时间，室外作业要抓住早晨的凉爽时段，避免在烈日下长时间劳作。其次，要做好劳动保护工作，露天作业要戴宽檐帽，防止太阳直射头部，同时要着长袖衫和长裤，以防紫外线照射；高温作业者多喝盐开水、茶水和其他含盐饮料，及时补充体内水分和盐分的消耗；同时应随身携带防暑药品。

6　炎炎夏日，三类人要重点防护

高温天气，老年人、婴幼儿、孕产妇，需要重点防护。对于老年人来说，夏季天气炎热，出汗多，失水较多，导致血液黏稠，容易引发脑栓塞、心肌梗等心脑血管疾病。一部分老年高血压病人由于天气热影响睡眠，血压波动大，引起血压升高。一部分人家里开空调，空气不流通，室内外温差较大，引起呼吸道感染。老年人抵抗力弱，容易发生腹泻，而且还可能出现低血糖、心脑血管意外等并发症，严重危害健康。因此，老年人饮食量以七至八成饱为宜，或少食多餐；尽量不吃隔夜菜、凉拌菜；不要长期或随意服用抗生素类药物；注意休息，避免受凉、劳累，预防感冒和中暑。

婴幼儿由于身体的免疫功能尚未发育成熟，肠道抵抗力较弱，对病菌敏感。母乳喂养应注意清洁；添加辅食应循序渐进，由少到多，由半流食逐渐过渡到固体食物；脂肪类不易消化的食物不应过早添加；饮食有规律，喂食过多、过少、不规律，都可导致消化系统紊乱而出现腹泻；食品应新鲜、清洁，食具应消毒；根据天气变化随时增减衣物，避免腹部着凉。

对于孕妇来说，要注意预防腹泻。应进食易消化的食物，避免生、冷、刺激性食物；注意饮食卫生，养成良好卫生习惯，饭前便后洗手，做好食品、餐具等经常性消毒工作；预防呼吸道、尿道等肠外感染，尽量避免使用抗生素，特别是长期使用抗生素，以免引起肠道菌群失调和诱发腹泻；保持生活环境卫生和舒适，保持室内卫生，定时通风；避免过热、受寒，适当进行户外运动和体力劳动（边际，2012）。

高温来袭，健康保卫战，你把握住了吗？

 参考文献

边际，2012. 高温天的人体保健 ［J］. 上海质量，（8）：74-75.

田颖，张书余，罗斌，等，2013. 热浪对人体健康影响的研究进展 ［J］. 气象科技进展，（2）：49-53.

叶金印，田朝辉，1998. 城市发展对居民夏季舒适度影响的分析 ［J］. 浙江气象，（1）：40-43.

男士送花，为何你只能忍痛拒绝

在春暖花开的季节，

你会不会经常被鼻痒、流涕、打喷嚏困扰？

在赏花的时候，

你会不会出现咳嗽、胸闷、气促等症状？

对于花粉过敏的人来说，春暖花开时美丽的花朵就像带刺的玫瑰，因为花粉传播很广，出去游玩不经意间就会被花粉袭中，花粉过敏者就会出现各种症状。

男士送花，为何你只能忍痛拒绝？

 危害

我们为什么要研究天气变化与花粉过敏的关系，最重要的原因就是——身边受到花粉过敏困扰的朋友、家人太多了……

首先来了解花粉过敏症发生的原因是什么？

在我们的鼻黏膜、胃肠黏膜及皮肤组织中，存在着两类含有过敏介质的细胞：肥大细胞和嗜碱性粒细胞。在花粉的刺激下，人体会产生自由基，当这些自由基氧化后不能被及时地清除，就会导致细胞不稳定，若遇上过敏源，那抗原与抗体就会相互"争斗"——发生特异反应，进而过敏介质会被释放，于是引发过敏反应。现代都市大多种有花粉类植物，加上空气污染，花粉成为不少人的健康隐患。

不过也有一部分人认为花粉过敏是小事，并不会对身体产生什么恶劣影响，这种掉以轻心的思想是大错特错的。这里要告诉大家的是，花粉过敏不采取及时治疗，长期拖延不治，很容易恶化为慢性哮喘、鼻咽炎、结膜炎、肺炎等呼吸系统疾病，严重的导致心力衰竭、肝肾损害等致命性疾病，尤其是患花粉过敏的中老年人，出门和气候变化的时候，由于他们的细胞免疫力本身就相对低下，一旦过敏爆发，咳喘剧烈，血流加速，血压突然升高，很容易发生休克和脑猝死等后果，绝不是危言耸听，目前已经有无数因咳喘难止而突然毙命的例子。所以，不要以为花粉过敏是小事，仅其不断发作、流涕、鼻塞、奇痒难止等症状，就已经严重影响到人们的生活与工作了！！！

花粉过敏是由花粉引发的过敏性疾病，它能诱发花粉症，花粉症包括哮喘、过敏性皮炎、荨麻疹等病症（张贵生等，2007），其发病不受性别、年龄限制，与人的体质因素（遗传因素）和环境因素密切相关，所谓知己知彼百战百胜，我们下面来了解一些关于花粉过敏与气象因素的知识以及防护、治疗措施。

绿地面积扩大惹的祸？

对于花粉过敏问题的研究在西方至少已有两百多年的历史了，我国从 20 世纪 50 年代开始，对花粉引起的哮喘和过敏性鼻炎等过敏性反应不断地深入研究。过去我国是一个低花粉症的国家，并主要以蒿草引发为主（张晓燕等，2007），但由于当前绿化面积的扩大以及外来植物的引进和入侵，使空气中致敏花粉的种类和数量出现增加，花粉过敏性疾病的患病率也呈上升趋势，但是绿化面积的增加对于我们公众是有利的事，我们不能因为其加大了花粉过敏的患病概率而取缔这样的政策。

近 20 年患花粉症的人增加了 10 倍左右！？

近些年关于物种入侵的消息几乎是负面的，而在植物方面的入侵也是我国近 20 年花粉过敏患病概率增加的重要原因之一。原产于北美的致敏性很高的豚草自 20 世纪 70 年代中期传入我国后，现在华北、东北以及长江流域等大部分省市均发现有野生，一些地区甚至蔓延成灾。花粉症成为国内外研究的热点之一（张贵生等，2007）。现在我国城市居民发病率为 0.9％左右，流行区可达 5％左右。近 20 年患花粉症的人增加了 10 倍左右（张晓燕等，2007）。

花粉过敏与天气变化

影响空气中花粉含量的因素很多，大体上可分为四大类：地理因素、气候因素、植被因素、人为因素。

对某一地区而言，地理因素是固定的，植被因素和人为因素的变化也相对稳定，而气候因素却是千差万别的，因而气候变化是影响某一地区花粉浓度多少的主要因素。关于花粉浓度与气象要素的关系，近年来气象工作者做了大量的分析研究，也得到了许多有价值的结论（段丽瑶等，2008）。

2.1　花粉过敏与季节变化

首先来了解空气中花粉的浓度与季节变化的关系。

在国内，一年中花粉浓度通常存在两个高峰期，其迟、早与气候冷暖关系密切，冬春季气候偏暖，春季花粉高峰期来得早，最早可以出现在 3 月下旬；冬春季气候偏冷，春季花粉高峰期来得晚，可推迟到 4 月中旬末。具体的高峰时间也与各地花粉种类和气候背景有关。

在一年中花粉浓度均存在两个高峰期，但是出现的时间可能会有所不同，像是北京、上海、南京全年花粉浓度均出现两个峰值，但是出现时间不同，这与各地花粉种类不同有关。

假如你是一名花粉过敏患者，在北京你可能是这样的：

北京

4 月：啊 嚏……

8—9 月：啊 嚏……啊 嚏……啊 嚏……嚏……

一年中逐月花粉含量呈现两个高峰，第一高峰在 4 月，此时均为树木花粉；第二高峰在 8—9 月，这一时期以杂草花粉为主。全年花粉含量变化的基本趋势是：夏末、秋初花粉含量最高，春季次高。与花粉过敏存在着相似的规律，亦与花粉过敏发病期相符（何海娟等，2001）。

假如你在上海，你可能会是这样的：

上海

4—5 月：啊 嚏……嚏……

9—10 月：啊 嚏……嚏……

上海中心城区全年花粉分布有明显的种属差异，春季以树木类花粉为主，秋季以莠草类及禾本科花粉为主（计焱焱，2001）。孙丽英等（2001）的研究显示，上海市中心城区牧草类禾本科花粉播散有两个明显的高峰期，分别为 4—5 月和 9—10 月。

而假如你在南京，你也可能是这样的：

南京

4—5 月：啊 嚏……嚏……

8—10 月：啊 嚏……

南京的花粉浓度呈双峰型分布，空气中花粉的最高峰在 4—5 月，在此期间，空气中花粉浓度特别高，分布特别明显，以悬铃木科、枫杨和构属等木本植物为主；另外8—10月有一个小波动，主要体现为草本类，如葎草、蒿类和豚草等。

在其他一些地区，花粉浓度在一年中存在两个峰值，第一个峰值在春季，第二个峰值在夏末秋初左右，花粉是由该地区占优势的植物开花传播时间决定的，每一种植物随气候的变化规律是不同的，即使是同一种植物，在不同的气候条件下，它的物候现象（开花、传粉等）也不尽相同。

2.2 重头戏：气象条件对空气中花粉浓度的影响

花粉浓度的变化，受多种因素的影响。就气象条件来说，主要有日平均气温、降水量、相对湿度和风等要素。这些气象要素在不同时期所起的主导作用亦可不同。由于引起过敏的花粉绝大部分是风媒花粉，也就是说其在空气中的传播和浓度分布状况在很大程度上与风向和风速存在着最直接的关系。

有研究显示，大多数花粉与气温呈正相关，也就是气温高则花粉浓度高；与相对湿度呈负相关，也就是相对湿度高则花粉浓度低；与降水量呈负相关；与风速呈正相关（刘艳等，2014）。

（1）气温对空气中花粉浓度的影响

气温是气象因素中最重要的要素，不仅影响植物花粉季节的开始日期和持续时间，而且还直接影响其飘散数量。但在夏季，虽然温度很高，花粉数量却很少，这可能不是气象因素影响的，而是由于夏季大多数花期已结束，所以重点讨论春季和夏、秋季节气温对空气中花粉浓度的影响（刘艳等，2014）。

春季的花粉含量与平均气温关系密切（何海娟等，2001），春季气温回升快，尤以4月回升速率最大，当月平均气温从4℃上升到15℃时，花粉含量呈增加趋势；当月平均气温达15℃以后，随着气温的继续升高，花粉含量呈下降趋势，气温升到19～20℃时，花粉含量降至年内低点，此时树木花粉授粉期已过，雨季即将开始。

夏末、秋初（立秋之后至国庆节）正值大气环流季节性转换，高温高湿天气刚刚结束，空气中水汽含量逐渐减少，气温开始下降。此时，杂草类花粉步入盛期。平均气温达到24℃，花粉数量将达到一个峰值；之后花粉含量逐渐降低，平均气温也随之降至17℃（何海娟等，2001）。

这样的情况在多个城市中被证实（张军等，2009），即空气中花粉浓度与平均气温呈正相关，特别是春季和夏季、秋季正相关性最强。

（2）降水对空气中花粉浓度的影响

降水也会影响空气中花粉的浓度。降水发生时或者降水发生后，空气中花粉浓度一般都会出现下降，类似的情况较多。雨天或者雨后空气中花粉浓度下降，一方面雨水也会冲洗掉空气中的花粉，造成空气中花粉浓度下降；另一方面，降水往往会导致气温下降，影响植物开花的时间，同时使得空气湿度增加，花粉在潮湿的空气中，很容易吸收水分，自身重量增加，花粉的传播距离受到影响（张军等，2009）。

（3）风力、风速对空气中花粉浓度的影响

风速对花粉浓度也具有一定的影响。当风速小于1米/秒时，花粉飘散受限制，花粉浓度小；风速在1.5～3.0米/秒时，气流加速，有利于花粉远扬，花粉浓度较大，这些都很容易理解。但风速过大（超过4米/秒时）或持续时间过久，花粉不易黏附到采样载玻片上，加上花粉的飘散，空气中花粉浓度值反而较小。风向对空气中花粉浓度的影响则与地理位置有关，当上风向有花粉源时，所在地点花粉浓度会增高（张军等，2009）。

3　花粉过敏的治疗、防护

3.1　最有效的治疗方法——脱敏治疗

脱敏疗法是治疗花粉过敏最彻底的方法，只有改善过敏体质，才能彻底脱敏，不再出现花粉过敏症状，脱敏疗法的原理是将患者敏感的花粉提取液，从少到多逐渐增加剂量注入患者体内（脱敏疗法最常用且效果较好者为皮下注射法），使患者体内产生免疫学变化，有利于提高患者对该花粉的免疫力。

3.2　不要过于紧张，但要适当防护

不是所有的花粉都能引起人体过敏，只有含植物蛋白高的花粉才会致敏。而且由于花粉所含蛋白质结构不同，人体对花粉过敏也具有一定的特异性。有的人对春季花粉如桦属柳属和松、柏类等树木花粉过敏，而有的人是对秋季花粉如蒿属、藜科、禾本科植物花粉过敏；江南的人会对悬铃木、杨树、女贞等植物花粉过敏；广东常见的是桉树、梧桐、红花羊蹄甲、木麻黄等过敏；广西对柳、蕨类孢子等花粉过敏。此外，这些年从美国流传到我国的豚草也已成为引发人体过敏的主要花粉。

花粉过敏有明显的季节性，也与天气变化密切相关。如有风尤其是大风天气的时候往往加重，下雨天则减轻。有过敏体质的人，或对花粉有过敏史的人，白天尽可能少待在室外，尤其是每天花粉指数高的时间，例如晴天时的傍晚。要做户外活动及各种运动项目时，尽可能选在花粉指数量低的时候，像是清晨、深夜，或是一场阵雨之后；如果你在花粉指数很高的时候外出，回来后记得换干净的衣服；白天要关上门窗，以防止花粉飞入。

　　避开过敏季节。可能的话，尽可能将假期安排在你的适合季节，趁机避开过敏因子。不妨考虑到海边度假，因为海风会使空气中几乎没有花粉，也可以考虑选择到一个没有诱发因子会引起你过敏的国家度假。若未进行或来不及进行脱敏治疗的敏感人群，最好常备一些抗过敏药物，以便在发生过敏反应时及时服用，以减轻其症状和控制病情（张晓燕等，2007）。

3.3　普通口罩预防气传花粉效果

　　当然，在生活中，可能有人会问我们戴口罩可不可以预防花粉过敏呢？

　　事实上口罩有良好的干预花粉作用，建议花粉症患者在户外活动时应积极戴口罩进行预防。但使用时要考虑到人体的呼吸功能影响的因素。由于人体的吸气作用，有助于花粉通过口罩，导致人体花粉的吸入量大于实验量，究竟这种吸入因素对人体有无影响，有多大影响，结论有待于临床应用观察（徐业新，2005）。

3.4　最轻松的治疗方法——食疗

　　据日本东京每日新闻网 2013 年 12 月 3 日报道，日本筑波大学的学者近日发现，定期食用香蕉能改善过敏症状，特别是花粉过敏（郑庆伟，2014）。

　　筑波大学医学医疗系谷中昭典教授领导的研究小组将患有中轻度杉树花粉过敏症的 52 名成年患者分为两组，一组在 8 周内每天吃 2 根香蕉，另一组在同一时期内不吃香蕉。两组均在这段时间内进行了 3 次检查。结果发现，食用香蕉的参与者过敏反应明显得到改善。

　　事实上，香蕉润肠通便，大便通畅能有效地将体内积聚的致敏物质及时排出体外。香蕉皮中还含有可抑制真菌和细菌的有效成分——蕉皮素，可以用它来治疗由真菌和细菌感染所造成的皮肤瘙痒症或者因为皮肤干燥诱发的老年性皮肤瘙痒。

　　除此之外，像是食用苹果、红枣等均有助于缓解花粉过敏，下面具体来看：

酸奶：日本公布的一项研究显示，每天喝点酸奶，在一定程度上可以缓解花粉过敏症，建议患有花粉过敏症的人最好每天喝一些酸奶；

银耳：银耳富有天然特性胶质，加上它的滋阴效果，多食银耳也可使皮肤嫩、富有弹性，可以改善秋燥导致皮肤的干燥、过敏、瘙痒；

红枣：红枣中含有大量的抗过敏物质——环磷酸腺苷，可阻止面部皮肤过敏，避免皮肤瘙痒现象的发生；

苹果：研究证实，过敏者摄取一定量的苹果胶，可使血液中致过敏的组织胺浓度下降，从而起到预防过敏症的效果，所以每天吃一两个苹果，对预防过敏性瘙痒有一定效果；

浓茶：茶叶中含有丰富的微量元素锰，锰积极参与机体的物质代谢，从而促进人体对蛋白质的吸收和利用，协助分解对皮肤有害的物质的排泄，减少不良刺激。

参考文献

段丽瑶，白玉荣，吴振铃，2008. 天津地区气象要素与花粉浓度的关系 [J]. 城市环境与城市生态，(4)：37-39.

何海娟，张德山，乔秉善，2001. 北京城区空气中花粉含量与气象要素的关系初探 [J]. 中华微生物学和免疫学杂志，21（增刊）：36-38.

计焱焱，2001. 上海中心城区气传花粉调查 [J]. 中华微生物学和免疫学杂志，21（增刊）：49-50.

刘艳，孙磊，路永红，等，2014. 成都市城区气传花粉飘散与气象要素的相关性研究 [J]. 实用医院临床杂志，11（4）：235-237.

徐业新，刘少华，陈森林，等，2005. 普通口罩预防气传花粉效果观察 [J]. 中国热带医学，5（9）：1973-1974.

张贵生，张安学，李小玲，等，2007. 20 年前后西安市城区气传致敏花粉种类和含量的对比分析 [J]. 中华临床免疫和变态反应杂志，1（2）：167-171.

张军，徐新，张增信，等，2009. 南京市空气中花粉特征及其与气象条件关系 [J]. 气象与环境学报，25（5）：67-71.

张晓燕，刘俊，2007. 花粉过敏与城市绿化 [J]. 扬州教育学院学报，25（3）：42-45.

郑庆伟，2014. 日本：学者发现吃香蕉可防花粉过敏 [J]. 中国果业信息，(7)：76-76.

年年都感冒，光吃药不管用

对于感冒，我们可能都已经比较了解了，毕竟感冒是最普通、最防不胜防的常见病之一，感觉嘛可能就像时下最流行的暴走漫画里那样。对于一个身体健康的人来说，可能每年也会感冒一次，甚至经常感冒的人已经可以做到久病能医！但是下面我们还是来简单了解一下到底感冒是什么。

人类的进化及文明的发展过程都与气候的变迁有关，不管世界物质文明发展到何种程度，人类也不能脱离赖以生存的大地、大气、水及动植物环境。一些人体易患疾病就与季节密切相关，例如气象要素的变化对脑血管病有显著影响，隆冬、初春发病率最高，夏季发病率低，高峰和低谷分别出现在 1 月和 7 月。

感冒是一种常见病，一年四季均有发生，但主要集中在春、秋两季。人体受凉之所以诱发感冒，是因为寒冷降低了呼吸道的抵抗力。受寒后，鼻腔局部血管收缩，一些抵抗病毒的免疫物质，特别是鼻腔内局部分泌的免疫球蛋白 A，在降温后明显减少，为病毒入侵打开了大门，进而引起感冒。

感冒有狭义和广义之分，狭义上指普通感冒，是一种轻微的上呼吸道（鼻及喉部）病毒性感染；广义上还包括流行性感冒，一般比普通感冒更严重，额外的症状包括发热、冷颤及肌肉酸痛，全身性症状较明显。

普通感冒又称急性鼻咽炎，简称感冒，俗称"伤风"，是急性上呼吸道病毒感染中最常见的病种，发生率高，影响人群面广、量大，经济损失颇巨，且可以引起多种并发症。

一般感冒的潜伏期为 1～3 天不等，随病毒而异，肠道病毒最短，腺病毒和呼吸道合胞病毒较长。起病突然，大多先有鼻和喉部灼热感，随后出现鼻塞、打喷嚏、流涕、全身不适和肌肉酸痛。症状在 48 小时达高峰（病毒脱壳），急性鼻咽炎通常不发热或仅有低热，尤其是鼻病毒或冠状病毒感染时，可能有眼结膜充血、流泪、畏光、眼睑肿胀、咽喉黏膜水肿等症状。咽喉和气管炎出现

与否因人和病毒而异。鼻腔分泌物初始为大量水样清涕，以后变为黏液性或脓性。黏脓性分泌物不一定表示继发细菌感染。咳嗽通常不剧烈，持续时间可长达两周。脓性痰或严重的下呼吸道症状提示鼻病毒以外的病毒合并或继发细菌性感染。儿童感冒时其症状多较成人为重，常有下呼吸道症状和消化道症状（呕吐、腹泻等）。

感冒是危害人民健康的一种常见病、多发病，它的发生和发展与气象因素有一定关系。敬爱的周总理生前曾指示我们，要从气候、烟雾等方面进行研究，做好对这类病的防治工作。

 哪个季节最容易感冒

一般来说，感冒多发生在冬半年，并且一般一年中会有两段时间发生上呼吸道感染人数最为集中，其中每年12月至翌年2月，会达到一年中上呼吸道感染发病的高峰，另一个发病高峰在夏季，每年7—8月（周忠玉，2013）。

在国内学者研究中，有大量类似的结论，像是对于格尔木地区来说，感冒人数在一年中会有两个高峰，并且研究显示冬、春、秋季发病人数明显偏多；在天津，感冒流行高峰基本上都出现在两个年度的交界处，也就是每年12月至翌年2月。但也不排除某一年出现感冒最集中的时间提前很多，但总体来说，大部分发病率高的时间段基本都处于稳定的变化趋势（李媛，2011）。

一般来说，造成感冒的高峰天气主要有两种情况，第一种是冷空气入侵造成人们受凉，导致感冒爆发，特别是在秋天进入冬天后第一次降温，在突然降温的1～2天内感冒患者突增，毕竟这个时候人们无论从心理还是生理上都还没有做好防寒保暖的准备；第二种情况是冷空气通过后，冷高压控制，天空晴朗，昼夜温差大，这种时候，中午比较热，可能穿个短袖就行了，但是早晚可能气温较低，也使人易患感冒。

感冒的发病高峰期经常出现在秋末、冬初，隆冬时由于人们不管是心理上还是生理上对寒冷天气都有了准备，并且这时候气温波动不大，发病反而减少，而到翌年3月又开始出现另一个发病高峰，只是发病数较前一个高峰要低一些。

 感冒与天气形势有什么关系

发病高峰与大气环流的季节变化有密切关系，在秋末冬初和冬末春初的过渡季节，大气环流与西风带都有较大的变化和调整，天气形势变化比较急剧，隆冬时节虽然从冷空气的源地供应和西风带的强度及位置来说都有利于冷空气活动，但形势的变化都是平均相对稳定的。

冬季，我国大部地区受极地大陆气团影响，由于其速度及停留时间不同，对于北京来说，北京位于燕山山脉南侧，冷空气路径多从西北往东南向移动，所以从山地到平原，山坡落差相对较大的地方常可看到冷锋后的冷气团因沿坡下降而绝热增温的现象，因此对发病的影响也就有了强弱之分。早期研究显示，凡锋面过境前一日或后一日连续出现感冒发病高峰日。

寒冷的侵袭降低了上呼吸道的防御功能，寒冷的环境下，血中红细胞沉降率下降，血红蛋白、白蛋白及球蛋白含量下降，从而使人体免疫功能降低，导致生物性致病因子及非生物致病因子易于侵入机体而致病。而在空气干燥时，鼻黏膜容易发生细小的皲裂，病毒就更易于侵入（周忠玉，2013；贾新华，2001；Tadaoki Morimoto et al，2009；Addey et al，2012；Aniarillo et al，2012；Bertold et al，2012）。

较冷、干燥、升压过程、气压日变化量较大、风速较大的晴天的天气条件和高压、较冷、干燥、昼夜温差大的晴天的天气条件下患病人数最多，这两种天气类型的共同特点为较冷、相对湿度较小且天气晴朗。

患病人数次多的，是在最高气温较高、干燥、降压升温过程、昼夜温差较大、干燥和有风的情况下。由此可以看出，在冬季除个别天气外相对湿度小且寒冷的天气条件下就诊人数最多，其次为干燥类型的天气，再次为寒冷天气，当天气条件比较湿润和温暖时就诊人数要相对较少。

 3 感冒与气象因素有什么关系

研究对流行感冒流行特征及气象因素的关系时提出：流感发病情况与最高气温、最低气温、平均气温、平均相对湿度、最小相对湿度、平均气压等气象要素密切相关。最高气温、最低气温、平均气温和平均气压，均与感冒病人在所有患者中所占比例有明显同期相关。

同时，气象要素与流感存在明显的时滞关系，气象因子可超前1～3周对感冒病人在所有患者中所占比例产生影响。平均气压、平均相对湿度、最小相对湿度可超前3周对感冒病人在所有患者中所占比例产生影响；最高气温、最低气温、平均气温可超前1～2周对其产生影响（李媛，2011）。

气象要素中风速的增加会加速空气流通，降水对空气有净化作用，它们均可使细菌和病毒在单位体积空气中的浓度减小而不利于感冒发生，但风速和降水的增加又会引起气温的降低，基于以上两者互为矛盾的作用结果可见，感冒发生与风速、降水的关系不明显。

3.1　气温

当气温变化时，人体通过温热感受器感知外界的变化，并将这种变化传入丘脑，使血管收缩或扩张来保持体温的恒定。但是不同体质的人对外界环境条件变化的适应能力也不同。当气温骤然变化时，体质较差的人往往不能迅速并协调地做出调节体温的反应，从而破坏了体温的平衡，而使器官的正常生理活动受阻，引起病变；在干燥的冬季，易使鼻黏膜发生细小的皲裂，而使病毒易于入侵人体，当气温下降时，鼻腔局部温度降低到 32 ℃左右，这个温度则适宜于细菌、病毒的繁殖和生长；同时，当气温下降鼻腔血管在收缩时，鼻腔内免疫球蛋白的分泌减少，而使人体抵抗力降低，这也为细菌、病毒的繁殖、生长和入侵人体提供了有利条件。所以不论是从统计学的角度，还是从医学理论分析，都可得出气温的变化是诱发感冒最主要、最直接的外界环境条件（胡毅，1989）。

流感高峰多发生在 5～10 ℃，最高可达 20％以上，20～30 ℃虽然有较高的流感发生率，但比例基本在 15％以下。由此可见，低温是流感高峰出现的一个条件（李媛，2011）。

除了每年流感季的高峰值出现在低温天气条件下，在非流感季小高峰的出现基本都是处于温度出现较大幅度变化的情况之下。可见气温的大幅度变化是非流感季节感冒出现的原因之一（李媛，2011），也是流行性感冒发生的重要原因之一。

3.2　相对湿度

有研究显示，适当的湿度也是流感高峰出现的必要条件，相对湿度为 60％～80％时感冒的发病率较高（李媛，2011）。

冬季干燥的空气容易夺走人体的水分，造成黏膜变干，其功能也开始减退，同时过于干燥的空气更易于细菌的滋生，因此感冒后不仅不容易痊愈，而且咽喉不适的症状也越发明显。感冒之后，鼻子不通气，人们就会用口呼吸，这让咽喉部的黏膜更加干燥，不适的症状也不容易恢复（中国新闻网，2012）。

相关研究表示，当室内湿度低于 20％时，室内可吸入颗粒物增多，容易使人患上感冒；而当空气湿度达到 45％～65％的时候，病菌的生存环境遭到破坏，不易进行传播。因此对于感冒病患者来说，保持在相对湿润的环境中，更利于疾病的恢复。

国外研究人员也发现，空气湿度能够解释流感的季节性成因，湿度可以控制感冒病毒感染人体正常细胞的能力，无论这些病毒是在液滴或者是附着在空气悬浮微粒中，病毒存活的最佳环境是湿度较低（例如冬季的室内）和湿度极高的环境。空气湿度影响了液体的成分——呼吸道液滴中盐和蛋白质的浓度，进而影响感冒病毒的存活率。

3.3　气压

气压的变化与冷暖空气活动有关，故对感冒发生有一定的影响。当平均气压为 1010～1020 百帕时，感冒发生概率高；而当平均气压为 1020～1040 百帕时，感冒概率出现高峰，存在流感流行的可能（李媛，2011）。

3.4　空气质量

在当前，雾、霾已经成为现在社会上的一个热点话题，而雾、霾会使感冒多发吗？这已经成为一个社会热点问题，答案是肯定的。用现代检测手段，可以了解到雾、霾中含有硫酸盐、铅、锰等在内的 20 多种对人体有害的细颗粒有毒物质。这些有毒颗粒，会引起急性上呼吸道感染（感冒）、急性气管支气管炎及肺炎、哮喘发作，诱发或加重慢性支气管炎等，这很容易理解。

中秋之后、春分之前的雾、霾，在中医典籍中，称为"秋瘴"，性属寒毒。即使雾和霾没有造成呼吸道疾病的即时发生，但对人体肺脏已经造成了损伤性的影响。进入冬季后，气候进一步变得寒冷干燥，导致肺阳过旺，肺阴不足，整个呼吸道的淋巴液供应吃紧，不能有效抵抗外在的病菌和病毒，就造成了感冒的高发（翟广宇等，2014）。

有研究显示，兰州空气质量与上感就诊人数之间的关系。就诊人数在空气质量为良和轻微污染时最多，但在中度以上污染均有上感病人就诊。上感的发病具有一定的滞后性，所以一般在严重的污染过后，天气转好后就诊人数增加（翟广宇等，2014）。

4　如何预防感冒

针对如何预防感冒，有很多很有效的常识。

避免诱因。避免受凉、淋雨、过度疲劳；避免与感冒患者接触，避免脏手接触口、眼、鼻。年老体弱易感者更应注意防护，上呼吸道感染流行时应戴口罩，避免在人多的公共场合出入。

增强体质。坚持适度有规律的户外运动，提高机体免疫力与耐寒能力是预防感冒的主要方法。

免疫调节药物和疫苗。对于经常、反复感冒以及老年免疫力低下的患者，可酌情应用免疫增强剂。目前除流感病毒外，尚没有针对其他病毒的疫苗。

当然，也有更让人很容易接受的食疗，多吃"红色食品"：指食品为红色、橙红色或棕红色的食品，如红辣椒、胡萝卜、南瓜、西红柿、洋葱、山楂、红苹果、红枣、沙棘、柿子等，这些食品的一个共同特点是含有丰富的β-胡萝卜素，可防治感冒。这是因为胡萝卜素具有捕捉人体内氧自由基、参与维生素 A 的合成等多种功能，还能增强人体巨噬细胞的活力，起到抗御感冒的作用。

另外，葱头水不太好喝，但对治疗顽固性感冒却有特殊效果；喝姜糖水也可预防感冒；醋熏蒸：每日早、晚用醋在室内熏蒸 1 次，每次 20 分钟，能祛除居室内的病毒。

 参考文献

胡毅，1989. 感冒与流感发生的气象条件分析 [J]. 成都信息工程学院学报，(3)：44-51.

贾新华，2003. 寒邪与气象因子相关性分析 [D]. 济南：山东中医药大学.

李媛，2011. 天津市流行感冒流行特征及与气象因素关系研究 [D]. 天津：天津师范大学.

翟广宇，王式功，董继元，等，2014. 兰州市上呼吸道疾病与气象条件和空气质量的关联规则分析 [J]. 兰州大学学报：自然科学版 (1)：66-70.

中国新闻网. 研究称流感高发与空气相对湿度有很大关联 [EB/OL]. （2012-12-12）[2016-10-26]. http：//news. xinhuanet. com/world/2012-12/12/c_124083516. htm.

周忠玉，2013. 北京地区上呼吸道感染急诊就诊人数与气象条件关系的研究 [D]. 甘肃：兰州大学.

Addey D，Shephard A，2012. Incidence，causes，severity and treatment of throat discomfort：a four-region online questionnaire survey [J]. Bmc Ear Nose & Throat Disorders，12 (1)：1-10.

Amarillo A C，Carreras H A，2012. The effect of airborne particles and weather conditions on pediatric respiratory infections in Cordoba，Argentine [J]. Environmental Pollution，170

（170）：217-221.

Bertold R，Mueller C A，Adrian S，2012. Environmental and non-infectious factors in the aetiology of pharyngitis（sore throat）［J］. Inflamm Res，61（10）：1041-1052.

Tadaoki Morimoto M D，Kuniyasu Okazaki M D，Kansei Komaki M D，et al，2009. Cold temperature and low humidity are associated with increased occurrence of respiratory tract infections［J］. Respiratory Medicine，103（3）：456-462.

沙尘，请放我大口呼吸

一年春天，晚唐边塞诗人李益过陕西破讷沙漠，当时黄沙漫天，他就此写下绝句《度破讷沙》："眼见风来沙旋移，经年不省草生时。莫言塞北无春到，总有春来何处知。"一个"旋"字，描述了当时我国西北风沙之猛烈，震撼人心，而这样的场景也让诗人萌生"经年不省草生时"的联想，意思是在这茫茫的沙碛上，看到草木生长的希望怕是很渺茫了吧。不过最后一句，即使是寸草不生，但春天的气息总归还是会来到……短短的四句诗，不但展现了诗人乐观豁达的思想境界，也揭示了我国西北地区在春末夏初沙尘多发的气候特点，实在是妙！

其实从古至今，沙尘天气都在北方的天气舞台上扮演着十分重要的角色，尤其是春秋两季，当我国北方受到强劲的冷空气影响时，北风呼啸席卷大量沙尘，从地面一直到数千米高空，黄沙漫漫，一路东袭南下，严重时能够席卷半个中国，甚至还会漂洋过海。

沙尘天气往往带来的不仅仅是"脏"，严重时甚至能够造成人员伤亡和重大的财产损失，1993 年 5 月 5 日，在新疆、甘肃、宁夏发生过一次强沙尘暴事件，导致 116 人死亡或失踪，264 人受伤，数万头牲畜损失，农作物受灾面积高达 33.7 万公顷，直接经济损失 5.4 亿元（李耀辉，2004）。另外，在 1998 年 4 月 15—21 日，发生了一场席卷中国干旱、半干旱和亚湿润地区的强沙尘暴，途经新疆、甘肃、宁夏、陕西、内蒙古、河北和山西西部，4 月 16 日飘浮在高空的尘土在京津和长江下游以北地区沉降，形成大面积浮尘天气。其中北京、济南等地因浮尘与降雨云系相遇，于是"泥雨"从天而降，宁夏银川因连续下沙子，飞机停飞，人们连呼吸都觉得困难（冯鑫媛等，2011）。

1　沙尘从何而来

我们知道当地面被大面积植物覆盖的地方是很难有沙尘肆虐的，除非这里的土地出现了荒漠化的现象。在中国 960 万平方千米的国土当中，荒漠化土地面积高达 264 万平方千米，相当于国土面积的 27.5％，在人类活动诸多的环境问题中，荒漠化是最为严重的灾难之一，而中国也是世界上荒漠化最严重的国家之一。

有关研究指出，影响我国的沙尘只有三分之一来自国内，其中新疆、内蒙古、西藏、甘肃、青海 5 省（自治区）占了绝大部分，而其余三分之二是紧邻我国北方的蒙古国提供的。光有沙源还不够，同样还需要北方的大风起到搬运工的作用，大风将吹离地表的沙尘粒子输送到高空形成浩浩荡荡的沙尘大军（赵婧等，2011）。

中央气象台对沙尘天气有着详细深入的研究和探索，根据影响程度和范围的不同来定义一次沙尘天气过程。沙尘天气过程分为四类：浮尘天气过程、扬沙天气过程、沙尘暴天气过程和强沙尘暴天气过程。

健康的影响

当遭遇沙尘天气的时候，空气里主要颗粒物包括可吸入颗粒物（PM_{10}）和细颗粒物（$PM_{2.5}$）。其中，PM_{10} 是城市空气污染的主要组成部分，比例高达 55％ 以上，沙尘天气每日平均 PM_{10} 高达 536.1 微克/米^3，约是非沙尘天气时的 3 倍。

由于 PM_{10} 粒径小、表面积大，因而其吸附性强，易成为空气中各种有毒物质的载体并被吸入肺部甚至转入血液中引起疾病。

沙尘天气对人体影响最直观的就是五官科伤害。在沙尘天气中，人的眼、鼻、喉、耳等器官和部位，与沙尘空气直接接触，最易产生刺激症状和过敏反应。如流鼻涕、流泪、咳嗽、咳痰等，以及气短、乏力、发热、盗汗等全身症状；沙尘进入眼睛可直接引起眼睛疼痛、流泪，如不及时清除沙尘，可能引起细菌性或病毒性眼病，严重的可以导致结膜炎等；如果沙尘颗粒进入耳朵还会引起外耳道炎症，影响听力（原会秀等，2006）。此外，沙尘天气也会造成眼睛发干、眼部异物感、流泪、畏光、嘴唇干燥、嘴唇干裂、皮肤干燥、皮肤过敏、皮肤感染等症状发生率明显升高。

沙尘天气对人体心血管系统有明显的影响，并且这种影响也有滞后效应。来自台湾的学者研究发现，台湾台北市沙尘暴后一天，心血管系统疾病住院人

数升高 3.65％，充血性心力衰竭住院人数明显增多；沙尘暴后两天，心血管系统疾病总死亡数升高 2.59％；沙尘暴后三天，脑中风人数显著上升（王金玉等，2013）。

另外，沙漠尘肺，也称为风沙尘肺、沙漠肺综合征也是人体健康的隐形杀手，尤其是对长期处在沙尘污染当中的人来说，这种疾病的发生率很高，并且潜伏期一般在 30 年以上，很多人都是在中年或者老年开始出现明显的症状，如慢性咳嗽、咳痰及呼吸困难，肺功能也有不同程度的损伤。同时，沙尘肺患者还容易伴随合并肺结核、肺部感染等疾病（王金玉等，2013）。

最后，沙尘暴对人的心理健康也有较大的负面影响。首先，沙尘暴发生时，大风音频过低而产生次声波，能直接影响人体的神经系统，使人产生头晕、耳鸣、恶心、烦躁、失眠、精神错乱、四肢麻木等症状。其次，猛烈的大风、沙尘使空气中的"维生素"即负氧离子严重减少，导致人体内发生变化，产生神经紧张、精神压抑和困倦疲劳之感。最后，沙尘暴袭击时，能见度较低，人的视野受到限制，让人产生一种压抑和恐惧之感，造成各种精神疾病（原会秀等，2006）。

 如何守护健康

预防胜于治疗。在大风干燥多尘的天气里，平时可口含润喉片，保持咽喉凉爽舒适；滴几次润眼液以免眼睛干燥；有鼻出血的情况可以经常在鼻孔周围抹上几滴甘油，以保持鼻腔的湿润，防止毛细血管破裂引起出血。

保持室内湿度。在风沙天气里，空气十分干燥，相对湿度偏小，人们咽干口燥，容易上火，容易引发或者加重呼吸系统疾病，还会使皮肤干燥，失去水分。对此，室内可以使用加湿器，以及洒水、用湿墩布拖地等方法，以保持空气湿度适宜。

注意皮肤保养。浮尘天气人体皮肤表面的水分极易被风尘带走，皮肤变得粗糙。所以外出回家后，要及时清洗面部，涂抹上补水护肤品。

多喝水，多吃水果。沙尘天气易出现唇裂、咽喉干痒、鼻子冒烟等情况，也就是老百姓所说的上火，机体缺水还可出现排便困难，引起痔疮、肛裂、便血。多饮粥类、汤类、茶水、果汁，增加机体水分含量，补充丢失的水分，加快体内各种代谢废物的排出。

避开风沙锻炼。在沙尘天气里，有风沙时应尽量避开室外锻炼，尤其是老人、体弱者，应该取消晨练，在室内锻炼。

外出注意挡沙尘。口罩的主要功能是为了防止外界有害气体吸入呼吸道。戴口罩可以有效地防止口鼻干燥、喉痒、痰多、干咳等。帽子和丝巾可以防止头发和身体的外露部位落上沙尘，解决皮肤瘙痒给人们带来的不快。风镜可减少风沙入眼的概率，风沙吹入眼内会造成角膜擦伤、结膜充血、眼干、流泪。一旦尘沙吹入眼内，不能用脏手揉搓，应尽快用流动的清水冲洗或滴几滴眼药水，不但能保持眼睛湿润易于尘沙流出，还可起到抗感染的作用。

及时清洁灰尘。风沙天气的时候，当你外出回家后，可以先用清水漱漱口，清理一下鼻腔，减轻感染的概率，有条件的应该洗个澡，及时更换衣服，保持身体洁净舒适。房间内落满灰尘要及时清理，用湿抹布擦拭，以免造成室内尘土飞扬，吸入呼吸道。

 参考文献

冯鑫媛，王式功，杨德保，等，2011. 近几年沙尘天气对中国北方环保重点城市可吸入颗粒物污染的影响 [J]. 中国沙漠，31（3）：735-740.

李耀辉，2004. 近年来我国沙尘暴研究的新进展 [J]. 中国沙漠，24（5）：616-619.

王金玉，李盛，王式功，等，2013. 沙尘污染对人体健康的影响及其机制研究进展 [J]. 中国沙漠，33（4）：1160-1165.

原会秀，吴宜进，2006. 沙尘暴对人体健康的影响及防治措施 [J]. 科技信息（学术研究），（12）：20-21.

赵婧，程伍群，2011. 我国土地沙漠化防治策略研究 [J]. 安徽农业科学，39（5）：7868-7869.

交通篇

白色的幽灵
——团雾

大家都听说过"幽灵"的故事，世界上真的有"幽灵"吗？相信大家都会认为不存在幽灵，不过我却可以告诉你，高速公路上真的有幽灵。幽灵是什么？那就是团雾。

 ## 什么是团雾

"团雾"本质上也是雾，是受局部地区微气候环境的影响，在大雾中数十米到上百米的局部范围内，出现的雾气更"浓"、能见度更低的雾。团雾是由于局部丰沛的水汽辐射降温而形成。当低层水汽比较充沛的时候，比较容易出现团雾，尤其是雨后一两天，如果天气晴好就比较容易出现。与市区相比，郊区和乡村地带更容易出现团雾，尤其是在比较空旷的高速公路路段。

团雾形成的因素主要有以下几个（侯坤等，2013）：

（1）地形因素。这是形成团雾的重要因素。在山区低洼地带，地面比较潮湿，蒸发量大，在日出前后地面热量散失较多的情况下，地面温度大幅下降，空气中的水分饱和后便会迅速凝结形成小区域的团雾，而且低洼地带空气流通性差，较低的风速进一步促成了团雾的形成。

（2）低温因素。在近地层水汽含量相对稳定气温降低到接近露点附近时，空气中的水汽饱和凝结成雾滴，从而形成雾。

（3）湿度因素。近地面空气中的水汽含量满足成雾所要求空气相对湿度临界值，是团雾生成的必要条件。湿度越大、湿层越厚，越有利于雾的形成。

（4）凝结核的存在。空气中水汽的凝结必须要有凝结核的存在。汽车尾气中所含的大量细小碳颗粒以及由于汽车交通风带来的大量烟尘，都为近地层空气中水汽的凝结提供了凝结核。

（5）大尺度天气因素。即在道路相当大范围内的天气为晴天，微风或无风。

此外，地表性质对团雾的形成也有一定的影响，如土壤潮湿的地区、江河、湖泊附近，高速公路沿线附近有水塘、洼地的地方等，都有利于团雾的形成。

2 团雾的特征

（1）能见度特征

团雾的能见度变化具有不连续性，连续两路段能见度相差很大。从雾的生成演变过程来看，雾颗粒在空气中处于一个生成—聚集—下沉—生成的循环过程，雾自身的这种动态性决定了它的能见度也在不断变化。因此，带状分布的高速公路沿线，团雾的能见度也具有跳跃性。

（2）时间分布特征

每年的冬半年（10月至翌年3月）是团雾频发的季节，多出现在昼夜温差较大、无风的夜间，或者是06—08时。而雨后晴好的夏季也可能出现团雾。

团雾的日变化特征为：主要在夜间形成，尤其是后半夜至凌晨，持续时间大多在4小时左右。有时也会在白天出现，特别是日出后，日出后阳光对下垫面和近地层空气加热产生扰动，使近地层湍流增大，促进了雾滴的碰并和输送，使团雾迅速形成。这种现象在晚秋季节更为明显。

（3）空间分布特征

团雾的空间分布具有特定性，一般出现在地势低洼、空气湿度大的地区，与局部小气候环境关系密切。由于其本身与大范围的大气环境并不是很匹配，团雾不仅能在大雾天气中常常现身，在天气状况良好的情况下，有可能出现于偏远的山区或农村。根据资料统计，除了高速公路上比较容易发生团雾外，在靠近大水体的地方，"团雾"也比较常见。据公安部交管局公路巡警指导处处长李伟介绍，团雾多发路段最多的十条高速公路为沪昆、京港澳、沪渝、杭瑞、沈海、京昆、厦蓉、京台、福银、包茂等（中国公路网，2014）。

（4）影响范围变化不定

团雾只在局部地形、温湿度以及风速满足的情况下产生，其影响范围变化不定，可以由几十米扩大到几十千米（侯坤等，2013）。

说到这，有人想问了，为什么团雾常在高速公路出现呢？

这是由于团雾与局部小气候环境关系密切，高速公路路面白天温度较高，夜间温度降低，昼夜温差更大，有利于团雾形成。另外公路附近一些排放污染物颗粒的增加，如秋季秸秆焚烧、工业粉尘污染、汽车尾气排放等，空气中微小颗粒的增加，有利于形成团雾。

3 团雾对高速公路交通安全有什么影响

总的来说，团雾对高速公路交通安全的影响主要体现在两个方面。一方面，雾水与路面的灰尘相结合，使路面附着系数降低，驾驶员为了防止打滑，必然降低车速；另一方面，团雾使高速公路能见度发生变化，影响驾驶员准确及时地获取路况信息，继而产生心理和生理上的压力，减少超车和换道的次数，车速也有所降低。

（1）对路面附着系数的影响

团雾通常发生在后半夜和清晨，这一时段气温较低，空气湿度较大，入夜后路面与空气之间形成温度差，使得路面上凝结一层薄薄的水层，如同铺垫了一层薄膜；再加上雾水与积灰、尘土、油污等混合，轮胎与路面的附着系数明显减小。尤其在冬季，雾水会在道路表面形成一层薄冰，附着系数下降更为明显，使行驶车辆的抗侧滑能力、制动能力都较平时大为降低，容易出现制动距离延长、行驶打滑、制动跑偏等现象。此时如果车速较快，极易引起侧滑或甩尾等非正常运行状态，进而引发交通事故，因此，驾驶员往往会有意识地降低车速。

（2）对能见度的影响

团雾使光线发生散射，并能吸收光线使行车能见度下降，在地面实测能见度要素上表现为明显的波动现象。一旦能见度变差，驾驶员看不清前方和周围的情况，会导致驾驶员难以估计车距、车速，对前方车辆、交通标志、路面设施识别产生困难，易造成追尾事故。

（3）对获取路况信息的影响

驾驶员在行驶过程中，需要不断地从交通标志、标线等信息发布设施获取关于高速公路的相关信息。这些所需信息90％是靠视觉获得的。但是在遇到团雾的情况下，交通信息发布设施的可视性和有效性都会出现明显的下降。

根据对驾驶员的调查分析，50％的驾驶员认为遇到团雾时，读取交通标志的信息存在困难，近半数的驾驶员认为匝道出入标志识别困难；74％的驾驶员认为应该提高团雾易发路段标志的字体大小；61％的驾驶员认为团雾易发路段标志应该提前一些设置。这说明有雾的时候获取路况信息要比正常情况下更难。

（4）对驾驶负荷的影响

统计分析发现，与正常情况相比，在高速公路上驾驶时，一旦遇到团雾，有 65% 的驾驶员会感到更紧张，44% 的驾驶员情绪更加急躁，74% 的驾驶员更容易感到疲劳。出现这种情况的根本原因是团雾对驾驶员的视觉产生了重大的影响。团雾会使光线发生散射，并能吸收光线，由于视觉的明暗适应特性，使得驾驶人在由明朗的路段进入团雾路段时，由于能见度迅速降低，眼睛不能及时适应，使驾驶员的视物能力下降，导致驾驶员无法迅速获得足够的信息来正确判断前方路况，对交通标志等道路设施的识别产生困难，从而出现犹豫、疏忽，甚至产生错觉，致使驾驶员对车距、车速的判断失误。这会造成驾驶员心理紧张，驾驶负荷加重，更容易疲劳，使交通事故发生的可能性大幅增加。

（5）对行车速度的影响

行车速度有效地反映雾天能见度和交通安全之间的关系。首先，驾驶员在感到紧张或者危险的时候会选择较低的车速，可见速度能够间接地反映驾驶员对外界的感知；其次，速度超过道路允许的限制，以及车辆间的速度差异过大都会直接引发交通事故。因此通过分析在不同能见度条件下，交通流中车辆速度所体现出的安全特征，能够判断出什么样的能见度是安全的，什么样的能见度是危险的。

调究表明：能见度从 2000 米开始下降的早期，速度的平均值不会出现大幅度的下降，与正常天气区别不大；能见度为 1000～2000 米时，车速的变化最小；雾对高速公路交通产生影响的起始点是能见度 500 米，但影响并不显著；当能见度下降到 200 米时，就会对驾驶员造成强烈的影响，威胁到高速公路的交通安全。

 # 团雾出现时要采取什么样的防范措施

以下是防范措施，常在高速行车的你们可要记牢！

从发生的时段看，团雾普遍发生在夜间至清晨，由此导致的多车相撞事故主要集中在 06—09 时。由于团雾突然出现难以预报，驾驶人猝不及防、失去视线，本能急踩刹车，容易导致车辆追尾，全国每年都发生多起团雾导致的多车相撞事故，造成严重人员伤亡和财产损失。

如果在行驶中观察到前方有"团雾"，在距离和车速均满足变道条件、确保安全的前提下，减速驶入最右侧车道，然后就近选择道路出口缓慢驶出或进入附近服务区暂避，等待团雾消散。

如果车辆已进入团雾区域，应立即减速，打开所有车灯，可通过路面标线及前车尾灯引导视线。特别是进入能见度很低的团雾区域时，千万不能就地停车，因为就地停车最危险，最易引发连续追尾事故。如果不能驶离高速公路，应选择紧急停车带或路边停车，并按规定开启危险报警闪光灯和放置停车警告装置，将车上人员转移至安全地带，等能见度好转时再继续行驶。

 参考文献

侯坤，姚银库，王瑞琪，等，2003. 团雾对高速公路交通安全影响研究［J］. 河南科技，12（3）：142-147.

胡思涛，朱艳茹，2013. 团雾天气对高速公路交通安全的影响机理研究［J］. 中外公路，33（2）：290-292.

中国公路网 . 冬季高速路上"流动杀手"——团雾［EB/OL］.（2014-01-17）［2016-10-26］. http：//www.chinahighway.com/news/2014/802141.php.

履薄冰而慎于行

——低温雨雪对交通的影响分析

　　古往今来，人生在世，衣食住行已矣。作为生活的基本需要之一，"行"在人际交流中扮演着不可替代的角色，特别是在人际交流日益频繁的现代社会，交通运输作为一条重要的纽带改变着人与人之间的距离。正因为"行"之为重，古有"车如流水，马如游龙"之繁华，今有"堵车三里，寸步难行"之尴尬。

　　交通运输给人们带来了极大便利，但哲学老师告诉过我们：任何事物都是一把双刃剑。当行车与驾驶员的不良驾驶习惯或者糟糕的天气条件相遇时，它就会变成一个冷酷的杀手，可能会带来严重的生命和财产损失。

　　2008年初，我国南方地区遭遇了罕见的低温雨雪冰冻天气，"千里冰封，万里雪飘"之势持续了半月有余。受其影响，铁路、公路及民航运输几近瘫痪（图1），千万旅客滞留机场、火车站，恰逢春运，归家之路却被雨雪所阻。

图1　2008年1月13日开始，受冰雪影响，上万台车辆滞留京珠高速

（图片来源：中国天气网）

什么是低温雨雪

低温雨雪其实并没有成文的概念，一般而言，顾名思义是对低温状态下伴随降雨或降雪的天气的统称，在冬、春季节时常发生。我国幅员辽阔，不过除华南南部和东部沿海以外的其余大部地区都有可能遭遇低温雨雪天气，北方地区遭遇低温雨雪天气的可能性要大于南方，高海拔地区要大于平原地区。

低温雨雪天气如何影响交通

低温雨雪天气对于交通的影响不仅仅在于天气本身，低温雨雪天气的众多"小伙伴"——雨雾、结冰、积雪、暗冰，个个都是阻塞交通的"能手"。这些"小伙伴"有的"只手遮天"，让司机朋友们难辨方寸；有的"狡黠圆滑"，让路面变得如溜冰场一般。

2.1 低温雨雪技能一：视茫茫

低温雨雪天气对交通的影响首先表现在能见度上。雨雪天气中空气含水量大，空气中的水会形成微小的雾滴、雨滴或小冰粒，并悬浮在空气中，形成雨雾，在视野中形成了雾蒙蒙的状态，降低了能见度。

另外，低温雨雪天气里车外气温低，车内相对较暖，车内的水汽会在冰冷的挡风玻璃内侧形成雾滴。由于水雾在内侧，无法使用雨刷器抹去，只能在车内擦拭，严重影响司机的视线，同时也容易分散司机的注意力。

每逢降雪，纷纷飘落的雪花都极大地影响水平能见度，使驾驶员的视线受阻，直接威胁行车安全。资料显示，暴风雪天气，驾驶员视线受飞舞雪花的影响，水平有效能见度可能只有几米，有时甚至不足 1 米，这时候唯一确保交通安全的方法就是停止驾驶并且做好安全标识。即使能见度在百米以上的雪天，车辆行驶也必须像在雾天一样，严格遵循恶劣天气下的公路交通规则，谨慎而缓慢地行驶。当雪后晴天时，由于积雪对阳光的强烈反射，产生眩光，即雪盲现象，也会使驾驶员视力下降，成为安全行车的潜在威胁。

2.2 低温雨雪技能二：滑溜溜

雪后路面被积雪覆盖，雪化后遇上低温天气在路面结冰，会使路面的摩擦系数减小，车辆刹车距离增加，极易发生追尾，就好比在湿滑的瓷砖上奔跑更容易摔倒一样。雨雪天气行车要减速慢行是大家都知道的常识，不过速度减下来了，堵车的概率也就增加了。相关数据显示，2014年12月全国十大"堵城"之首不是"帝都"，也不是"魔都"，而是——哈尔滨，没错，就是频繁降雪导致的积雪和道路结冰惹的祸！

结冰是低温雨雪天气带来的最大麻烦。道路结冰是指雨、雪、冻雨或雾滴降落到温度低于0℃的地面而出现的积雪或结冰现象。雪花融化后在地面上形成的道路结冰，人们称这种现象为"地穿甲"。起初的地温或路面温度应该在0℃以上，这样雪才可能融化，然后在落雪成冰的过程中，地面温度的变化趋势必须是下降的，并且要降到0℃以下才会导致落雪结冰。

有研究者发现，路面0℃低温与路面积水对于结冰的产生和维持具有十分密切的关系（李蕊等，2011）。在低温雨雪天气当中，低温为道路结冰提供了温度条件，降水为道路结冰提供了路面积水，可谓是"万事俱备"。因此，在面对低温雨雪天气时，道路结冰则不得不防。

那究竟低温低到什么程度会引起道路结冰呢？相关研究显示：雨天时，路面温度和气温满足较好的乘幂关系，$y = 1.5165x^{0.9071}$（y 表示路面温度，x 表示气温）（庄传仪等，2010）。若以此公式推算，那么在低温雨雪天气中，当气温≤0℃时，出现道路结冰的可能性就会非常大。

除此之外，降落到公路上的雪（积雪）对公路交通的危害最为显著。首先，积雪改变了公路的路况，路面积雪经过车辆压实后，车轮与路面的摩擦力减小，车辆容易左右滑摆，即通常说的"侧滑"。其次，汽车的制动距离也难以控制，一旦车速过快或转弯太急，就有可能发生交通事故。有关专家对乌鲁木齐地区某年1月发生的123起公路交通事故进行分析，发现因雪天"侧滑"和刹车失控酿成的车祸比例竟占49%。

当汽车在冰雪冻结道路上行驶时，其主要特点是制动距离加长。例如，汽车以每小时40.00千米的速度行驶时，在干沥青路上的制动距离为10.50米，在干水泥路上的制动距离为9.00米，而在冰路上的制动距离为62.98米，在雪路上的制动距离为31.49米。

积雪对公路的影响，表现在路面湿滑、刹车不灵、车轮与路面的摩擦力减小、汽车爬坡能力降低；积雪很厚时司机找不到路面，严重影响行车安全。上坡道，由于车速慢，积雪易被压实。下坡道，由于车速较快，积雪易被带走。

公路上有积雪时，轻则影响行车速度，重则使交通中断。

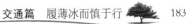

积雪深度达5～10厘米——因路面光滑，容易出交通事故，车辆行驶速度明显降低；

积雪深度达10～20厘米——行驶困难；

积雪达20厘米以上——一般不能行驶（刘玲仙等，2007）。

如新疆伊若国道天山垭口，过去有些路段经常吹雪堆积高达5～8米，致使公路中断，汽车需绕道807千米。30厘米深以上的积雪会使载重汽车通行困难，形成雪阻，构成了黑龙江省的主要雪害。

研究表明，气温不同，积雪的厚薄不同，对行车的危害也不一样：

气温在0℃左右，积雪厚度为5～15厘米——汽车最容易发生事故。因为在这种条件下，路面上的雪常常呈"夜冻昼化"状态，路表面更加光滑，车辆在冰雪路面上行驶，汽车轮胎与路面之间的摩擦系数减小、附着力大大降低，汽车驱动轮很容易打滑或空转，尤其是上坡、起步、停车时还会出现后溜车的现象。

气温为0～－10℃，降雪量小于5厘米——白天路面积雪状态为雪水混合物，路面不滑，可正常行车。晚间气温下降后，路面形成薄冰，较光滑，行车易出现险情。

气温为0～－10℃，降雪量为5～10厘米，无风——白天路面积雪状态为雪水混合物，不光滑，可正常行车。晚间路面呈冰雪交融状态，有冰凌出现，此时路面较滑。若夜间气温下降至－15℃以下，路面积雪黏附性很强，很难清除。

气温为－10～－20℃，降雪量小于5厘米，无风——路面形成1～2厘米厚的压实雪，个别路段行车辙处可露出黑色路面。

气温在－10℃以下，降雪量大于5厘米，无风——行车道形成压实雪，超车道和停车道积雪。

气温在－20℃以下，降雪量小于5厘米，无风——行车道基本露出黑色路面，超车道和停车道积雪（杨光等，2005）。

暗冰则是威胁交通的隐形杀手。它是相对于明显的冰层的一种表达方式，主要指道路上含水量较大的部位，表面潮湿有水迹，由于外界气温较低，所含水分结冰，体积变大，溢出路面形成的薄冰层。暗冰用肉眼无法分辨，但其危险性不亚于雪，车开上去同样打滑，撒上融雪剂也很难融化，而且一般注意不到，没有及时采取减速等措施则更容易引发事故。

当温度低于0℃时，若空气中的水汽含量达到一定程度，水汽便会在路表结冰，所结的冰非常薄。在低温雨雪天气中，上述两个条件同时满足的机会非常大，因此形成暗冰的可能性也比较大。

暗冰容易发生和重点危害区如下：

路面状况变化显著的地区。例如隧道的出入口，隧道内相对于隧道外部温度较高，因而隧道口的温差较大，而且隧道口的风力很大，当车辆进出隧道时，会将冰雪带入隧道口，形成暗冰。与普通路面相比，抗滑性明显下降，是交通事故的高发区。

凝冰特别容易产生的地区。例如桥面上，桥体悬空，周围空气流动快，热量散发也很快。当气温下降时，桥面比普通路面更快结冰。特别是跨线桥的进出匝道口，是最容易结冰的地方。

车辆需要转弯和减速的地区。例如城市道路的交叉口。

不适宜喷洒融雪剂的地方。例如农耕和放牧地区，减少氯盐的喷洒，防止对农作物和土壤造成破坏（王凯乐，2014）。

2.3　低温雨雪技能三："直捣黄龙"

除了造成视野迷茫、路面湿滑之外，低温雨雪天气还有一项隐藏技能，"直捣黄龙"直接对车辆的性能构成威胁。

研究表明，雪天低温下，汽车发动机的机油黏度增高，流动性变差，各部件之间的润滑就显得不足，启动后容易损坏机件。与此同时，低温下汽油的汽化性能也较差，常常不能充分燃烧，既浪费燃料，又腐蚀汽缸。此外，低温下的车辆水箱也容易冻坏，车辆部件的灵敏度也会下降……凡此种种，都使得雪天行驶的车辆故障率大大提高，直接威胁了公路交通安全。

如何应对低温雨雪天气

如果低温雨雪带着它的"小伙伴"们出现了，司机朋友们要如何应对呢（崔涛，2010）？

（1）提前清扫，安全到家

车辆停放在露天停车场，难免落得一身银装素裹。除了用拖布清扫前挡风玻璃的积雪外，还需要重点清除左右侧窗、后视镜以及后挡风玻璃上的积雪，以免等到发现了视角盲区，再在路边停车扫雪造成交通隐患。在车辆行驶过程中，保持除霜常开，同时把暖风调整为前挡出风模式。

（2）现学现用，起步不慌不忙

开手动挡汽车的朋友切记慢抬离合器，轻给油，手动挡车型可以用 2 挡起步，以减少扭矩；如果起步出现打滑现象，立即全收油门，轻轻调整方向盘，保证车辆驶入正确行驶方向。开自动挡汽车的朋友要把挡位锁定在低速挡，如果带有雪地模式功能要及时开启。

（3）掌握要领，遇见侧滑不紧张

在行驶过程中，尽量减少并线，并将车辆控制在已经形成明显车迹的车道上行驶。对于手动挡车型，在转弯过程中，为了防止刹车造成的侧滑，应禁止过弯减挡，以便双手把握方向盘应对突发情况。在行驶过程中如果出现打滑现象，应该让方向盘顺着打滑方向轻轻地转，待车辆回正后，再轻轻地踩刹车，直到情况完全被控制。在遇到危险情况需要紧急刹车时，应该果断踩下刹车踏板，否则"点刹"反而会让 ABS 制动失效。

（4）心中有数，上下坡稳稳当当

在雪地上下坡时，具有很高的危险性，因此必须与前车保持比平时多一倍的距离。上下坡时保持平稳低挡行驶，尽量不换挡，在下坡时充分利用发动机进行联合制动，切勿一直靠刹车制动。如果是新手，在经过坡度比较大的立交桥时，可以提前进入辅路，避免不必要的惊慌。

除了在驾车时有特殊技巧之外，雨雪天气对于车辆的检修保养也是大有门道，适当的检修保养会大大减小车辆出现故障的概率，从而降低交通事故发生的风险。

（5）更换冬季适用的机油

冬季气温低，机油的黏度变大，使发动机阻力增大，从而造成了汽车在冬季的冷启动困难，发动机启动造成的磨损也是平时的两倍。黏度指数高的机油黏度随温度变化小，因此选用黏度指数高的机油能够为车辆提供更好的保护。

（6）更换冬季专用玻璃水

有些车主反映雨刮器不喷水了，这种情况大部分是由于夏天买车的车主还在使用夏季玻璃水或普通水所导致的结冰现象。冬季一定要换冬季专用防冻玻璃水。

（7）雨刮器

如果清晨出门发现雨刮器被雪水粘在挡风玻璃上的话，千万不要用热水直接冲洗，这样容易使车窗因为温度变化而炸裂，雨刮器变形。正确的方法应该是将空调开至热风，吹风模式为前风挡，待雨刮器自然化开。

（8）雪后注意勤洗车

雪后洗车漆面不如从前光亮。建议车主在雪停后洗车要及时，因为随着城市污染逐渐严重，雪中的腐蚀杂质越来越多，对车辆的损害也很严重。即使天气预报显示未来几天还会下雪，也不要拖着不擦车。

（9）车灯

车灯变黑的灯泡尽早换掉，还要检查雾灯、刹车灯的情况。冬季易起雾起霜，能见度低，追尾事故特别多，所以雾灯、高位刹车灯工作是否正常，也是冬季行车安全的保障。

（10）轮胎

冬季轮胎橡胶变硬而相对脆，摩擦系数会降低，轮胎气压不可太高，但是更不可过低，外部气温低，轮胎气压过低，会加速软胎老化。冬季要经常清理胎纹内夹杂物，尽量避免使用补过一次以上的轮胎，更换掉磨损较大和不同品牌不同花纹的轮胎。轮胎内外磨损大不相同，为保证安全，应定期给轮胎更换位置。

（11）注意电瓶的清洁

冬季，汽车的耗电量比其他季节要大得多，入冬前，要对电瓶进行特殊护理，免得打不着火时干着急。司机朋友们应清除电瓶桩头上的氧化物，消除不易启动的隐患，使用一年以上的电瓶可加电瓶启动促进剂，增强电瓶的贮电能力。

参考文献

崔涛. 专家指导雨雪天气行车驾驶技巧［EB/OL］.（2010-01-22）［2016-10-26］. http：//www. pcauto. com. cn/qcbj/hf/csh/1001/1079656. html.

李蕊，牛生杰，汪玲玲，等，2011. 三种下垫面温度对比观测及结冰气象条件分析［J］. 气象，37（3）：325-333.

刘玲仙，裴克莉，孙燕，等，2007. 气象条件和交通安全关系探讨［J］. 内蒙古气象，（5）：27-28.

王凯乐，2014. 公路暗冰研究［J］. 城市建设理论研究，4（21）.

杨光，王喜峰，李春武，2005. 高速公路除雪防滑技术［J］. 筑路机械与施工机械化，22（11）：6-9.

庄传仪，王林，申爱琴，等，2010. 沥青路面路表温度预估模型研究［J］. 公路交通科技，27（3）：39-43.

风吹雪对交通的影响

在南京上大学的时光，转眼已经过去十多年，但似乎越美的东西往往也会相伴危险，如由雪衍生的积雪、风吹雪、结冰等现象，造成车辆打滑、行走困难等，给交通运输、工农牧业生产和人民生命财产带来严重损失，已经成为重要的气象灾害之一。

在我国的冬季，积雪、结冰可以出现在南岭以北的大部地区，但是风吹雪却是北方频发的雪害之一，不仅会诱发并加重冰雪洪水、雪崩、泥石流及滑坡等自然灾害，并且风吹雪对交通的危害也很多样，这可是与我们生活出行息息相关的，正因为如此，大家关心的问题也来了，南北方都会下雪，为什么风吹雪会主要出现在北方？与积雪、结冰相比，风吹雪对交通危害的多样性有哪些呢？不卖关子，下面就首先从风吹雪的成因、在我国的区域分布特征说起，然后在此基础上介绍风吹雪最高发的区域、特别需要关注的公路分布、风吹雪对公路会产生哪些危害及其危害程度如何等，最后当然要落到实处，给大家提出一些遇到风吹雪时该如何应对的小建议。

"烟（儿）炮"这个词你听过吗？我想，也许除了东北一带，其他地方的朋友会给出五花八门的答案，可能会直接一脸茫然表示没听过，其实这个词就是"风吹雪"在东北的地方表述，不是东北人真读不出那个味儿。简而言之，下雪时风大可以出现风吹雪，不下雪但风大时，只要地面上有雪也会出现。当然这不够严谨，大气科学辞典中的定义，是这样给出的，吹雪也称风吹雪，是指风携带着雪粒在空气中运动的一种天气现象。它还有分类，就是高吹雪和低吹雪两种，当强风将地面积雪吹起，高达 2 米以上并使水平能见度小于 10 千米的称为高吹雪；低于 2 米，而水平能见度并无多大影响的称为低吹雪；我们常常在新闻中听到的暴风雪，那代表着风更大、能见度更低。由此可见，在气象专家谈到风吹雪时，需要有吹雪高度、能见度的界定。

风吹雪出现的条件，顾名思义，要有雪有风，"巧妇难为无米之炊"，降雪积雪是必须有的，它们是风吹雪的原材料，也像开车需要汽油；有风才能使雪起动运行，它决定着雪是否能被吹起以及吹雪的行进方向，可见风是动力条件，就像开车需要发动机。不同的汽油、发动机功率不同，车的性能、速度都不一样；而风有风向、风速大小的不同，雪有雪粒大小、密度、积雪深度的差异，它们都成为影响风吹雪能否发生甚至是发生后强度大小的因素。根据一些气象研究表明（张威伟等，2006；郭丹奇等，2003），发生风吹雪所需要的临界最小风速，这里称之为"起动风速"，是受多方面气象因素的影响，一方面它随雪粒径的平方根的增大呈线性增加；另一方面，低温吹雪时，起动风速与积雪密度呈线性变化关系，后逐渐呈指数变化关系，如疏松的新雪，较小的风速就能起动，但经过风吹雪多次搬运后，如果积雪密度不断增加，需要较大的风速才能够起动；此外，当积雪密度等变化较小时，气温的不同也会影响起动风速的大小，当气温从－23 ℃升至－6 ℃时，1 米高处的起动风速变化不是很大，当气温升高到－3 ℃以上时，发生风吹雪需要的风速将显著提高，当气温接近 0 ℃时，由于积雪的含水量增大，雪粒之间的黏聚力显著增加，只有起动风速增至7.6 米/秒以上时雪粒才能起动，有时因积雪的含水量过高，遇到低温表面冻结成坚硬的冰壳，积雪表面一旦形成冰壳，风速加大，也看不到雪粒运动。以上的分析可见，气温比较低时，同样风力、同样积雪量的条件下，雪粒越小、雪的密度越小，越容易形成风吹雪，而且吹雪强度也大。

除了风、雪自身对风吹雪强度有影响之外，不同的季节，风吹雪程度也是不同的（李弘毅等，2012），如冬季气温比较低，雪积累时间长后不够疏松、密度比较大，这样吹雪量就会减少；而在冬末春初季节，融雪即将开始的一段时间，气温上升、风速较大、融化尚未开始时，风吹雪是整个积雪期中较为显著的；当融雪开始，伴随气温上升、雪面融化以及再冻结，表层积雪常有一层薄消融壳，将雪粒与风完全隔绝，风吹雪减少，吹雪量相应降低。

风吹雪的发生，可不是简单的只受气象条件影响，与地形、地势等条件也是密切相关的。适宜的地形地物条件，风速会出现改变，雪会被吹起，也会在行进过程中出现下落从而改变积雪的分布，因此地形对风吹雪影响显著。我国地形错综复杂，风吹雪的分布也很不均匀，但其分布的不均匀性与"高山—低地"分布十分密切，几乎都会呈现"多"与"少"以及时间"长"与"短"的对应分布，不仅众多山区和高原是这样，还有如东北平原及其周围山地也是如此，根据以往的观测资料，山区风吹雪的起动风速比平原地区相类似的雪源的起动风速一般要增大三分之一左右。由此可见，地形起伏变化越大的地区，发生风吹雪灾害的频率也就越大，不同地形类别条件下风吹雪发生的频率由小到大的次序是：平原＜丘陵＜山岭（张家平等，2008）。

通过很多学者的研究以及以上分析出现风吹雪的气候和地形条件，可知风吹雪多发生在高纬度、高海拔的风雪天气多、地形起伏变化较大的地区，全球主要分布在欧亚大陆、北美、格陵兰及南极冰盖等地区。在我国，利用气象观测数据，统计分析 1961—2005 年的年平均大风日数以及冬季（12 月至翌年 2 月）的平均大风日数，新疆北部到天山一带、青藏高原、黄河以北大部地区是我国大风天气最多的区域；而从年降雪日数、积雪日数分布，有降雪并且能够产生积雪的区域可以从北方一直扩展到南岭，但是降雪和积雪最多的区域和大风最多的区域基本一致；而从地形条件来看，青藏高原海拔高，新疆北部有阿尔泰山、天山以及两山之间准噶尔盆地，内蒙古中东部到东北一带有大兴安岭、松辽平原再到长白山的分布，是我国地形起伏最大的区域。因此，综合大风、降雪积雪以及地形条件可知，新疆北部、内蒙古东部到东北是我国风吹雪最多发的地区。

王中隆等（1999）通过 20 多年野外考察和大量气象等资料分析，选择最大积雪深度＞10 厘米或一次天气过程降雪量＞3 毫米，风速＞5 米/秒的气象条件，得出了有无风吹雪区域、风吹雪大区的划分，并发现我国可以出现风吹雪的区域向南可以扩展到 24°N 一带，大致在云南的保山、昆明，贵州的百色、贵阳，四川龙潭，江西南昌，湖北保安，浙江石塘和大源一线，比北半球其他地区风吹雪南界纬度低，其中准噶尔盆地，塔里木盆地、吐鲁托盆地、柴达木盆地、甘肃北部、内蒙古西部、陕西北部、四川盆地及华北平原大部、长江以南的大部地区均属无风吹雪区域，在新疆北部、青藏高原、内蒙古中东部再到东北一带是风吹雪区域面积最大也是最多发的区域。

说了这么多风吹雪的成因条件、最多发的区域，下面要重点介绍风吹雪到底对交通有哪些危害？高速公路冰雪灾害有道路结冰、风吹雪、强降雪，风吹雪对公路的危害，不仅与道路结冰、强降雪一样会导致路面湿滑等，还会造成背风积雪障碍和视程障碍。背风积雪主要发生在风雪流变化、风速突然减弱的地方，例如在建筑物的周围、地形起伏较大的地区、挖方路段和除雪时在路侧产生的雪堤等部位；有研究表明（陈晓光等，2001），风力搬运雪的输雪量和风速的 n 次方（$n=2\sim7$）成正比例关系，规模大的背风积雪可使交通中断，规模小的则形成雪垄，易使驾驶员在通过的时候，因把握不稳方向而导致事故，使交通受到阻碍，如果中断交通后被埋的车辆在积雪中发动机仍然在工作，还容易造成一氧化碳中毒。视程障碍是指风雪流强烈时，会降低我们前方的"可视距离"（即气象上常说的能见度），短时间内的视程障碍，易使驾驶人员判断失误，发生交通事故的概率显著增大；例如在冰雪道路上，滑动摩擦系数小，车辆时速达到 40 千米/时，停车距离为 45 米，时速 60 千米/时，停车距离需要达到 70 米，可见当行驶速度达到 40 千米/时，如果视距小于 45 米是非常危险的。此外，日本的研究结果认为，风吹雪地区视距小于 50 米时会发生塞车现象，视距在 30 米以下就会中断交通（竹内正夫，2003）。

　　了解了风吹雪对交通有哪些危害，还要告诉您，危害的程度又是与风、积雪深度和公路走向、路基横断面形式以及路基高度等都有关。公路走向与该地区风向的夹角小，特别是公路走向与风向趋于平行时，风吹雪灾害发生的频率和危害就越小，甚至根本不发生，因为风雪流在路面上沿着路的方向前进，风速变化不大，不易产生公路风吹雪雪阻；反之，夹角越大，特别是公路走向与风向接近垂直时，发生风吹雪灾害的频率和危害也越大，这是路堤的屏障作用，导致风雪流的减速、蜗旋进而沉积的结果。对于路堤，同样有调查研究表明，近 80% 的风吹雪灾害发生于填土高度小于 2 米的矮路堤，高路堤发生风吹雪灾害的情况比较少；对于路堑，近 70% 的风吹雪灾害发生于挖土深度小于 5 米的浅路堑，大于 5 米以上的深路堑很少或根本不发生风吹雪雪灾；究其原因是路堤高度的不同或者改变，必然引起近地面风的变化。

　　言及至此，您对风吹雪的形成、出现在哪里、对您出行有怎样的影响，是不是已经有所了解了呢？学习需要从理论到实践、从抽象到具体、由面到点的细化，这里的介绍也该如此，下面介绍在黑龙江、新疆、内蒙古这些风吹雪最频发的区域，受风吹雪危害最明显的具体公路有哪些。

　　黑龙江的公路无论是处于平原还是山岭区，都具备风吹雪形成的条件。由于冬季风的主导方向是西北风、西风，因此南北走向的公路要比东西走向的公路发生风吹雪灾害的概率大得多。冬季公路雪灾频发，每年干线公路雪阻里程都在 400 千米以上，严重时甚至达 1000 多千米，公路风吹雪灾害的分布范围主要是东部和东北部的牡丹江、鸡西、佳木斯、双鸭山、鹤岗和伊春市、三江平原地区以及哈尔滨东部的部分市县（王凤双等，2004）。

　　新疆的风吹雪主要发生在北疆到天山地带，玛依塔斯位于新疆西北部的额敏县境内，地处老风口风区上游，冬季这里东西风交替频繁，有时形成强烈的"风吹雪"，受风吹雪影响最大的公路就是沿天山的 312 国道、横贯天山的天山公路。新疆高速公路 80% 修建在天山北坡中国最长的国道——312 国道上，它东起天山最大的山间盆地吐鲁番盆地，沿天山东段博格达山南面西北上，经乌鲁木齐、石河子、奎屯市，一直向西至赛里木湖，全长 744.5 千米，是新疆重要的交通干线之一，风吹雪主要集中出现在达坂城到乌鲁木齐一线，该路段处于天山北侧，是西北开口逐渐东南收口的浅山坡，中部为相对较低的"谷区"，冷空气入侵时，在天山以北不断堆积，造成西北风较大，降雪量虽然较小，也易发生风吹雪现象。当冷空气逐渐东移，虽然天气转晴，但风从天山东侧灌入，东南大风成为该区域的主要天气特点，如果前期有积雪，易发生无降雪的风吹雪现象。天山公路即国道 217 线独山子—库车段，是横贯天山，连接南、北疆的一条重要交通干线，处于新疆"二纵三横"公路主骨架中第二纵线中段，是国家规划西部重点公路建设的组成部分，更是国防公路网中的关键一部分，无论在政治、经济还是国防上，都有着重要的地位。但天山公路自然条件极为恶劣，由北向南依次穿越哈希勒根、玉希莫勒盖、拉尔墩、铁力买提四个冰达坂，穿过区域的山峰海拔许多都在 4000 米以上、河谷海拔也为 1500～2000 米，南部海拔最低在 1050 米左右为渭干河三角洲。天山公路风吹雪路段主要集中在哈希勒根、玉希莫勒盖、铁力买提三个达坂，其中在玉希莫勒盖达坂风吹雪灾害情况最严重。对风吹雪危险性评价结果进行分析表明，高危险性路段占公路总长度的 18.91%，较高危险性占 20.01%，中危险性占 25.29%，低危险性占 35.79%。其中高危险性路段主要分布在研究区中高山的几个达坂，中危险性路段主要分布在尤勒都斯盆地和低山丘陵，低危险性路段主要分布在南部地势较低且很平坦的天山南麓平。此外，乌鲁木齐绕城高速 K37＋320－K38＋930 和 K3＋400－K11＋060 路段为风吹雪路段，部分路段在风吹雪发生时瞬时能见度几乎为零（陈晓杰，2012；李勇等，2011；吴彦等，2013）。

绥满国道主干线博克图—牙克石段高速公路是联系我国东北部各省区的主要通道，据内蒙古自治区公路风吹雪雪害区划，该段公路所处地带为内蒙古风吹雪雪害重度区域（李杰等，2010）。

当您开车经过以上路段，遇到风吹雪时，不要慌，这时可能路面及四周突然一片白茫茫，能见度很低，影响视线，首先应该打开应急灯和防雾灯，给过往车辆以提示，避免发生追尾和碰擦，如果车辆安装导航系统，一定要打开，因为这种天气下，一片黑暗的导航仪里只有道路还能显示出一条细线，司机可以根据导航定位系统避免偏离道路；此外，在冰雪路面上行车，特别是在进入弯道或下坡路段前一定要严格控制车速，而且最好保持均匀的行车速度，即使在必要提高车速时，也要慢慢加速，避免加速过急而导致车辆侧滑，减速时也

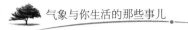

不要制动过急，因为冰雪路面附着力很低，驱动轮容易打滑空转，还要注意避免急打方向盘，否则同样容易导致车辆失控，必要时应提前使用防滑链和其他防滑设施。

 参考文献

陈晓光，李俊超，李长林，等，2001. 风吹雪对公路交通的危害及其对策研讨 [J]. 公路，(6)：113-118.

陈晓杰，2012. 国道 217 线独-库公路雪害评价研究 [D]. 成都：成都理工大学.

郭丹奇，柳春红，吴春玉，2003. 公路风吹雪的形成和影响因素分析 [J]. 煤炭技术，22 (8)：112 -113.

李弘毅，王建，郝晓华，2012. 祁连山区风吹雪对积雪质能过程的影响 [J]. 冰川冻土，34 (5)：1084-1090.

李杰，朱乐文，王富贵，2010. 典型高速公路风吹雪综合安全防护方案研究 [J]. 西部交通科技，(2)：32-36.

李勇，胡新民，2011. 乌鲁木齐市绕城高速风吹雪路段保障措施应用技术研究 [J]. 科技信息，(28)：389-390.

王凤双，赵书成，韩枫，等，2004. 公路风吹雪雪害调查与分析 [J]. 黑龙江交通科技，(11)：10-11.

王中隆，张志忠，1999. 中国风吹雪区划 [J]. 山地学报，17 (4)：312-318.

吴彦，陈春艳，路光辉，2013. 沿天山高速公路冰雪灾害分析及其对交通安全的影响 [J]. 沙漠与绿洲气象，7 (5)：66-70.

张家平，武鹤，孟上九，等，2008. 黑龙江省公路风吹雪灾害形成机理与分布特征 [J]. 自然灾害学报，17 (3)：130-133.

张威伟，张光辉，2006. 风吹雪的成形机理分析 [J]. 中国水运，4 (3)：67-68.

竹内正夫，2003. 吹雪和道路交通 [R]. 北海道开发局：145 -170.

高温上路，你行吗

公路交通运输对气象条件高度敏感，在很多情况下，天气因素特别是不利的气象因素都会直接或间接地给公路运输造成影响。恶劣天气是导致高速公路交通事故、道路阻塞、路产损失的主要原因之一，高速公路上汽车行驶速度快、运动量大、冲击力强，在恶劣天气条件下，当对气象条件考虑不足、安全距离不够、速度过快时，事故发生率高，并且很容易由一起事故引发另一起或一连串的事故（李学军等，2009）。根据对四川、云南、贵州、广西、甘肃、新疆等11个省区的事故资料统计研究发现，约有40%的道路交通事故与气象条件有直接或间接的关系。恶劣气象条件不仅影响道路交通系统，造成交通设施破坏、路面打滑、道路损坏等，也会对车辆造成损坏，使得车辆故障率升高，同时还会给驾驶员带来心理和生理的不利影响，直接或间接导致交通事故的发生，尤其是恶劣气象条件下在快速道路上发生交通事故的概率较大，而且恶劣气象条件对于事故救援和交通安全管制工作也十分不利（石茂清，2005）。

我国地域辽阔，受季风气候和地形等的影响，南北东西地区各季气候差异大，天气复杂，各地区公路交通运输过程当中遭遇到的天气灾害种类繁多。如暴雨洪涝灾害，灾害频发，分布区域广，东北、华北、华东、华中、华南以及西南和西北地区都会出现，灾害出现不仅会阻塞、掩埋道路，有时还会冲毁淹没路基、桥梁甚至引发滑坡、泥石流等灾害，影响严重；而除暴雨洪涝灾害外，雪害、风害、风沙害、雾害、冰冻害、低温灾害、高温灾害等也是我国不同区域中一些常见的灾害天气，如在我国的东北、华北、华东、华中、华南以及西南地区，容易出现雾害，部分道路能见度过低时，易引发交通事故；但在个别地区或特殊情况下，还有一些特有的交通气候灾害，如东北、西北地区发生的雪崩和风吹雪也可使交通中断；盐湖公路沿线，当相对湿度大于45%时，路面就泛潮湿滑，也容易发生事故等（张清等，1998）。

在众多影响交通运输的气象灾害中，除暴雨洪涝外，气温对交通运输的影

响也是分布广泛、频率高发，其主要表现在高温和低温天气。其中，夏季高温时段是交通事故的一个多发季，高温天气具有范围广、周期性和不可抗拒等特点，当达到一定范围和程度的时候会对公路交通造成影响。若连日遭高温热浪侵袭，能源需求量暴增可能造成空中和路面交通陷入混乱，并容易发生汽车自燃事件。高温对飞行安全和航空运输均有很大的影响，气温的变化对飞机发动机运行、实际空速、最大起飞重量、升限及最大平飞速度等许多性能指标有影响。高温天气也会使商业与民用电需求升高，可能导致供应机场电力的主要电缆线出现问题，机场因电力中断关闭，旅客受困，地铁也可能因电力中断运行受阻。而在高速公路上，当气温太高时，驾驶员也容易疲惫，驾车注意力不集中；高气温对汽车自身的车况影响很大，汽车水箱易开锅，长时间行驶易造成爆胎并引发交通事故。

高温对交通的影响到底表现在哪些方面

1.1 高温对道路的影响

在我国，夏季高温来袭，当气温能达到 35 ℃甚至 40 ℃以上时，沥青路面的温度要比最高气温高 25 ℃左右，达到 60～65 ℃，再加上高温持续时间长，沥青容易出现软化，沥青混凝土路面变软变滑，使车轮与路面间的摩擦系数降低，附着力减小，车辆制动力下降；同时路面承载能力降低，在行车荷载作用下致使路面出现车辙、壅包等变形类病害，影响路面的使用寿命和行车的舒适性，司机在行驶过程中因此会不断变换车道，扰乱交通流的稳定状态，引发交通事故。

1.2 高温对汽车的影响

近几年来，公路爆胎引起的行车事故呈上升趋势。据公安部统计，爆胎引起的交通事故占国内高速公路交通事故总数的 70%（孙元涛，2008）。爆胎是轮胎不能承受胎内气体压力时而发生的瞬间破裂现象，诱发爆胎的原因有很多，包括轮胎结构上的固有弱点、轮胎制造上本身存在的缺陷问题及超载、高速、欠压或过压、意外因素（尖锐异物、直接冲击、运行环境恶劣）等。但主要原因是轮胎的温度升高而导致轮胎材料的机械性能下降（刘惠云等，2009）。另外，在天气炎热时，轮胎胎面中央最高温度可达 100 ℃以上，易使橡胶软化，行驶中如果遇到坚硬障碍物，就容易发生爆胎。特别是液压制动的车辆，制动液在高温下可能会产生气阻现象，影响行车安全。而在高温季节，车辆装备如果满负荷连续行驶，变速器齿轮油的温度会超过 120 ℃，引起齿轮油变质。同时，车辆润滑脂在高温下易流失，使润滑效能下降，严重时容易烧坏齿轮和轴承。有时在北方，白天炎热但早晚气温较低，昼夜温差大，这也容易导致车辆橡胶件老化，轮胎容易变形，光学仪器容易开胶生雾，改变其技术性能（赵世宜等，2012）。

据研究，当气温在 30 ℃ 以上时，汽车自身的故障率就会大大提高，易发生爆胎事故，而爆胎是夏季高温季节重要的交通事故诱因。小型轿车的轮胎胎压值，前轮一般为 2.2～2.3 公斤，后轮一般为 2.4～2.6 公斤。夏天气温高，汽车开动以后，轮胎内的气体会自动膨胀，本来在正常值范围内的胎压，实际可能会上升到 3 公斤以上，这就容易加大爆胎的风险。此外，高温高压作用还会引起机动车发动机"开锅"、润滑系统工作不良、机件受损等机械故障以及油电路故障等。

1.3　高温对司机的影响

高温下，人体蒸发加快，易使身体缺水，使人的感觉反应迟钝、注意力下降。同时，气温上升空气密度减小，气缸里的充气量也相应减少，致使充气系数下降，从而导致发动机功率下降，车辆行驶无力；试验表明，当气温由 15 ℃ 上升至 40 ℃ 时，发动机的功率下降 6%～8%。这种情况下，需要驾驶员根据气温变化不断加油以保持正常功率，从而加大了工作强度，时间长了，易疲倦、急躁，操作失误率增加。此外，高温下司机的视觉、运动反应时间也会随着气温的升高而延长，这对操纵车辆高速行驶的驾驶员来讲是十分危险的。据研究，在车内温度高于 27 ℃ 的情况下，驾驶员对紧急情况作出反应的时间比 23 ℃ 时增加 0.3 秒（王均容，2002）。如果按此气温计算的话，当车速达 60 千米/时，驾驶员看到障碍物采取紧急制动或绕开障碍物时，反应慢 3 秒，汽车就要多行驶出 5 米；而当车速为 80 千米/时，汽车制动距离将增加近 7 米；并且随着车速的增大，反应时间的制动距离也将不断增大；而如果车速达到 120 千米/时，驾驶员在反应的同时就会行驶出 10 米的距离，因此若在 10 米内突然出现障碍物的话，基本就没有反应时间，这也是酷暑行车事故发生率比平常气温时高 50%～80% 的重要原因。

2 什么时候容易出现高温

世界各地对高温并没有统一的标准，在我国，高温天气是指日最高气温大于等于 35 ℃的情况。每年 6—8 月，是我国高温天气出现最集中的时段。其中，北方地区 6—7 月是高温天气出现最多的时段，像华北平原一带 6—7 月出现高温的比重占到全年的 70％甚至 80％以上，北京和天津 6 月、7 月两个月高温日数分别都占到了全年的 84.34％和 81.39％，此外，西安、石家庄、济南 6 月和 7 月高温日数比例也均达到了 80％以上（根据 1981—2010 年 30 年气候平均计算）；而南方则是在 7—8 月才迎来集中、大范围的高温天气，比重也大多可以占到 70％甚至 80％以上，上海、杭州、南京、合肥、南昌、长沙、武汉和福州 7—8 月的高温日数比例也均占到了 80％～88％。

3 炎炎烈日，还能"行"吗

随着我国高速公路的发展，高温对高速公路行车安全危险度分级研究越来越受到有关部门的关注。夏季（6—8 月）日最高气温是衡量高速公路汽车安全行车的重要指标。当日最高气温达到爆胎的临界温度时（最高气温 35.0 ℃或路面温度 62.0～65.0 ℃），汽车轮胎胎肩温度将高达 100 ℃，导致高速公路汽车爆胎事故频繁发生（马淑红等，2009）。特别是近 10 年来，我国高温频率和强度不断增加，爆胎事故也随之成倍递增。根据中华人民共和国气象行业标准，路面温度 T 对高速公路的影响可划分为四个等级：当 55 ℃≤T<62 ℃，1 级，对高速公路交通运行稍有影响；当 62 ℃≤T<68 ℃，2 级，对高速公路交通运行有一定影响；当 68 ℃≤T<72 ℃，3 级，对高速公路交通运行有较大影响；当 72 ℃≤T，4 级，对高速公路交通运行有严重影响（全国气象防灾减灾标准化技术委员会，2010）。

此外，不少地区的气象部门也根据当地情况通过气温对道路或交通的影响进行一定的划定。如北京市气象部门通过气温来划分道路交通影响安全预警指标等级（程丛兰等，2010），当夏季气温在 33～36 ℃时，对交通会有一定影响，建议车辆适当减速行驶；而当气温达到 36～39 ℃时，对交通有显著影响，建议车辆需要限速；当气温达到 39～42 ℃时，对交通有严重影响；当气温超过 42 ℃时，则会对交通有极严重影响。

据研究（马淑红等，2009），在新疆夏季高速公路的路面日最高温度均比日最高气温高出 25.0～35.0 ℃，并且随着不同下垫面状况下，路面日最高温度与日最高气温差异显著，以北疆戈壁路段差异最大，其次是沙漠公路，绿洲路段差异最小。而由于新疆地域辽阔、地形复杂多样，在不同的下垫面状况下，夏季日最高地温也和公路的路面日最高温度差异显著，其中吐乌大高速公路日最高地温与日最高路面温度之差为 ± 2.0 ℃，其中绿洲路段路面温度比地表面温度偏低 2.0 ℃，裸露路段路面温度比地表面温度偏高 2.0 ℃；北疆戈壁路段日最高地温与日最高路面温度之差为 ±6.1 ℃；南疆高速公路沙漠路段夏季路面最高温度与地表温度之差为 ± 4.5 ℃，其中沙漠路段夏季路面最高温度比地表温度偏高 4.5 ℃，南疆高速公路绿洲路段路面最高温度则比地表温度偏低 4.5 ℃。

也有人曾对 2008 年夏季（6—8 月）新疆若羌模拟公路（在库尔勒至若羌的 218 国道与民丰至若羌的 315 国道的交界处）路面温度的实验数据及同期若羌气象观测资料进行分析发现（刘惠云等，2009），若羌模拟公路路面最高温度对交通运行有影响的概率高达 73％，有很大影响和有严重影响的概率分别为 40％和 23％。其中，晴天 12—18 时，对交通运行有影响的概率达 68％；日最高气温在 37 ℃以上和 35～37 ℃时，若羌模拟公路路面最高温度对交通运行有影响的概率分别达 100％和 87％。同时，对塔克拉玛干沙漠周边公路沿线 9 个气象观测站（库尔勒、若羌、且末、民丰、和田、叶城、喀什、阿克苏、库车）近 48 年（1961—2008 年）5—9 月气温和地面温度资料分析研究发现，夏季（6—8 月）有 1/2 以上的时间地面最高温度均达到了对交通运行有影响的级别，其中 7 月时有 2/3 的时间地面最高温度对交通运行是有影响的。

另外，在不少研究中发现，高速公路路面温度变化的规律与气温的日变化也有一定相似，而路面温度不仅与季节、天空状况有关，还与所处地理位置及自然环境密切相关。如通过研究 2007 年 12 月至 2009 年 11 月京石高速公路在河北段保定、望都、正定三个监测站的资料发现，路面温度和气温均在早晨（日出后的 1.5 小时左右）达到最低值，且两者数值差异不大，路面温度比气温略低 1～2 ℃；而二者的最高值均出现在午后，并且路面温度要先于气温最高值 1～2 小时出现，且数值明显高于气温（曲晓黎等，2010）。

对 2003 年 3 月至 2005 年 8 月南岭山地京珠高速公路粤境北段云岩路段的研究分析发现（吴晟等，2006），在晴天和多云时的路面温度日变化明显，且路面温度在日出后升温较快，要超前于气温和地温，日落后路温下降也较快。其中晴天时，路温、地温、气温的年变化趋势比较一致，路温与地温之间保持着明显的温差，晴天平均 14 时路面温度在全年有 11 个月都超过 30 ℃，5～7 个月超过 50 ℃；多云天气时路温与地温的差值明显缩小，阴天时路温与地温的差值非常小，几乎重合。另外，地形对路面温度有明显影响，海拔较高的地方由于基础气温偏低，路面温度相对也较低。而当遇到高温过程时，路面温度最高都接近 60 ℃，地温也超过 50 ℃，若 14 时路温超过 55 ℃、地温超过 50 ℃持续 3 天，不但对行车安全有很大威胁，对路面、路基结构也有重大考验。

4　高温上路，你需要做些什么

高温天，司机上高速公路务必要做好以下这些准备：

第一，备好饮用水和水箱用水，注意夏季饮食卫生，小心中暑。同时，给车备足水，还可防止车辆高速、长时间行驶，发生高温故障。

第二，出行装备必不可少。汽车上，灭火器和三角警示标志不能缺少，若发生事故，一定要第一时间将警示标志放在后方来车方向 150 米外。

第三，如果需要长途行驶，轮胎最好充氮气。上高速公路前请仔细检查车辆轮胎，注意看是否起包、开线；同时要注意检查胎压，夏天应在正常胎压范围内取偏低的胎压值，小轿车的胎压为 2.3～2.5 公斤比较合适，但主要还得参考汽车轮胎的保修手册。如果有时间，还要对轮胎花纹做个保养，及时清理轮胎花纹内夹的石子、玻璃等硬物，这可是预防车辆在高速行驶中发生爆胎的一个重要之举。

第四，隔一段时间就开车窗观察，闻闻有没有异味，比如焦煳味；尽量每行驶 150 千米左右，就到服务区停车检查，一方面是让驾驶员喝水休息补充体力，另一方面也是给车辆加水，让车轮胎降温。

 参考文献

程丛兰，李迅，郑祚芳，等，2010. 北京道路安全气象预警指标构建及初步应用 [C] // 第 27 届中国气象学会年会论文集. 北京：气象出版社.

李学军，陈枫，刘祥彬，2009. 大雾天气高速公路交通安全保障措施研究 [J]. 交通企业管，24（3）：56-57.

刘惠云，吴彦，路光辉，等，2009. 新疆南部夏季高温的公路交通响应 [J]. 干旱区研究，（6）：909-915.

马淑红，吴彦，赵晓风，等，2009. 新疆高速公路夏季高温爆胎阈值研究 [J]. 中国科技信息，（18）：275-277.

曲晓黎，武辉芹，张彦恒，等，2010. 京石高速路面温度特征及预报模型［J］. 干旱气象，（3）：352-357.

全国气象防灾减灾标准化技术委员会，2010. 高速公路交通气象条件等级：QX/T111—2010［S］. 北京：气象出版社.

石茂清，2005. 恶劣气象条件下的道路交通安全研究［J］. 交通标准化，（8）：30-33.

孙元涛，2008. 汽车行驶在高速公路上产生爆胎成因及对策［J］. 黑龙江科技信息，（15）：1.

王均容，2002. 驾驶员度夏"三注意"［J］. 现代职业安全，（8）：38-38.

吴晟，吴兑，邓雪娇，等，2006. 南岭山地高速公路路面温度变化特征分析［J］. 气象科技，（6）：783-787.

张清，黄朝迎，1998. 我国交通运输气候灾害的初步研究［J］. 灾害学，（3）：43-46.

赵世宜，霍东芳，任杰，等，2012. 高温高湿环境对车辆装备的影响及防护对策［J］. 装备环境工程，（1）：72-74.

强对流来了，还约么

近年来，强对流天气这个词逐渐进入公众的视野，相信不少人或多或少都能说出几种强对流天气，知其危害，但再深入说说可能就不甚了解，强对流天气还能出门约么？要采取怎样的防范措施？下面这些可以让你迅速长知识，扮专家。

 什么是强对流天气

强对流天气是指发生突然、天气现象剧烈、破坏力极大，常伴有雷雨大风、冰雹、龙卷、局部强降雨等强烈对流性的灾害性天气。常发生于中小尺度天气系统，水平尺度小，一般水平范围在十几千米至两三百千米，有的水平范围只有几十米至十几千米。生命史短暂并带有明显的突发性，为一小时至十几小时，较短的仅有几分钟至一小时。

强对流天气来临时，经常伴随着电闪雷鸣、风大雨急等恶劣天气，致使房屋倒毁，庄稼树木受到摧残，电信交通受损，甚至造成人员伤亡等。强对流天气不但对公路交通有很大影响，对铁路运输、航空飞行安全也有重要影响。据中国民航统计，由于天气原因导致航班延误一般占总延误次数的70%，而世界上70%的飞行事故是由于飞机违反安全飞行天气标准起降造成的。暴雨、大风和雷暴也常对铁路设施有所损害，造成安全隐患，阻碍正常运行。据统计，1980—1995年，暴雨洪水引起全国铁路断道2553次，断道时间累计达38 799小时，平均每年分别为170次和2587小时，经济损失达到10亿元（中国气象局战略办，2005）。

 强对流天气是怎么产生的

从强对流天气的环流成因看，主要是由于频繁南下的冷空气与比较潮湿的暖空气碰撞而导致大气变得十分不稳定，这种暖湿的大气在盛夏炎热的午后，会产生强烈的垂直运动而导致强对流天气出现。另外，北方地区高空受较强西北气流控制，白天天气晴好，太阳辐射强，近地面气温升高迅速，而位于华北、东北地区的冷涡相对稳定，常常分裂冷空气南下，在部分地区形成了上冷下暖的不稳定大气层结结构，使得这些地区容易产生强对流天气。强对流天气的另一罪魁祸首是全球气候变暖的大背景。

现在说到重点了，到底什么样的天气才算是强对流天气呢？不同的强对流天气对交通影响一样吗？继续向下看。

强对流天气主要分为以下 6 种类型。

2.1　雷暴

强对流天气往往会带来雷暴，当大气中的层结处于不稳定时容易产生强烈的对流，云与云、云与地面之间电位差达到一定程度后就要发生放电，有时雷声隆隆、耀眼的闪电划破天空，常伴有大风、阵性降雨或冰雹，因此雷暴天气总是与发展强盛的积雨云联系在一起，有很强的局地性和突发性，水平范围只有几千米或十几千米，在时间尺度上也仅有 2～3 小时，因此，这种中小尺度天气系统在预报上有一定的难度。强雷暴是一种灾害性天气，雷电会引起雷击火险，大风刮倒房屋，拔起大树，果木蔬菜等农作物遭冰雹袭击后损失严重，甚至颗粒无收，有时局地暴雨还会引起山洪暴发、泥石流等地质灾害。

从雷电活动的规律来看，冬季大气干冷，则基本无雷；春季水汽渐起，则初雷（表1）；夏季高温潮湿，则雷盛；秋季水汽渐去，则雷潜。

表 1　各城市常年初雷日期

昆明	2 月 6 日	贵阳	2 月 10 日	南昌	2 月 14 日	长沙	2 月 15 日
南宁	2 月 23 日	福州	2 月 26 日	武汉	3 月 1 日	广州	3 月 4 日
杭州	3 月 13 日	合肥	3 月 15 日	海口	3 月 15 日	南京	3 月 16 日
重庆	3 月 22 日	上海	3 月 23 日	成都	4 月 10 日	拉萨	4 月 15 日
天津	4 月 18 日	郑州	4 月 20 日	北京	4 月 23 日	石家庄	4 月 25 日
济南	4 月 27 日	沈阳	4 月 27 日	长春	4 月 27 日	西安	4 月 28 日
呼和浩特	4 月 30 日	太原	4 月 30 日	兰州	4 月 30 日	哈尔滨	5 月 4 日
西宁	5 月 4 日	银川	5 月 8 日	乌鲁木齐	5 月 24 日		

从区域上看，雷暴通常南方多于北方，山区多于平原。从时间上看，一年四季均有发生，每年 3—11 月都是我国雷电多发期，特别是在华南、川西一带，年平均雷暴日数最多的地方可达 100 天以上。不过主要发生在夏季，其次是春、

秋季，冬季只在南方偶尔出现。从月份上看，7—8月雷暴天气发生频率达到顶峰，青藏高原、云南、广西、广东、海南是夏季雷暴天气最多见的地区。

2.2　冰雹

冰雹是从雷雨云中降落的坚硬的球状、锥状或形状不规则的固体降水。常见的冰雹大小如豆粒，直径2厘米左右，大的像鸡蛋那么大（直径约10厘米），特大的可达30多厘米。

冰雹通常产生在系统性的锋面活动或热带气旋登陆影响过程中，但也有局部性的，一般多出现在春、夏之交。在积雨云内，0℃层以下的云层由水滴组成，0℃层以上的云层由过冷却水滴组成，再高一些的云层则由过冷却水滴与雪花和冰晶等混合组成。当上升的冷却水滴与上空的冰晶或雪花相碰，过冷水滴就冻成冰雹的核心。冰雹形成后，或因上升气流减弱，或因其重量较大而下降，当它降到0℃层以下后，又有一部分水滴黏于其上，这时若上升气流增强，它又被带到0℃层以上的低温区，雹核表面的水又被冻成冰，当上升气流再也托不住时，便落到地面成为冰雹。不过要产生10厘米的大雹，必须要有50米/秒以上的上升气流运动（一般产生雷雨的积雨云上升运动仅10米/秒左右）。这样强的上升运动，完全靠大气不稳定的能量释放而获得。所以，降雹的一个必要条件是空气中存在极不稳定的大气层，不稳定层越厚，越利于降雹。

总的说来，冰雹有以下几个特征：①局地性强，每次冰雹的影响范围一般宽几十米到数千米，长数百米到十多千米。②历时短，一次狂风暴雨或降雹时间一般只有2~10分钟，少数在30分钟以上。③受地形影响显著，地形越复杂，冰雹越易发生。④年际变化大，在同一地区，有的年份连续发生多次，有的年份发生次数很少，甚至不发生。⑤发生区域广，从亚热带到温带的广大气候区内均可发生，但以温带地区发生次数居多。通常北方多于南方，山区多于平原，内陆多于沿海。这种分布特征与大规模冷空气活动及地形有关。⑥季节性，大多出现在4—10月，尤其是4—7月，约占发生总数的70%。这段时期，冷暖空气活动频繁，易产生冰雹。从初雹日期看，南方比北方早，从各地区冰雹时间来看，北方时间长。⑦时间性，从每天出现的时间看，以下午到傍晚为最多，因为这段时间对流作用最强。降雹持续时间都不长，一般仅几分钟，也有持续十几分钟的。

我国地域辽阔，地形复杂，地貌差异也很大，而且有世界上最大的高原，使大气环流也变得复杂。因此，我国冰雹天气波及范围大，冰雹灾害地域广。

作为一种中小尺度天气现象，其预警时间短，天气变化剧烈，对各行各业，尤其是工农业生产造成极大危害，造成严重经济损失，并可能危及人民群众生命安全，每年都给农业、建筑、通信、电力、交通以及人民生命财产带来巨大损失。我国冰雹灾害的总体分布格局是中东部多，西部少，空间分布呈现一区域、两条带、七个中心的格局。其中一区域是指包括长江以北、燕山一线以南、青藏高原以东的地区，是雹灾的多发区；两带指我国第一级阶梯外缘雹灾多发带（特别是以东地区）和第二级阶梯东缘及以东地区雹灾多发带，是我国多雹灾带；七个中心指散布在两个多雹带中的若干雹灾多发中心：东北高值区、华北高值区、鄂豫高值区、南岭高值区、川东鄂西湘西高值区、甘青东高值区、喀什阿克苏高值区（中国天气网，2009）。

我国冰雹灾害的时间分布十分广泛，大部分地区降雹时间70%集中在13—19时，尤以14—16时最多。此外，各地降雹有明显的月变化。一般福建、广东、广西、海南、台湾在3—4月；江西、浙江、江苏、上海在3—8月；湖南、贵州、云南一带、新疆的部分地区在4—5月；秦岭、淮河的大部分地区在4—8月；华北地区及西藏部分地区在5—9月；山西、陕西、宁夏等地区在6—8月；北方地区在6—7月、青藏高原和其他高山地区在6—9月为多冰雹月。由于降雹有非常强的局地性，所以各个地区以至全国年际变化都很大（徐毅，2013）。

2.3　雷雨大风

雷雨大风指在出现雷雨天时，顺时风力达到或超过17.0米/秒的天气现象。有时也将雷雨大风称作飑。

大风发生时，乌云滚滚，电闪雷鸣，狂风夹伴强降水，有时伴有冰雹，风速极大。它涉及的范围一般只有几千米至几十千米。雷雨大风常出现在强烈冷锋前面的雷暴高压中。雷暴高压是存在于雷暴区附近地面气压场的一个很小的局部高压，雷暴高压中心温度比四周低，下沉气流极为明显，雷暴高压前部为暖区，暖区有上升气流，就在这个下沉气流与上升气流之间，存在着一条狭窄的风向切变带，这就是雷雨大风发生处，过境时带来极强烈的暴风雨。如果雷雨大风发生在单一气团内部，那么它常常是由于局地受热不均引起。雷雨大风的生命史极短。

2.4　短时强降水

短时强降水是指短时间内降水强度较大，其降水量达到或超过某一量值

的天气现象。这一量值的规定，各地气象台站不尽相同。通常 1 小时降水量≥20 毫米定义为短时强降水，相当于标准脸盆（底面直径为 50 厘米），1 小时内装盛的水量相当于 6.5 瓶矿泉水（600 毫升）≈3.925 升，可用"暴雨如注"来形容。短时强降水带来的主要灾害是城市道路积水、水平能见度下降等。

2.5 飑线

飑，是指突然发生的风向突变，风力突增的强风现象。而飑线是指风向和风力发生剧烈变动的天气变化带，沿着飑线可出现雷暴、暴雨、大风、冰雹和龙卷等剧烈的天气现象，它是一条雷暴或积雨云带。飑线是受起伏地形和热力分布不均而产生的动力作用和热力作用的综合结果。

飑线的形成和发展除与天气形势有密切关系外，地方性条件也起着极其重要的作用。它常出现在雷雨云到来之前或冷锋之前，春、夏季节的积雨云里最易发生。潮湿不稳定气层能助长飑线的强烈发展。当它即将出现时，天气闷热，风向很乱或多偏南风。当强冷空气入侵时，地面冷锋前部的暖气团中，或低压槽附近，大气存在不稳定层结，此时最易形成飑线天气。飑线多发生在下午至前半夜。

飑线从生成到消亡可分为三个阶段：①初生阶段，一般经历 3～5 个小时，有 6 级左右大风，并伴有雷雨。②全盛阶段，历时 1～2 小时，风向突然改变，风速骤增，常由 8 级猛增至 12 级以上，气压急剧上升，温度剧降，短时间会降低 10 ℃以上。这阶段发生的狂风暴雨，破坏力很大。③消散阶段，历时 2 小时左右，风力减小，雷雨强度降低，气压渐降，气温渐升，天气渐好。

2.6 龙卷

龙卷是一种强烈的、小范围的空气涡旋，是由雷暴云底伸展至地面的漏斗状云（龙卷）产生的强烈的旋风，其风力可达 12 级以上，最大可达 100 米/秒以上，一般伴有雷雨，有时也伴有冰雹。它是大气中最强烈的涡旋现象，影响范围虽小，但破坏力极大，往往使成片庄稼、成万株果木瞬间被毁，令交通中断，房屋倒塌，人畜生命遭受损失。龙卷分为陆龙卷和海龙卷。陆上龙卷外围多为泥沙；海上龙卷外围多为海水。海上的这种龙卷也有人叫"龙吸水"。

龙卷是在极不稳定天气下由空气强烈对流运动而产生的，其形成和发展同飑线系统等没有本质差别，只是更严重一些。它的形成和发展必须有大量的能量供应，因而需要有强烈不稳定能量的存在。它与热带气旋性质相似，只不过尺度要小很多。在形成和发展时，由于空气对流，使龙卷中心的气压变得很低，四周气压较高的空气就向龙卷中心流动，当未流到中心时就围绕着中心旋转起来，从而形成空气的旋涡。龙卷水平范围很小，直径从几米到几百米，平均250 米左右，最大为 1 千米左右。在空中直径可有几千米，最大有 10 千米。极大风速每小时可达 150～450 千米，龙卷持续时间一般仅几分钟，最长不过几十分钟，但造成的灾害是很严重的。广东是我国龙卷多发区之一，一年四季都会发生，从时间上看，以春末夏初为多，从地区上看以沿海地区最多，内陆较少。

3　强对流天气出现时间

强对流天气在各地出现的时间不一样，南方要比北方来得早，广东的强对流天气全年都可能出现。雷雨大风多发生在春、夏、秋三季，冬季较为少见。短时强降水一年四季都可见，但以春、夏、秋三季为多。龙卷一般发生在春夏过渡季节或夏秋之交（4—10 月），以前者居多。飑线多发生在春夏过渡季节冷锋前的暖区中，台风前缘也常有飑线出现，以 3—9 月居多。冰雹大多出现在冷暖空气交汇激烈的 2—5 月，也可在盛夏强烈而持久的雷暴中降落。

4　不同强对流天气对不同交通方式的影响

强对流灾害性天气不但对公路交通有很大影响，对铁路运输、航空飞行安全也有重要影响（尤焕苓等，2005）。

4.1　雷暴

对公路运输的影响：强烈的雷电可以击中人体造成人身伤亡，刺眼的闪电和霹雳的雷声对人的视觉和心理有不利影响，增大驾驶员不当操作的概率。

对铁路运输的影响：由于雷易打高架的电线，尤其是电气化铁路的高压动力输电线路，可造成列车失控，以及在山坡沿坡下滑的危险事故。

相对而言，铁路交通受天气影响的程度最小，在一般雷雨、风、雾、雪等天气下都能运行。以高铁为例，目前高铁沿线加设供电线路，即接触网，并且每 50 千米建有一个牵引变电所，负责供电。特殊之处就在于，相邻的两个变电所互为备用。这种"双路供电"的好处是，如果一个变电所发生故障，相邻两个变电所均可以继续给线路供电。接触网上面有一条防雷接地线，保护线路供

电安全。在遭受雷击的瞬间，变电所会在 0.25 秒内自动跳闸断电，0.5 秒内再一次合闸，重新供电。这种瞬间断电就能够保障旅客安全。如果接触网线路被打断，无法通过自动合闸恢复供电，列车内的蓄电池可以应急供电，保障通风、空调及照明设备的运行。在最初设计时，高铁自身的微电子元件就有防雷的要求（中国天气网，2011）。

对航空运输的影响：雷暴天气对航空飞行影响较大。闪电和强烈的雷暴电场能严重干扰中、短波无线电通信，甚至使通信联络短时中断；闪电和强烈的电场能引起飞机个别部分磁化，使磁罗盘产生误差，无线电罗盘指示器的指针左右摆动或缓慢旋转，干扰强烈时指针会突然向雷暴所在的方向偏转，甚至长时间停留在该方向上。此外，飞机在雷暴电场中飞行，由于感应带电的电量很大，在翼尖等部位还会出现跳火花现象而影响到无线通信。雷电还会破坏地面导航设施，影响地面灯光效果等（赵西伟，2014）。

4.2　冰雹

对公路运输的影响：冰雹除了影响能见度和地面的摩擦系数外，最大的危害就是它的砸伤力，冰雹不但能砸伤行人，还会对汽车造成机械损伤。除此之外，冰雹砸掉的树枝、广告牌等物对汽车行驶安全也能造成威胁。

对铁路运输的影响：基本同公路。另外，冰雹还可能对铁路设施造成损坏。

对航空运输的影响：冰雹会打坏飞机和其他地面设施，停在露天机场的飞机和设备会因砸击受损，飞行中遇冰雹，由于相对速度很大，飞机被击伤会更加严重。

4.3　雷雨大风

对公路运输的影响：强对流天气带来的短时大风具有突发性和较强的危害性，不但影响汽车的运行速度，削减驾驶员对车控制的准确性，尤其在顺风和侧风时更容易造成车失控，诱发交通事故；而且大风容易吹倒树木、吹掉广告牌等不结实的物品，给汽车运行安全带来威胁。

对铁路运输的影响：雷雨时强烈的大风不但可以吹毁铁路设备，还可能掀翻列车，大风吹来的风沙还能对铁轨造成掩埋，影响正常运行。极端风力会对高铁的安全运行造成影响。历年月最大风速达到 8 级（17.2～20.7 米/秒）及以上的铁路沿线，每间隔 20 千米设置一处风观测设施，并在常年风大的地方建立挡风墙。资料表明，无挡风墙时，风速大于 20 米/秒时就要限速运行；而在有挡风墙的情况下，当风速为 30～35 米/秒时，也可减速、慢速通过（中国天气网，2011）。

对航空运输的影响：近地面的风对飞机起降安全有直接影响。顺风起落风速过大，会增加滑跑距离，有可能造成冲出跑道或撞击障碍物。逆风起落风速过大，可使飞机操纵困难，有可能使飞机在跑道头提前接地。当飞机在过大的侧风中起降，飞机在向前运动容易偏离跑道方向。飞机接地后，在滑行过程中，侧风对飞机垂直尾翼的侧压力，会使机头向侧风方向偏转，有可能使飞机打转滑出跑道。

雷雨云是低云，会严重影响能见度，影响飞行员的目视判断。雨水还会造成飞机动量损失，"下压"机身，发动机熄火等。雨水在道面滞留，会改变跑道摩擦系数，产生"滑水"现象。有灯光的时候，道面积水还会产生"曲光"现象，严重干扰飞行员的目视。而伴随雷雨的下击暴流是航空业的一大灾害，一旦遭遇下击暴流，飞机会瞬间失控，造成严重事故。

 应对措施

5.1　暴雨天气

（1）强降水使得路面湿滑，能见度差，首先要降低车速，与前车保持安全车距，切勿抢道猛拐弯，雨大要打开前后雾灯，将雨刷调到最快，如仍不能看清外部景物，一定要靠路边停车。

（2）遇到暴雨带来的路面积水要视情况而行。首先要留意积水深度，看积水深度是否超过排气管和半个轮胎高度，如果都符合，就不要强行涉水，避免车辆熄火或出现其他故障；如果非经过积水深的路面不可，要注意保持低速行驶，尽可能不停车、不换挡，油门不回收，过水后，还要留意脚掣和手刹，因为经过水浸后，刹车效能可能会减弱。如果探明水深超过整个轮胎，则不宜涉水。

（3）在山区行车，遇到暴雨要提防山洪和由此引发的山体滑坡、泥石流，应尽快离开山脚或泄洪地段。

（4）铁路运输需及时了解被暴雨洪水冲断的铁路状况，尽快调整运行。

（5）强降水直接影响飞行员的视线，而且降水物附着在跑道上，会使机轮与跑道的摩擦力减小，影响飞机起飞着陆时的滑跑距离，跑道淋湿后变暗，飞

行员目测着陆时容易把高度估计得偏高，所以暴雨天气不适宜飞机的起飞和降落。飞行时也要抬升高度，绕开降水云层。

5.2 冰雹天气

除了要提防冰雹带来的能见度影响外，冰雹最大的危害就是它的砸伤力，机动车辆和飞机都怕砸，所以将它们停放在安全的地方很重要，或者是用有效的遮盖物遮盖缓冲砸伤力。运行中的机动车更容易被砸伤，尤其是迎着冰雹方向运行的车辆，所以遇到大冰雹袭击，最好将车减速或停靠在相对安全的地方。飞机在冰雹天气不能起飞或降落，飞行时遇到冰雹云也必须要绕飞。

5.3 雷暴天气

（1）驾车出行遭遇强烈闪电和霹雳的响雷，千万不要慌张，要适当降低车速，保持心理稳定。人乘坐在车内一般不会遭遇雷电袭击，但打雷时千万不要将头手伸出车外。在山区行车，不可将车停在山顶或过于暴露的路面上，以防雷击。

（2）在户外遭遇雷电，不要在大树下躲避雷雨，如万不得已，也要与树干保持3米距离；不要在水体边、洼地停留，迅速到附近干燥的住房中避雨，山区可以到山岩下或者山洞中避雨。切勿站立于山顶、楼顶上或其他接近导电性高的物体。如果感觉响雷就在头顶，可以蹲下，双脚并拢，减少跨步电压带来的危害。

（3）不要拿着金属物品在雷雨中停留，在雷雨天气中金属物品有时能够引雷。雷暴天气时，在户外最好不要接听和拨打手机，因为手机的电磁波也会引雷。

（4）出门不宜开摩托车、骑自行车，最好穿胶底鞋，可以起到绝缘的作用。

（5）对于铁路运输，雷电有时会击中铁路的电气设备，要注意防护。

（6）雷暴天气不宜飞机的起飞和降落，飞行时也要避开雷暴云。

5.4 雷雨大风天气

（1）开车遇到狂风大作，要控制车速，尤其顺风和侧风，一定要减慢车速。

（2）驾驶者注意力要高度集中，注意行人和骑自行车人的动向，防止意外。

（3）开车和停车都要选择安全的地方，防止大风吹落吹倒的物品、大树砸伤车。尽量摇紧车窗玻璃，防止沙尘飞进驾驶室影响驾驶员的呼吸和观察。

（4）狂风有时能将运行的火车掀翻，所以突遇雷雨大风，要适当减速或停靠，等风小了再运行。

（5）大风天气不宜飞机的起飞和降落，飞行时也要避开强风区。

 **参考文献**

徐毅．我国冰雹灾害的时间分布规律［EB/OL］．（2013-03-21）［2016-10-26］. http：//www. cma. gov. cn/2011xzt/20120816/2012081601_4_1/201208160102/201303/t20130321_208376. html.

尤焕苓，丁德平，邓长菊，2005. 强对流天气对交通的影响及对策［C］//中国气象学会2005年年会论文集．北京：气象出版社：6995-6999.

赵西伟．谈雷雨对飞行的影响［EB/OL］．（2014-05-21）［2016 10-26］. http：//news. carnoc. com/list/282/282433. html.

中国气象局战略办．中国气象事业发展战略研究总论卷——战略任务之二：增强气象对经济社会发展的服务功能［EB/OL］．（2005-01-26）［2016-10-26］. http：//www. sxsqxj. gov. cn/show. aspx？id=2377&cid=85.

中国天气网．极端天气考验高铁速度——专家解读高铁对天气条件的敏感性．［EB/OL］．（2011-08-16）［2016-10-26］. http：//www. weather. com. cn/science/kpzy/08/1455368. shtml.

中国天气网．中国冰雹灾害的地理分布规律［EB/OL］．（2009-03-10）［2016-10-26］. http：//www. weather. com. cn/science/lssj/03/25969. shtml.

沙尘
——看得见的"马路杀手"

提到沙尘，北方的朋友肯定都不陌生，风沙天气里，不少朋友都会戴上口罩和帽子出门，避免沙尘对皮肤和口鼻造成伤害，这个时候开车族往往会暗自庆幸，在车里可以免受风沙天气的侵扰，事实上，沙尘天气里开车上路麻烦一点都不比行人少，而且安全隐患更多，因为沙尘也是诸多"马路杀手"中的一员，它对交通的影响到底有多大呢？首先我们来了解一下什么是沙尘，沙尘是地面尘土、沙粒被风卷入空中，使空气混浊的一种天气现象的统称，分为浮尘、扬沙、沙尘暴和强沙尘暴四类（表1），一些新闻媒体时常把扬沙、浮尘、沙尘暴说成是一回事，实际上这些天气总的学名叫作沙尘天气。

最为严重的沙尘天气我们称之为黑风暴，黑风暴是指瞬时风速≥25米/秒（10级），能见度小于50米的强沙尘暴天气，是春季发生在我国西北和内蒙古西部的一种危害极大的灾害性天气；具有突发性强、影响范围广、破坏力大的特点；其生命史很短，从发生发展到消失不到12个小时。

表1　浮尘、扬沙、沙尘暴、强沙尘暴的比较

名称	成因（来源）	能见度	颜色	天气条件	大致出现时间
浮尘	远地或本地产生沙尘暴或扬沙后，尘沙等细粒浮游空中而形成	＜10.0千米，垂直能见度也较差	远物呈土黄色，太阳呈苍白色或淡黄色	无风或平均风速≤3.0米/秒	冷空气过境前后
扬沙	本地或附近尘沙被风吹起，使能见度显著下降	1.0～10.0千米	天空混浊，一片黄色	风较大	冷空气过境或雷暴、飑线影响时。北方春季易出现
沙尘暴		0.5～1.0千米		风很大	
强沙尘暴		＜0.5千米			

沙尘的时空分布

1.1 沙尘时间变化特征

沙尘天气随时间有日变化和季节性变化之分。

从日变化来看，午后到傍晚是沙尘天气发生最为频繁的时段。这主要是因为午后锋面前后地面受太阳辐射强度不同导致温度梯度加大，促使沙尘暴天气强度增大；而傍晚或夜间锋面前后气温梯度锐减，沙尘暴的强度也明显减弱。

从季节变化来看，春季沙尘暴最多、夏季次之、秋季为最少。这主要是因为春季和初夏季节土壤表层疏松，并且冷空气活动频繁，在午后不稳定的大气层结状态下就容易产生沙尘天气。

1.2 沙尘空间分布特征

总的来看，我国沙尘天气主要发生在北方地区，南方几乎没有；北方又以西北地区为最多；西北地区又集中分布在南疆盆地、甘肃河西走廊和阿拉善高地沙漠区（尹晓惠，2009）。

对 1952—2000 年中国西北及华北的强及特强沙尘暴统计资料等的分析研究表明，中国沙尘暴多发区主要有 3 片（钱正安等，2002）：

以民勤为中心（达 43 次）的河西走廊及内蒙古阿拉善高原区；

以和田为中心（达 42 次）的南疆盆地南缘区；

以朱日和为中心（达 10 次）的内蒙古中部区。

其中，前两片的沙尘暴频数比内蒙古中部要高得多。另外，以宁夏盐池及内蒙古鄂托克旗为中心（达 5 次）的宁、内蒙古、陕交界处也是相对高的强或特强沙尘暴活动中心区。

1.3 春季沙尘时空分布

由于沙尘往往与大风相伴而行，因此，通过统计分析 1971—2000 年春季（3—5 月）大风日数与扬沙日数的数据发现，扬沙日数和大风日数呈现出明显的正相关，西北西部以 4 月和 5 月最多，西北东部经华北到东北西部的广大地区及东北东部 4 月最多，东北北部 5 月最多，青藏高原东部 2—3 月最多，秦岭、淮河以南地区沙尘天气发生次数少，出现时间也较为分散（翟盘茂等，2003）。

沙尘对交通的影响

　　沙尘暴常为突发性天气现象，气象雷达和卫星云图也很难对其发生时间和强度作出准确判断，预报难度较大，每当沙尘暴来临，强风和低能见度会直接影响飞机的起飞和着陆，导致许多航班返航、取消、延误或备降，扰乱航班正常秩序。同时，强风还容易造成汽车、火车车厢玻璃破损、停运或脱轨，导致交通混乱、事故频发。在中国西北和华北北部地区沙尘暴掩埋路基，阻碍列车运输的现象也时有发生。

 沙尘对航空的影响

3.1　低能见度影响航班的正常并危及飞行安全

　　沙尘暴天气造成的恶劣能见度是航空飞行一个很大的障碍，与飞行活动关系密切，是决定机场能否开放以及飞机着陆起飞是采用目视飞行规则还是用仪表飞行规则的依据之一，受沙尘暴的低能见度影响，飞行员很可能因为视觉模糊出现迷航或错觉，即使依靠先进的仪表设备着陆，仍难以对准跑道位置，还需辅助目视操纵，能见度低造成的目视困难，使飞机起飞、着陆具有很大的危险性。

　　2012 年 3 月 29 日 13 时 30 分，内蒙古通辽市突现大风沙尘天气，平均风力达到 6~7 级，阵风高达 7~8 级，受其影响，于 14 时 35 分起飞的通辽—北京的 CA1124 次航班及哈尔滨—通辽的 GS6586 次航班延误，直到次日上午，航班才恢复正常。

3.2　强风（大侧风）造成风速超标并威胁停场飞机安全

　　沙尘暴伴随出现的大风往往会对航空器的飞行和起降造成最为直接的影响，使飞行驾驶员难以操纵飞机；在强烈的侧风之下进场降落，是民航飞机最复杂和危险的飞行动作之一，如果航班落地后风速突然加大会致使其无法继续滑行，只能使用拖车将其拉回停机位。强风还会把停场飞机特别是一些小型的飞机吹离原位，甚至将其吹翻，损坏机身。

3.3 对飞机的物理损害

对飞机的潜在威胁最大的是沙尘暴沉积物，沙尘暴沉积物是目前为止影响飞机最粗的颗粒，沙粒与飞机间的摩擦产生的静电可形成无线电干扰，造成通信失效及罗盘失灵。如果沙尘进入发动机进气道，沙尘可能会造成发动机空气、燃气通道中各部件尤其是转子叶片的严重磨损、油路堵塞、导电不良等一系列故障，引发飞行事故（雷建顺，2012）。

4 沙尘对陆地交通的影响

4.1 直接影响——低能见度、大风

沙尘暴或强沙尘暴天气里，天空往往一片昏黄，加上风大，容易造成驾驶员视线较差，一般在高速公路上行驶的车辆，由于车速很快，路面出现轻微积沙就可能会造成交通事故。

风对于行车安全的直接影响主要表现在大风使车辆行驶阻力增大、增加车辆负载、影响行车稳定性；大风导致的障碍物坠落及沙尘使能见度急剧下降等也会影响车辆的行驶安全。此外，大风天气中，高速行驶的两车之间容易形成空气对流干扰现象，影响车辆行驶的稳定性，造成交通事故。当车辆迎风行驶时，车身易发生摆动，当风从车辆侧面刮来时，转弯时方向盘不易控制，高速行驶的高架货车和大型客车车身发生倾斜，严重时甚至发生车辆颠覆事故。

据统计，当车辆过高时，横向侧面风的风速达到 5 级以上时，易发生自身翻车事故（中国气象网，2015）。而且大风可能还会使汽车、火车车厢玻璃破损；如 2006 年 4 月 11 日发生在中国新疆吐鲁番地区，特大沙尘暴大风造成兰新铁路沿线数千名旅客被困，兰新铁路吐鲁番段有 36 列客运列车停驶避风，许多列车车厢迎风的车窗玻璃被狂风卷起的石块击碎，车内温度骤然降至 0 ℃以下，车体玻璃损失严重。

2007 年 2 月 28 日，一列客车在中国新疆吐鲁番境内遭遇特大沙尘暴，11 节车厢被狂风推翻，4 人当场死亡，多人受伤，其瞬间风力达到 13 级，风速 45.1 米/秒。

1993 年 5 月 5 日，发生在甘肃金昌的黑风暴，白昼变成了暗夜，河西公路几近瘫痪，兰州—新疆干线中断 31 小时。

4.2 间接影响——风沙天气潜在的交通隐患

远光灯的影响：沙尘天气往往能见度低，有的司机往往会误以为开远光灯能提高能见度，但其实灯光开得越强并不能提高能见度，反而会让您的视线变得越发模糊，严重时会让眼前成为白茫茫一片，什么都看不清。

行人及非机动车的影响：风沙肆虐，容易造成树木、广告牌等物体倒塌，而且也会使得自行车、三轮车、摩托车等稳定性变差，操控难度加大。再加上行人往往用纱巾、口罩蒙上脸，或戴上墨镜，视野受到一定的限制，还有的人加快脚步狂奔乱跑，所有这些都可能给交通安全带来不小的隐患。

沙尘天气行车注意事项

（1）检查车辆密封性——莫让沙尘有可乘之机

应对沙尘天气，车主最好提前检查一下车窗的密封胶条是否有老化、开裂等现象，必要时更换老化的密封条，以便及时更换或尽早采取必要的措施，防止行车时沙尘钻进车内，影响驾车安全。

（2）正确使用灯光——勿用远光灯

沙尘天出车前记得全面检查车辆的灯光装置，驾车时打开前后防雾灯、尾灯、示宽灯和近光灯，利用灯光提高能见度，看清前方车辆及行人与路况，也让别人容易看到自己。此外，沙尘天气不宜使用远光灯，应使用防炫目近光灯，以免因出现眩目而引发事故。

（3）控制车速、保持车距

沙尘天气行车时，要正确判断风向，注意放慢车速，握稳方向盘，防止行驶路线因大风而偏移，同时注意尽可能减少超车，保持车辆的横向稳定性。逆风行驶时，要注意风向突然改变或道路出现较大弯度，防止风阻突然减小、车速猛然增大。

沙尘天气不要跟车太近，保持安全车距，留出处理突发事件的反应时间；尤其在多尘道路上不要尾随行车，防止前面车辆扬起的尘土妨碍视线，不能及时处理意外情况，引发事故。如果是在高速公路行驶，尽量避开在最内侧车道行车，远离缓冲绿化带，尽可能在中间车道行车，防止大风天的时候，中间缓冲隔离带的界桩等被吹倒，引发事故。

（4）避开行人和特殊车辆

狂风来临时，往往飞沙走石，行人为避风只顾奔跑，此时要降低车速，必要时要使用喇叭提示，引起行人及非机动车的注意，缓慢行驶，随时做好刹车的准备。此外，司机还应注意避让大型货车，或是超载、超高、超宽、拖车、罐车、危化品等特殊车辆，一旦遇到这些特殊车辆，要么提前超车，要么保持车距，尽量避开，以免发生危险。

（5）车停到合适的位置

风沙特别大时，停车要远离楼房、栅栏、施工围挡，尽量远离阳台和窗户，避免出现高空坠物砸车的现象，找安全宽阔地点停车；载货车辆应扎紧车上篷布，固定好车上货物；装载重量轻、体积大的物资，应停车避开暴风，以免车辆被暴风吹刮而离开正常的行驶路线。

（6）空调用内循环模式

汽车空调系统的外循环模式是从车外吸进空气，再通过压缩机或暖风水箱将空气制冷或制热后通过鼓风机吹入车内。一般车辆在空气入口处都装有粉尘滤清器净化吸入车内的空气，而粉尘滤清器实质就是一个空气的粉尘过滤器。所以，在沙尘天气中，一定要使用内循环系统。

 参考文献

雷建顺，2012. 和田沙尘暴天气对飞行活动的影响 [J]. 科技传播，(1)：73-74.

钱正安，宋敏红，李万元，2002. 近50年来中国北方沙尘暴的分布及变化趋势分析 [J]. 中国沙漠，22（2）：106-111.

尹晓惠，2009. 我国沙尘天气研究的最新进展与展望 [J]. 中国沙漠，29（4）：728-733.

翟盘茂，李晓燕，2003. 中国北方沙尘天气的气候条件 [J]. 地理学报，58（增刊）：125-131.

中国气象网. 沙尘天气如何影响交通 [EB/OL]. (2015-04-15) [2016-10-28]. http：//tianqi. 58q. org/news/1937. html.

雾锁碧天，你有双慧眼吗

似梦似幻，缥缈婆娑，

诗人的笔下，雾是可爱的女子。

有时，

她为灯塔盖上一层轻纱。

有时，

她将跨海大桥揽入怀中。

更有甚时，

她还跑到陆上，遮住车子的眼睛。

 ## 海雾危害知多少

海雾无声无息，不像台风那样呼风唤雨，也不能导致惊涛骇浪，翻江倒海，因此它的危害常不被人所熟知。然而海雾是沿海地区的重大气象灾害之一。海雾使海上和沿海地区的水平及垂直能见度降低，对海上渔业、平台作业、航运、军事行动以及沿海航空和公路交通造成很大的妨碍，是引发重大事故的重要原因。

据国际对 1956—1985 年发生的 2000 多起事故中的 732 起海损事故统计（另 1200 多起无资料），发生在能见度不良条件下的就有 501 起，占 68.4％（杨振忠，1990）。据青岛海事局不完全统计，2000—2003 年海上船舶碰撞或搁浅事故中，50％左右与海雾有关。海雾发生时，不仅影响海上航行和港口作业，而且沿海高速公路交通运输受阻甚至关闭（张苏平等，2008）。

历史上比较著名的海雾灾害，例如 1976 年 2 月 16—17 日我国粤东汕尾海面出现大雾，导致 16 日索马里"南洋"号被荷兰"斯曲莱特·阿尔古爱"号撞沉，17 日日本油轮"碧阳丸"号与索马里"昆山"号相撞，"碧阳丸"号沉没，

"昆山"号严重损坏。1978 年 10 月 12 日，希腊油船"克里斯托·彼特斯"号装载 35 000 吨原油从荷兰鹿特丹驶往英国，途中遇浓雾而触礁，溢出的原油污染了威尔士海岸。我国"向阳红 16 号"科学考察船的沉没也是因为海雾的影响（白彬人，2006）。

近几年，海雾也不时滋扰高速公路和跨海大桥。2011 年 7 月 9 日上午，青岛胶州湾大桥因为大雾封闭了 5 个小时。工作人员解释说，红岛互通立交到红岛航道桥段能见度低于 100 米，不适合通车。因为大桥封闭，不少车主改走高速公路，环胶州湾高速双埠收费站当日通过车辆比平时多了 1300 辆。针对大雾恶劣天气，交警部门增加了警力来巡查。

 海雾最钟爱何处

海雾发生后，海面水平能见度降低，对在海上和港口航行船舶的安全带来很大危害。我国沿海和近海多有海雾发生。

我国沿海自南向北有 5 个相对多雾区：雷州半岛和琼州海峡、福建沿海、舟山群岛、青岛—潮连岛附近海域、成山头附近海域。自南向北多雾区范围增大，出现海雾的概率也在增加。

雷州半岛和琼州海峡年均雾日多于 20 天，但雷州半岛到珠江口却为少雾区，年均雾日数不足 20 天。从粤东北部沿海向北，雾日数增加，福建沿海年平均雾日为 20~30 天，厦门附近的多雾中心为 39.5 天，而且多雾区面积较华南沿海明显扩大。舟山群岛多雾中心的年雾数可达 50 天以上。舟山群岛向北的江苏沿海雾日减少，连云港全年雾日只有 16 天。沿山东半岛，雾日逐渐增多，青岛—潮连岛附近多于 50 天，黄海北部的成山头可达 83 天，两个多雾中心之间为一相对少雾区，乳山口只有 24.3 天（江敦双等，2008；候伟芬等，2004；汤鹏宇等，2013；周立佳等，2005）。

 海雾何时现身

海雾有明显的季节性，中国沿海雾季开始时间、雾日最多月份出现的时间由南向北逐渐推迟。海南雾季在 12 月至翌年 3 月，1 月雾日最多；北部湾、雷州半岛雾季在 1—4 月，2—3 月雾日最多；广东沿海雾季在 1—4 月，3—4 月雾日最多；福建沿海雾季主要出现于 2—5 月，3—4 月雾日最多；舟山群岛雾季

与江苏沿海雾季都在 3—6 月，4—5 月雾日最多；山东南部沿海雾季是 4—7
月，6—7 月雾日最多；黄海北部雾季在 4—8 月，7 月雾日最多；渤海雾季在
4—7 月，7 月雾日最多。终雾期也是自南向北延迟：北部湾—雷州半岛—粤东
沿海为 4 月底，福建沿海为 5 月底，舟山群岛为 6 月底，青岛—潮连岛附近为
7 月底，只有成山头外海延至 8 月（王玉国等，2013；宋亚娟，2009；董剑希，
2005）。

　　雾季中，一日中各个时次都有出雾的可能，但主要出现于下半夜至日出前，
其中清晨最多，海雾的消散一般在上午日出之后。主要原因可能是夜间海上气
温下降快，贴近海面的空气较为稳定，为海雾的生成提供了条件。而白天这段
时间海上的气温上升快，低层大气不稳定，加之湍流的作用不易形成海雾。日
出以后，尤其在 08 时左右，海上的气温上升很快，海雾就容易消失。而 20 时
以后海水温度下降较大，贴近海面的空气温度随之下降，低层大气较易趋于饱
和与稳定，不利于海雾的消失。

　　统计表明，85％的大雾持续时间低于 10 小时，其中持续时间 4～5 小时的
占 24.5％，是持续时间最集中的时段。超过 10 小时的大雾不足 15％。

 4 **海雾对交通的影响**

　　海雾发生后，海面水平能见度降低，对在海上和港口航行船舶的安全带来
很大危害。我国沿海和近海多有海雾发生。海雾发生时，不仅影响海上航行和
港口作业，而且沿海高速公路交通运输受阻甚至关闭。由于起雾期间近海海面
水汽含量大，不同波长电磁波的吸收、散射和反射特性会受到水汽的严重干扰。
因此，在一切海上和沿岸的经济、社会和军事活动中，海雾是需要我们高度关
注的重要因素。

4.1　海雾对公路交通的影响

　　当海雾出现时，能见度较低，严重影响着海上航运、海上作业等。如果海
雾登陆时，能够深入内陆几十甚至几百千米远，有时因稳定少变的天气形势而
持续数日，给沿海地区的公路、航空以及人类的各项活动带来了直接和间接的
影响。

　　海雾会影响沈海高速、甬台温高速公路以及沿海城市周边高速，像胶州湾
高速、疏港高速、同三高速、青银高速和即平高速青岛段都会受影响。

4.2 海雾对船舶航行的影响

海雾作为影响船舶航行的不安全因素，特别是在春季，给海上航行安全带来的最大影响是能见度下降，造成船舶瞭望、陆标定位困难等，从而易发船舶触礁、碰撞等海上交通事故，造成人员伤亡、财产损失、环境污染。

中国沿海船舶雾中航行的几个难点区域：老铁山水道、成山头海域、长江口水域、台湾海峡、珠江口海域。

雾中航行安全对策：能见度小于 5 海里*时，即认为能见度不良，应处于雾航的戒备状态，做好一切雾航准备工作，开启雷达并调整到最佳状态，注意守听 VHF 和加强瞭望等。当能见度小于 3 海里时，即认为能见度严重不良，按规定施放雾号，通知机舱备车，进行系统观测，不论白天、夜间必须开启航行灯，同时应毫不迟疑地报告船长。

4.3 海雾对跨海大桥交通影响

我国沿海地区的跨海大桥特别容易被海雾侵袭，导致长时间的封桥，对交通影响较大。像舟山跨海大桥团雾高发地段主要有：蛟川互通前后 2 千米路段、金塘大桥主通航孔桥附近路段、金塘往舟山方向 3 千米路段、册子岛至桃夭门大桥的弯道路段。此外，包括青岛胶州湾跨海大桥、杭州湾跨海大桥等都是海雾的高发路段（表 1）。

表 1　我国沿海地区海雾高影响跨海大桥及主要影响时段

海雾高影响大桥	所属区域	重点防范时段
嘉绍跨海大桥、杭州湾跨海大桥、朱家尖跨海大桥、象山港大桥、舟山跨海大桥	浙江	海雾高发期：3—6 月
世纪大桥、清澜大桥、厦门大桥、海沧大桥、集美大桥、杏林大桥、翔安大桥、厦漳大桥、平潭跨海大桥、南澳大桥、汕头海湾大桥、汕头礐石大桥	华南地区	海雾多发期：2—4 月
胶州湾跨海大桥、海即跨海大桥	山东	海雾多发期：4—7 月

面对海雾，要严格控制车速，保持必要间距。能见度小于 200 米时，车速不超过 60 千米/时，与前车保持 100 米以上的距离；能见度小于 100 米时，车速不超过 40 千米/时，与前车保持 50 米以上的距离；能见度小于 50 米时，车

---

* 1 海里＝1852 米，余同。

速不超过 20 千米/时，并从最近的出口尽快驶离高速公路。

雾天行车，能见度小于 200 米时，开启雾灯、近光灯、示廓灯和前后位灯。能见度小于 100 米时还要及时打开双跳灯，提醒后方车辆你的位置。但是切记不要使用远光灯，因为远光灯是向上方照的，射出的光线被雾气漫反射，会在车前形成白茫茫一片，造成视觉错误。

 参考文献

白彬人，2006. 中国近海沿岸海雾规律特征、机理及年际变化的研究 [D]. 南京：南京信息工程大学.

董剑希，2005. 雾的数值模拟研究及其综合观测 [D]. 南京：南京信息工程大学.

侯伟芬，王家宏，2004. 浙江沿海海雾发生规律和成因浅析 [J]. 海洋学研究，22（2）：9-12.

江敦双，张苏平，陆惟松，2008. 青岛海雾的气候特征和预测研究 [J]. 海洋湖沼通报，（3）：7-12.

宋亚娟，2009. 北太平洋海雾发生频率的气候学特征 [D]. 青岛：中国海洋大学.

汤鹏宇，何宏让，阳向荣，2013. 大连海雾特征及形成机理初步分析 [J]. 干旱气象，31（1）：62-69.

王玉国，章晗，朱苗苗，等，2013. 辽东湾西岸海雾特征分析 [J]. 海洋预报，30（4）：65-69.

杨振忠，1990. 北太平洋的海雾与船舶安全 [J]. 航海技术，（4）：3-7.

张苏平，鲍献文，2008. 近十年中国海雾研究进展 [J]. 中国海洋大学学报：自然科学版，38（3）：359-366.

周立佳，刘永禄，袁群哲，2005. 东南沿海海雾分布的统计与预报 [J]. 航海技术，（4）：24-25.

有时是美景，有时是灾难

天气是把双刃剑，比如说大风既可以驱散雾霾，也可以导致高空坠物，引发危险。而这里将要提到的雾凇和冻雨，其形成过程有些类似，而引发的后果截然不同，大自然鬼斧神工，既可以造就绝美的景观，也会引发深重的灾难后果。

雾凇——看上去很美

提到雾凇，首推名满天下的吉林雾凇奇观。"一江寒水清，两岸琼花凝"是其仪态妖娆、独具丰韵的典型概括。当雾凇出现的时候，漫漫江堤，披银戴玉，仿若柳树结银花，松柏绽银菊一般。一时间，雾凇奇景便把人们带进如诗如画的仙境之中，这让身临其境的中外游客赞不绝口。

在吉林，冬季的松花湖上一抹如镜、冰冻如铁，但冰层下面几十米深的水里仍能保持 4 ℃的水温，水温和地面温差常在 30 ℃左右，于是位于其下游的松花江穿过市区时就形成了几十里不封冻的江面。温差使江水产生雾气，江面上白雾袅袅，久不消散。沿江的十里长堤上，苍松林立，杨柳抚江，在一定的气压、风向、温度等条件的作用下，江面的大量雾气遇冷后便以霜的形式凝华在周围粗细不同的树枝上，形成大面积的雾凇奇观。每年从 12 月下旬到翌年 2 月底，都是观赏雾凇的最佳时节，最多时一年可出现 60 余次。雾凇的观赏分为"夜看雾，晨看挂，待到近午赏落花"这三个阶段。除了景色如画、赏心悦目以外，吉林雾凇还是空气的天然清洁工。由于其结构很疏松，密度也很小，对树木、电线等附着物破坏力小，反而对净化空气和隔离噪音有着妙用。

虽然严重的雾凇也会引发一些灾害，但是由于形成雾凇的冰粒密度较低，冰粒之间的黏结力也较差，易于从附着物上脱落，故而危害性往往不会过于严重，大自然显示了善意的一面。而与雾凇形成过程相类似的雨凇就没有这么善意了，往往会引发极大的灾害性后果。

那么什么是雨凇，又是什么天气造就的呢。不急，我们慢慢往下看。

 ## 雨凇——看上去很美，但危害极大

雨凇是一种冻结的透明或半透明的冰层，是大气中过冷的雨滴落到温度低于 0 ℃的地面或树枝、电线上时冻结形成的。造成雨凇的这种灾害性天气叫冻雨。单从外观上来看，雨凇的出现使得大地银装素裹，晶莹剔透，美轮美奂，也是具有观赏性的景观，但是雨凇比其他形式的冰粒要更坚硬、透明且密度更大，能达到 0.85 克/厘米^3，而雾凇密度只有 0.25 克/厘米^3，再加上冻雨的持续使得雨凇持续增多变厚，使得地面或者电线上的冰层越来越厚，对交通出行影响极大，还会造成供电线路的中断。如果冻雨天气持续时间长的话，还会引起冰冻灾害，这在冬季到初春时节最为常见，造成电线被压断、树木被摧毁、农作物被冻死、交通通信受阻等严重后果。冻雨是一种严重的高影响灾害性天气，如 2008 年初冬，我国南方发生了大面积的低温雨雪冰冻灾害。南方多省电力中断、航空停运、大部分高速公路封闭，给当时春运高峰交通带来了前所未有的压力。接下来我们就将重点关注冻雨到底是怎么产生的，主要出现在哪些区域，遭遇冻雨时，安全行车有哪些注意事项。

 ## 冻雨——造成冰冻灾害的罪魁祸首

什么是冻雨？顾名思义，雨滴落到地面或其他物体表面迅速冻结成冰。不过这雨滴并不是普通的雨滴，而是过冷的水滴，另外就是地面持续低温也是冻雨形成的必要的温度条件。用"滴水成冰"来形容冻雨的形成可以说是恰如其分。

冻雨的形成过程当中，最重要的是冷空气和暖湿层，另外上暖下冷的异常大气状态也是极大的帮凶。

（1）冻雨的形成——无冷空气不可

当较强的冷空气南下遇到暖湿气流时，冷空气会像楔子一样插入暖空气的下方，近地面层气温骤降到 0 ℃以下，而其上方的气温却在 0 ℃以上，湿润的暖空气被抬升，形成的雨滴往下落的过程中，进入低于 0 ℃的气层时，就会变成过冷却水滴，这种低于 0 ℃的水滴如果遇到冻结核，就会变成冰粒或雪花，而由于缺乏冻结时必需的冻结核，当这种雨滴从空中落下来正准备冻结时，一旦落到温度低于 0 ℃的地面或物体上，就会立即在电线杆、树木、植被或道路表面冻结成冰，形成一层密实光滑的、有时是透明的玻璃状冰壳，也就是形成雨凇。

冻雨的产生，需要的不仅是冷空气，而且还必须是比较强的冷空气，才能使得地面温度降到 0 ℃以下，雨滴落到地面结冰。

（2）冻雨的形成——足够的暖湿空气

冷空气再强，没有暖湿气流，也无法形成降雨。在冻雨前期的生命史中，很重要的另一个角色就是暖湿层，并且有一定的厚度。暖湿气流的来源主要与高层的副热带高空急流锋区、低层的云贵准静止锋以及中低层的西南低空急流有关。

（3）异常的大气状态——上暖下冷（逆温层）

很多研究指出，冻雨的发生与逆温层的存在密不可分，换句话说，冻雨过程的出现总是伴随着逆温层的存在（宗志平等，2013）。逆温层指的是，与正常情况下不同，大气中上（高）层暖而下（低）层冷的状态。在垂直方向上，对流层中下层的大气可表现为冰晶层、暖层和冷层。冰晶和雪花位于最高的冰层，它们在下落的过程中先经过暖层而融化成雨滴，接着在冷层形成过冷却水。过冷却水接触到地面，形成冰冻。

逆温层变化对冻雨强度有明显的影响。逆温层强度偏强时，冻雨强度增强，反之亦然。逆温中心对应着出现冻雨区域的强中心。

另外，在低温、较小的风速和湿度高的条件下，会更有利于冰冻天气发生。冻雨发生时，地面平均温度为−6～0 ℃。

 冻雨的分布特点

冻雨大多发生在高海拔和相对湿度较大的地区，发生季节主要在冬季，而且受到地形、地貌影响较大。一般而言，山区比平原多，高山最多。在山体北侧山前，由于低层冷空气堆积，造成气温持续偏低，而在山体南侧，由于下沉增温作用，造成南侧气温高于北侧，也就是说山的北侧比南侧更有利于冻雨的出现（赵珊珊等，2010）。

4.1 冬季的另类产物——冻雨

作为制造雨雪冰冻天气的主力，冻雨在我国大多出现在 1 月上旬至 2 月上中旬的一个多月内，起始日期具有北早南迟，山区早、平原迟的特点，结束日期则相反。地势较高的山区，冻雨开始早，结束晚，冻雨期略长。如皖南黄山光明顶，冻雨一般在 11 月上旬初开始，翌年 4 月上旬才结束，长达 5 个月之久。据统计，江淮流域的冻雨天气，淮北 2～3 年一遇，淮南 7～8 年一遇。但在山区，山谷和山顶差异较大，山区的部分谷地几乎没有冻雨，而山势较高处几乎年年都有冻雨发生。

我国几乎每年都会有低温雨雪冰冻事件发生。一般从 11 月开始，翌年 3 月结束，以 1 月居多。平均而言，每次事件持续 6～7 天，其中，最长的持续了 24 天（2008 年 1 月 10 日至 2 月 2 日），最短只有 1 天（1990 年 1 月 15 日和 2000 年 12 月 12 日）。从发生的年频次看，最多的为 1988 年冬季，前后发生了 5 次冰冻事件，累积天数也达到了 24 天。

4.2　冻雨最爱出现在哪儿

冻雨在我国多有出现，从地理分布上看，最北从河南，最东到江西，最西一直到云南东部（宗志平等，2013）。出现最多的省份为贵州、湖南、江西、湖北和河南。尤其是贵州，冻雨的发生次数要远远多于其他省份，贵州西部的威宁还有"冻雨之乡"的称号。山区比平原多，高山最多。

（1）冻雨第一高发地——贵州

2008 年，以贵州为首的我国南方大范围的冰冻雨雪天气，使贵州一夜成名，于是，"贵州冻雨"像"吉林雾凇""峨眉宝光""登州海市""雅安天漏""庐山云雾""三大火炉"那样成了气象"品牌"，牢牢印记在人们的记忆里。

从气候特点上来看，在贵州山区出现冻雨属当地冬季的"特色天气"。它的特色，体现在海拔高度上，也体现在纬度上。贵州大部分地区的海拔高度相对都比较高，大多在 1000 米以上，因而当地素有"地无三里平"的说法。贵州位于云贵高原的东部，属于喀斯特地貌，气候为亚热带季风气候。由于石灰岩容易受到流水侵蚀，所以多山地、峡谷、丘陵、溶洞。在全省总面积中，高原、山原、山地占 86%，丘陵占 10%。湖南西部和南部地区也是山区丘陵地带，海拔高度也是比较高。冻雨恰恰"喜欢"在比较高的地势出现，因为这些地势较高的地区，地面温度经常在 0 ℃以下，当雨降落到气温在 0 ℃以下、地势比较高的地面，很快就会冻结起来。这是地理原因。另一个非常重要的原因就是贵州、湖南这两个省均处在 27°～28° N 的范围内，这正是冷空气与暖湿气流碰并、相互交汇的一个"结合部"，很容易形成冻雨，这是气象原因。由此看来，冻雨的产生带有一定的地方特色。

贵州受冻雨影响范围广，就南北分布而论，中间多，南北少；东西向而论，西部多，东部少，因为西部海拔较高，气温是随高度向上递减，所以西部多于东部。年平均冻雨日数在 10 天以上的范围，主要集中在 $26.5° \sim 27.5°$ N，称为贵州冻雨频发地带。该地带有四个冻雨中心，分别是威宁、大方、开阳和万山，年平均冻雨日数分别达到 47.9 天、31.9 天、25.7 天和 26.7 天（杜小玲等，2010）。

贵州省的冻雨灾害天数占全国的 80％以上，1 月是贵州冻雨最频发的月份。2011 年 1 月，贵州地区的冻雨天气间歇持续 21 天左右，是 1984 年以来持续最长的一次冻雨灾害。自 1949 年以来，贵州地区发生过 5 次特大冻雨灾害，分别是 1954 年，1963 年，1967 年，1983 年和 2008 年。

（2）冻雨第二高发地——湖南

湖南是仅次于贵州冻雨最多的区域。湖南地处南岭山脉北麓，东、南、西三面环山，山高一般在 1000 米以上，东部是罗霄山山脉，地势由西南向东北倾斜，这种地形极为有利于冷空气从湖南东北部侵入，并在湖南境内滞留堆积，从而形成深厚的冷空气层，在一定条件下西南气流受南岭山脉阻挡抬高爬升，这种上暖下冷的温度层结非常有利于严重冻雨的生成（叶成志等，2009）。

湖南的冰冻天气以雨凇为主，多冰区和少冰区的分布与湖南的山地走向一致。湖南的冰冻，一般从 12 月开始，翌年 2 月结束（较高山地例外），因此一般习惯把 12 月至翌年 2 月称为冰冻期。平均冰冻日数为 1～9 天。湖南冰冻出现次数在全国仅次于贵州省，其危害程度在冻害中居首位。冰冻发生的年频数（或日数）总的分布趋势是北少南多，山地多平原少。在南部山区中，又以北坡地区比南坡地区容易出现冰冻。

（3）冻雨又一多发地——江西

江西冻雨频发地带的分布与地形有直接的关系。江西东、南、西三面环山，中部多丘陵起伏，北部有坦荡平原，整个地势由外到内、从南向北逐渐向鄱阳湖倾斜，构成一个向北开口的喇叭口地形。冷空气经喇叭口南下进入江西，使这一带降温较其他地区更快，冻雨出现也更加频繁。

约 1500 米的高度上，冷暖空气常常在 $26° \sim 28°$ N 交汇，其上方为 3000 米高空处的强盛西南暖湿气流。暖湿空气爬升向上，造成大气上暖下冷，形成逆温，从而更有利于冻雨天气形成（许爱华等，2011）。

江西受冻雨影响范围较广，全省几乎都出现过强度不一的冻雨天气，以庐山、井冈山两个高山站为最多。江西冻雨分布中间多、南北少，鄱阳湖平原及以南沿抚河流域至赣中一带为频发区，且山区出现冻雨的概率明显高于其他地区。江西年平均冻雨日数地理分布极为不均，乐平最少只有 0.04 天，最多的乐安为 2.1 天，一年中 1—2 月是江西冻雨产生的最多月份。全年冻雨主要集中出现在赣中的吉安、抚州、南昌。

5　危险的冰冻天气

在冬季，结了冰的路面就是不折不扣的交通杀手，交通事故也随之大幅增多，山区公路上地面结冰更是十分危险的，往往易使汽车滑向悬崖。同时，冻雨天气持续期间，气温低，不利于积雪融化，也会进一步加重道路的冰层厚度，道路冰层的加厚将可能增加更多的交通事故，带来更多的安全隐患。

5.1　雨雪冰冻天气高速公路特点

冰雪灾害发生时，气温主要在 0 ℃上下波动，一般夜间至清晨在 0 ℃以下，10—22 时为 1～3 ℃，这种气温波动特点造成了高速公路发生冰雪灾害时主要是冰而不是雪。

冰雪天气往往一天内反复几次冻融，这种反复冻融最容易引起高速公路事故。不仅会发生在易结冰的桥面、风口等位置，而且在不易结冰的路面也易出现冰冻。

高速公路易结冰积雪的位置主要在：桥面、明涵、填土浅的通涵、处于风口的路面等。主要原因是由于这些地方水汽丰富、空气流动快、热量易散失。

冰灾不同于雪灾的特点是：冰硬度高，车辆碾压后不会产生变形；摩擦系数非常小，容易打滑且不易消除。

5.2　雨雪冰冻天气高速公路行车注意事项

如果要经过冰雪路面，建议行车前一定注意做好车的保养和检查工作，如为车辆更换低温机油，检查刹车和轮胎的状况，冰冻路面上摩擦系数低，轮胎气压必须在划定范围内，将轮胎胎纹内的异物清理干净。汽车的蓄电池怕低温，须增补蓄电池的电解液，检查存电情况。还要检查暖气管线和风扇，试启动一下暖风，看是否正常。另外要检查灯具是否正常。

行车过程中，在冰冻路面上务必注意减速慢行，尤其是通过阴暗的地方还有桥梁、高架路及小路口等地，要格外小心。积雪路面上可以沿着前车的车辙行驶，方向盘不要猛转猛回，以免打滑下陷。上坡时争取"一气呵成"完成爬坡，还可在车轮前后撒些沙子或铺上毛毡，增加摩擦力。车辆侧滑时，应顺着侧滑方向轻打方向盘，待车身回正后，再轻踩刹车减速，直到完全控制住车辆。需要减速时，不要猛踩刹车，以免出现车辆失控，也不要拉手刹，容易使车辆甩尾。正确的做法是抢挡制动，利用发动机本身的制动力将车辆减速。

此外，冰层加厚还可能造成高速公路被迫关闭，随之带来旅客的滞留量增加，这样就会进一步加重铁路的运输压力。如果电网被破坏的情况进一步加剧，将可能再次危及铁路电网，进而影响火车的正常运行。持续的冰冻天气也会导致航班延误。有时飞机在有过冷水滴的云层中飞行时，机翼、螺旋桨会积水结冰，影响飞机空气动力性能，甚至引发飞机失事。

 参考文献

杜小玲，彭芳，武文辉，2010. 贵州冻雨频发地带分布特征及成因分析 [J]. 气象，36 (5): 92-97.

许爱华，刘波，郑婧，等，2011. 江西冻雨气候特征分析及频繁地带成因探讨 [J]. 暴雨灾害，30 (1): 6-10.

叶成志，吴贤云，黄小玉，2009. 湖南省历史罕见的一次低温雨雪冰冻灾害天气分析 [J]. 气象学报，67 (3): 488-500.

赵珊珊，高歌，张强，等，2010. 中国冰冻天气的气候特征 [J]. 气象，36 (3): 34-38.

宗志平，马杰，张恒德，等，2013. 近几十年来冻雨时空分布特征分析 [J]. 气象，39 (7): 813-820.

经济篇

贪吃的"小男孩"

——厄尔尼诺

近些年，一个陌生又神秘的名字——"厄尔尼诺"越来越多地进入到人们的视野。特别是 20 世纪最强的 1997/1998 年厄尔尼诺事件爆发以后，立即引起了媒体的广泛注意。由于媒体的大力宣传，这个多年来仅为气象学家、海洋学家所关注和研究的现象一时间成为众多老百姓谈论的热门话题。人们虽然还弄不清厄尔尼诺是何方妖孽，但已经把它当成了各种灾难的罪魁祸首。

其实单就"厄尔尼诺"这个词本身的意思来讲，它倒是一个非常吉祥可爱的字眼儿，"厄尔尼诺"一词源自西班牙文 El Niño，原意是"小男孩"，也指"圣婴"。不过要想真正弄清楚厄尔尼诺现象，还得从秘鲁渔场说起。

相传，在很久很久以前（其实就是 19 世纪初）……在南美洲的秘鲁和厄瓜多尔海岸一带，居住着一群聪明的古印第安人，这里的渔民在常年的工作中逐渐发现一种奇怪的现象，每隔几年，从 10 月至翌年 3 月，附近的海水就会变得格外温暖，当这种现象出现后，当年捕鱼的产量就会锐减。这种现象每隔几年就会重演一次，当时的渔民们无法从科学上解释，而且由于这种现象最严重时往往在圣诞节前后，于是遭受天灾而又无可奈何的渔民将其称为上帝之子——圣婴。

后来在一系列的异常天气中，科学家发现其实这都是一种作为海洋与大气系统重要现象之一的"厄尔尼诺"潮流在起作用。那么，知道了这是什么之后，我们又会思考下一个问题了，这个"小男孩"究竟是怎样把这些鱼"吃"掉的呢？

在南美洲太平洋沿岸，有一支从南向北的冷洋流，称为秘鲁寒流，它从 45°S 附近，一路向北，流到赤道的加拉帕戈斯群岛一带，为太平洋东岸带来了大量冷水。下层海水携带着硝酸盐、磷酸盐等营养物质向上翻涌，使得浮游生物大量繁殖，给沙丁鱼、鳕鱼等冷水鱼类提供了丰富的饵料，形成了秘鲁渔场，它是全球最著名的大渔场之一。

在正常状况下，北半球赤道附近吹东北信风，南半球赤道附近吹东南信风。这支洋流到达赤道后向西挺进，下方的冷海水上涌来补偿此处表层海水的流失。但是厄尔尼诺发生时，由于海表面东南信风的异常减弱，促使表层海水不易流散，原先下方补偿的冷海水上翻现象大为减少。冷水域本来富含有大量浮游生物，这是鱼类的良好食物，缺少了上翻补偿作用，就使得冷水中的浮游生物不能上达海水表层，造成鱼类饥荒而大量死亡。

那么受到影响的就只有鱼吗？NO!!! 大量死鱼会造成以鱼为食的鸟类大量死亡，从而使南美的重要农业肥料——鸟粪急剧减少，影响农业收成。

正常年份，这一现象只在冬季局部地区持续出现，但每隔2～7年会急剧发展，海水表层增温现象范围扩大。当这种现象发生时，大范围的海水温度可比常年高出3～6 ℃。秘鲁沿岸的水温有时能比平时高出8～9 ℃，某些海域这种高温现象可持续1年以上。

20世纪60年代后期到70年代之后，"厄尔尼诺"现象越来越引起科学家们的重视，它不仅使南美渔业、农业受损，这一发源于热带太平洋的气候异常，它的影响波及全球。

 厄尔尼诺通常会带来哪些影响

厄尔尼诺现象给全球天气和气候带来大范围的异常，引发多种自然灾害，主要有：暴雨、暴风雪、飓风、洪水、干旱、高温、酷暑、虫灾、低温、寒冬及泥石流等，重点的灾害是暴风雨、洪水、干旱和高温，对人类社会及生活和世界经济的发展带来严重的影响（顾润源等，1990）。

那么具体到不同地方，厄尔尼诺会带来怎样的气候异常？

一般情况下，厄尔尼诺若发生在冬季，中国东南地区、美国南部、印度、东南亚、澳大利亚南部和巴西南部气温偏高，中国南方、美国南部和阿根廷降水偏多，东南亚和非洲南部干旱高温。若在夏季发生，则会导致印度、东南亚、澳大利亚和中美洲干旱，巴西中南部高温。

1980—2013年，全球总共发生了9次厄尔尼诺事件，其中2次较强，5次中等，2次较弱，详见表1。

表 1　1980—2013 年厄尔尼诺事件

发生时间	持续时间（月）	盛期时长（月）	峰值时间	强度	影响
1982—1983	14	7	1982 年 12 月	强	东南亚、巴西中北部、印度、澳大利亚降水偏少，中国南方和巴西南部夏季降水偏多
1986—1988	19	14	1986 年 9 月	中	印度、东南亚夏季降水偏少
1991—1992	14	7	1992 年 1 月	中	非洲南部经历了最严重的一次干旱；东南亚、巴西中北部、澳大利亚降水偏少；中国北方夏天和美国南部翌年降雨少
1994—1995	7	3	1994 年 12 月	中	美国遭受了有记录以来最严重的洪水和暴风；东南亚前期降水偏少，后期偏多；巴西中北部降水偏少，南部偏多
1997—1998	12	8	1997 年 11 月	强	巴西中北部、东南亚、中国北方降水偏少；巴西南部、中国南方、阿根廷降水偏多
2002—2003	10	4	2002 年 12 月	中	澳大利亚遭受了史上最严重的干旱；印度、东南亚、澳大利亚东北部、巴西中北部降水偏少；中国南方、美国南部、阿根廷、巴西南部降水偏多
2004—2005	7	7	2004 年 9 月	弱	东南亚、澳大利亚东北部、巴西降水偏少
2006—2007	5	2	2006 年 12 月	弱	东南亚、澳大利亚干旱；阿根廷降水偏多
2009—2010	10	6	2009 年 12 月	中	印尼、巴西中北部干旱；巴西南部、阿根廷、乌拉圭降水偏多

注：表中内容来自国家气候中心

通过前面的介绍，我们已经大致了解了厄尔尼诺这个"小男孩"的基本情况，但这也仅是泛泛之谈，距离我们还是比较遥远的。那么具体到我们自己身上，这个"小男孩"又会带来什么巨大的影响呢？

众多气候异常、自然灾害带来的最直接的影响就是农业，当然这个影响对于我们来说也是最为重要的，因为这毕竟是关系到我们填饱肚子的大事儿啊！而对农业造成破坏最主要的又体现在农产品市场方面，受灾最大的农作物通常是棕榈油、甘蔗、玉米、水稻、大豆及小麦等。我们不妨直接从经济作物、粮食作物两大类，分别来看一下各自的受影响程度。

总的来说，经济作物整体受厄尔尼诺影响减产严重，如果厄尔尼诺来袭：

• 糖——美国和欧盟 27 国甜菜糖产量会显著下滑；四大蔗糖产国巴西、印度、中国和泰国会大幅减产，印度最为严重；

• 咖啡——美洲的巴西和哥伦比亚大陆因洪涝灾害很可能大幅度减产；东南亚的越南、印尼和印度等因气候干旱产量增速会下滑；

• 棕榈油——受印尼和马来西亚垄断，产量的小幅度波动总能够带来价格的大幅度攀升，持续时间往往长达两年；

• 棉花——棉花喜好稳定气温，伴随厄尔尼诺的危害同样严重。

此外，厄尔尼诺总能给粮食作物带来一定影响，但是对于这个影响，就像《大话西游》里面的话，我们猜得对开头，但是不见得能猜得准它的结局，因为粮食作物并不像经济作物表现得那样纯粹，厄尔尼诺有可能会给某些粮食作物带来负增长，但也会有些受益出现正增长。如果厄尔尼诺来袭（证券时报网，2014）：

• 水稻——产量增速会有下滑，但很可能还能维持正增长；

• 小麦——欧盟 27 国、美国和加拿大的减产非常明显；而中国、印度和俄罗斯次年的减产频率较高；

• 大豆——厄尔尼诺通常下半年来袭，刚好是大豆最需要水量的时候，美洲沿岸降水量大幅增加，往往提增美国、巴西和阿根廷的大豆产量，带动全球大豆增产；

• 玉米——产量波动比较温和，没有规律性地同比下滑现象，我们可以通过表 2 来看一下玉米产量的变动究竟有多任性。

表 2　厄尔尼诺发生年份各主产国当年及次年玉米单产变化情况（单位：%）

国家	产量统计	1982—1983	1986—1988	1991—1992	1994—1995	1997—1998	2002—2003	2004—2005	2006—2007	2009—2010
美国	当年	12.97	11.23	−2.78	20.42	3.60	−3.51	17.78	3.83	8.07
	次年	−22.56	−22.39	20.03	−5.08	10.78	5.71	4.61	3.39	−0.30
巴西一季	当年	3.62	22.99	8.31	21.74	−2.48	12.11	−0.29	7.61	17.64
	次年	6.99	24.14	13.98	12.74	10.25	5.58	−4.05	11.01	24.22
巴西二季	当年	/	/	−6.38	76.16	−1.88	36.74	19.77	41.20	21.94
	次年	/	/	−27.40	37.93	−10.99	13.71	15.79	20.52	6.93
中国东北	当年		4.99	9.24	1.57	−16.52	2.63	10.64	2.99	−6.19
	次年		13.61	12.05	−3.48	10.26	3.38	13.54	−8.80	2.48
中国华北	当年		7.31	10.47	5.13	−14.55	4.60	1.65	10.38	2.14
	次年		6.27	3.02	13.46	4.51	−10.80	9.88	13.17	1.60

注：数据来源于美国农业部、中国统计局

然而，通常厄尔尼诺年世界各地灾害并不一样，主要受灾作物也不尽相同，难道这就是传说中的"几家欢乐几家愁"？让我们把眼光聚焦到 1997—1998 年，这也是近 60 年来最强的一次厄尔尼诺事件（注：2014 年 9 月—2016 年 5 月的厄尔尼诺事件强度超过 1997—1998 年），这次强厄尔尼诺至少造成 2 万人死亡，全球经济损失高达 340 多亿美元。事件的影响包括：南美多国暴雨洪水不断；东非多雨致洪，南非遭热浪袭击；中美洲严重高温干旱；中国长江流域、嫩江和松花江流域引发特大洪水。

这次厄尔尼诺发生以后，造成世界许多地区的严重干旱，旱区主要分布在东南亚、澳大利亚、中美洲、南美洲北部以及非洲部分地区。印度尼西亚发生了近百年来最严重的干旱，在菲律宾发生了 16 年来最严重的干旱。东南亚的干旱造成几十亿美元的损失。下面我们来选取几个最具有代表性的国家和地区。

南美，东临大西洋，西为太平洋，是厄尔尼诺影响最为明显的地方。印第安人是南美洲最早的开拓者，也正是他们发现了这个调皮的"小男孩"——厄尔尼诺。

农业在南美各国经济中具有重要意义。沿海盛产鳀鱼、沙丁鱼、鳗鱼、鲈鱼、金枪鱼等，秘鲁和智利为世界著名渔业国，在一开始我们已经讨论过这里的鱼是怎么减少的，所以在此暂且不提了。另外在南美，巴西与阿根廷是南美两个最大的国家，而且全都是农业大国：对于巴西来说，玉米、大豆、稻谷、甘蔗、咖啡豆等这里都是主要的产区；而对于阿根廷来说，玉米、大豆、甘蔗则算得上是世界范围内的主产区。

1997/1998 年的强厄尔尼诺事件给南美洲的气候带来了大范围的异常：智利北部 6 月连续两天的降水量竟相当于之前 21 年降水量的总和，引发了近十年来最严重的洪水，使得全国 13 个大区中有 9 个大区被列为重灾区；厄瓜多尔沿海 7 月连日瓢泼大雨，山洪暴发。8 月中旬，阿根廷、乌拉圭部分地区暴雨成灾，很多人被洪水夺去生命。10 月，巴西中北部、阿根廷东北部和乌拉圭南部连降倾盆大雨，一些河流决堤，洪水和泥石流使得至少 2 万人弃家逃生。直到 1998 年前期，秘鲁、阿根廷等国仍暴雨不断，洪水、泥石流频发。

但厄尔尼诺并不会对每种作物都产生影响，其中巴西的玉米、棉花、稻谷、咖啡豆在 1997—1998 年受到了不同程度的影响，而其他作物影响并不太大。巴西北部玉米产区的纬度依然相对偏高，但 12 月至翌年 2 月也正是当地玉米的播种及生长期，巴西中北部玉米或许是全球玉米中受厄尔尼诺影响可能性最大的。厄尔尼诺年来临时，玉米的种植面积大量减少，直接造成 1998 年的总产量较

1997 年减少了 10%，但有意思的是单产量却有了明显的增加（图 1）。

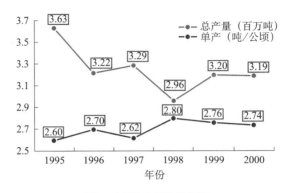

图 1　巴西玉米种植情况

　　墨西哥，位于北美洲南部，拉丁美洲西北端，是拉美第三大国，也是中美洲最大的国家。全国有可耕地 3560 万公顷，已耕地 2300 万公顷，主要农作物有玉米、小麦、高粱、大豆，水稻、棉花、咖啡、可可等。

　　1997 年 9 月中旬到 11 月上旬，墨西哥连续受到 4 个强飓风袭击，其中 9 月中旬的飓风强度为东太平洋有记录以来最大，10 月上旬的飓风为该地 20 年来破坏性最大，造成至少 200 多人死亡，大片农田被淹，损失极为严重。

　　在厄尔尼诺之年，农产品首当其冲，而其中受影响最大的是咖啡、可可豆等经济作物。1997—1998 年，全球遭遇强厄尔尼诺，这段时期咖啡价格上涨逾200%；即便 2009 年全球遭遇一次较小的厄尔尼诺时，咖啡价格也从 2009 年下半年开始上涨近 100%。

　　而墨西哥是很多经济作物的主产区，咖啡豆、可可、甘蔗每年的产量都占据世界前列，但 1997 年下半年开始遭受到厄尔尼诺的影响，导致次年的咖啡豆、可可都蒙受了很大的损失。受到厄尔尼诺影响后，1998 年咖啡豆的种植面积明显减少，导致 1998 年比 1997 年总产量减产 24.7%（表 3）。

表 3　墨西哥咖啡种植情况

年份	单产（百克/公顷）	总产量（单位：吨）	种植面积（单位：公顷）
1995	4476	324 526	724 974
1996	5020	374 153	745 386
1997	5336	368 315	690 246
1998	**4084**	**277 372**	**679 156**
1999	4180	302 119	722 818
2000	4822	338 170	701 326

澳大利亚，四面环海，是世界上唯一一个国土覆盖整个大陆的国家，也是南半球经济最发达的国家和全球第四大农产品出口国。澳大利亚农牧业发达，素有"骑在羊背上的国家"之称。农牧业产品的生产和出口在国民经济中占有重要位置，是世界上最大的羊毛和牛肉出口国。农牧业用地4.4亿公顷，占全国土地面积的57%。主要农作物有小麦、大麦、油菜籽、棉花、蔗糖和水果。

1997年，澳大利亚降水显著偏少，严重干旱给经济带来了沉重打击。对于小麦来说，1997年的种植面积单产量均受到了冲击，导致其比1996年减产了18.9%，影响还是比较巨大的（表4）。

表4　澳大利亚小麦种植情况

年份	单产（百克/公顷）	总产量（单位：吨）	种植面积（单位：公顷）
1995	17 899	16 504 000	9 220 820
1996	21 673	23 702 000	10 936 000
1997	**18 412**	**19 224 000**	**10 441 000**
1998	19 153	22 108 000	11 543 000
1999	20 066	24 757 000	12 338 000
2000	18 209	22 108 000	12 141 000

好吧，既然都说到这里了，那么我们不如再来投下一颗重磅炸弹——什么？厄尔尼诺竟然还会影响到股市！是的，你没有看错，可能，这才是大家最为关心的问题啊！

厄尔尼诺通常会引发包括暴雨、飓风、高温和干旱在内的极端天气，继而通过影响农产品的供给而利多或利空其价格走势，或者因自然灾害而增大相关生产资料的投入。

在全球农作物领域，厄尔尼诺带来的极端天气，一方面会造成部分作物的减产，如白糖、橡胶、玉米、小麦和水稻等，另一方面也会带来部分美洲主要作物的丰收，如大豆，厄尔尼诺通过影响相关农作物的供需结构最终对其价格水平产生影响。从历史经验来看，厄尔尼诺发生时，农产品方面，咖啡、可可受影响明显，其次是白糖、橡胶、小麦和玉米等。

那么，就让我们来关注一下价格受影响最大的几类产品：

白糖：白糖的原料主要是甘蔗、甜菜，用甘蔗生产食糖的数量远远多于甜菜生产食糖的数量，比例大概是5∶1，因此蔗糖是影响糖价的关键因素。甘蔗适宜种植在热带和亚热带，主要生产国为巴西、印度、泰国和中国。根据美国国家海洋和大气管理局的调查，上述国家中，受厄尔尼诺影响程度由大到小分

别是印度、泰国、巴西、中国（网易财经，2015）。

甘蔗生长发育过程需要较高的温度和充沛的雨量，一般要求全年大于 10 ℃ 的活动积温为 5500～6500 ℃·d，年日照时数 1400 小时以上，年降水量 1200 毫米以上。在缺水条件下，甘蔗生长会受到抑制，产量迅速萎缩；然而过量的降水会减少甘蔗的糖含量，继而降低白糖产量，也会对甘蔗的成长起到适得其反的作用（无为，2012）。

据统计，2009 年 7 月—2010 年 4 月发生了一次中等强度的厄尔尼诺，造成巴西中南部降水偏多，同时由于甘蔗的生长周期为 9～17 个月，这次降雨打乱了甘蔗的生产节奏，致巴西 2011 年甘蔗减产严重；过量的降水也使得甘蔗糖含量下降，最终导致巴西 2011/2012 年度甘蔗总产量下降 6％。受此影响，国际糖价连续 9 个月上涨，一度飙升至 32.64 美分/磅，创下历史最高值，累计涨幅达 119.71％。此外，2009 年，厄尔尼诺引发印度洋上季风失衡，印度发生了 40 年以来最严重的干旱，甘蔗产量降到了历史最低，这直接助推当年全球蔗糖价格达到了 30 年以来的顶峰（期货日报，2014）。

咖啡、可可：在厄尔尼诺之年，受影响最大的是咖啡、可可豆等品种的全球价格。咖啡的全球产量集中在巴西，约占全世界 40％，如果包括东南亚等地，则占世界产量 60％（中国证券网，2015）。

作为全球波动率最高的品种，如果热带地区气候异常，咖啡价格便会急速上涨。1997—1998 年，全球遭遇强厄尔尼诺，这段时期咖啡价格上涨逾 200％；即便 2009 年全球遭遇一次较小的厄尔尼诺时，咖啡价格也从 2009 年下半年开始上涨近 100％。同属热带作物的可可豆，其产量也基本集中在非洲（加纳、尼日利亚、喀麦隆等）和南美地区（巴西、墨西哥）（张竞怡，2015）。

大豆，相比于厄尔尼诺可能给咖啡、可可和白糖等作物带来的减产，大豆则是受益于厄尔尼诺的品种。我国大豆消费严重依赖国外进口，大豆进口占比连续四年超过 80％，这直接导致我国的大豆价格完全被国外控制，国内外大豆价格相关度极高。目前大豆主产国主要为美国、巴西、阿根廷，这三个美洲国家的产出占比就占了全球 81％以上，因此它们的大豆产出情况决定了大豆价格的走势。如果不出现极端洪涝灾害，厄尔尼诺给太平洋东部带来的充沛降雨，有利于改善南美及美国南部地区的深层土壤墒情。

历史数据显示，在发生厄尔尼诺的年份，美国、巴西和阿根廷等主产国的大豆产量增长的概率更大。原因在于，厄尔尼诺发生时，往往会给美洲沿岸带来充足的降水，而刚好大豆是对水量要求比较高的作物，降水量的充足有利于大豆产量的提高。以美国为例，厄尔尼诺发生时，大豆基本以增产为主，如1986年、1994年和2004年，大豆单产较五年平均增加11％、21％和13％，1986—1987年这次跨年厄尔尼诺中，大豆单产较五年平均和上年度增产11％和2％，2002年仅有的一次单产下滑则是由播种进度较低导致的。就巴西和阿根廷而言，大部分厄尔尼诺事件也会使大豆产量增加（同花顺，2015）。

 ## 2014 年开始的厄尔尼诺是个什么情况呢

世界气象组织在2016年7月28日在内瓦发布公报说，2015—2016年超强厄尔尼诺已于2016年5月结束。

这次超强厄尔尼诺事件持续21个月，2014年9月开始形成，到2015年11月达到峰值（2.9 ℃），对全球气候产生了明显影响。印度尼西亚和菲律宾等东南亚国家经历了20年来最严重旱灾，南非、埃塞俄比亚等国出现了严重干旱，从而导致非洲多国粮食严重减产（天气网，2016）。

这次的厄尔尼诺事件已经成为气象记录以来，最强的厄尔尼诺事件之一，其增温效应助长了全球气温不断创新高。

 ## 参考文献

顾润源，刘晓东，白桦，1990. 厄尔尼诺研究的进展和现状［J］. 宁夏大学学报：自然科学版，（3）：83-91.

期货日报. 厄尔尼诺那些事儿［EB/OL］.（2014-08-31）［2016-10-28］. http：//finance. sina. com. cn/money/future/fmnews/20140831/225920172460. shtml.

天气网. 超强厄尔尼诺于5月结束，2016年夏季进入拉尼娜模式［EB/OL］.（2016-06-08）［2016-10-28］. http：//www. tianqi. com/news/142331. html.

同花顺. 史上最长厄尔尼诺与A股大牛市相遇，关注四条投资主题［EB/OL］.（2015-06-08）［2016-10-28］. http：//stock. sohu. com/20150608/n414618504. shtml.

网易财经. 广发证券：当史上最长厄尔尼诺与A股大牛市相遇［EB/OL］.（2015-06-08）［2016-10-28］. http：//money. 163. com/15/0608/09/ARJ26MKV00254IU3. html＃from＝key-scan.

无为. 影响甘蔗生长的因素［EB/OL］.（2012-06-29）［2016-10-28］. http：//blog. sina. com. cn/s/blog＿49baca51010159pp. html.

张竞怡. 投资"厄尔尼诺行情"［EB/OL］.（2015-11-23）［2016-10-28］. http：//finance.

qq. com/a/20151123/030876. htm.

证券时报网 . 超强厄尔尼诺或搅动全球商品市场，两主线掘金概念股 [EB/OL]. (2014-06-24) [2016-10-26]. http：//finance. ifeng. com/a/20140624/12597206 _ 0. shtml.

中国证券网 . 厄尔尼诺或持续到今年夏末，四大产业望受影响 [EB/OL]. (2015-05-15) [2016-10-26]. http：//news. cnstock. com/news/sns _ bwkx/201505/3431654. htm.

高温险

——你值得拥有吗

每年夏季，大江南北经常能见到 35 ℃以上的高温天气。2013 年盛夏季节，江浙沪"包邮地区"遭遇罕见的高强度高温袭击；2014 年 5 月底，华北的京津冀一带也飙了一把高温。就在此时，一个新的保险品种——"高温险"出炉了。

有人问，这个保险靠谱吗？直觉来说，买的没有卖的精。对于这样的新事物，应该以支持和鼓励的态度，大胆剖析，小心求证。初步结论就是：保险公司还是最大受益者，如果想小赌怡情，那就买吧；如果想赚钱发大财，赶紧醒醒吧。下面通过详细的数据论证环节，让我们看看"高温险"是否值得投保？

常年气候数据对比
——免赔天数普遍高于常年，而且还高很多

此次，某保险公司给出的"高温险"一共涉及 30 个城市。下面采用气象历史数据，对比一下常年（1981—2010 年气候平均）的高温险设定时段的高温日数和免赔天数（表 1）。乍一看，35 ℃以上的高温日数和免赔日数差不多，矮油～好像有便宜赚。但是定睛一看，37 ℃高温日数和免赔日数差了好多，而且各个城市免赔日数的"起步价"也不同。下面着重从三个关键点分析：高温险门槛（炎热程度）、时间限定、地域差异。

表 1　常年高温日数统计和免赔日数对比（单位：天）

城市	≥35.0 ℃日数	≥37.0 ℃日数	免赔日数
北京	5.83	1.53	6
哈尔滨	0.47	0.07	0
长春	0.17	0	0
沈阳	0.2	0	0
天津	4.67	1.27	4

城市	≥35.0℃日数	≥37.0℃日数	免赔日数
呼和浩特	1.2	0.17	1
乌鲁木齐	3.97	1.03	4
银川	1.6	0.13	1
成都	0.7	0.07	1
重庆	22.1	9	28
贵阳	0.03	0	0
昆明	0	0	0
太原	2.03	0.4	2
石家庄	10.5	3.87	11
济南	8.37	1.7	14
郑州	8.3	1.93	13
合肥	12.37	2.63	14
南京	12.2	2.4	13
上海	11.45	2.7	11
武汉	17.4	4.07	15
南昌	20.87	5.3	19
杭州	23.57	7.6	25
福州	26.43	8.3	23
南宁	12.87	0.73	6
海口	10.53	0.6	6
广州	12.5	1.2	3
深圳	3.17	0.17	1
厦门	3.83	0.27	2
西宁	0.2	0	0
大连	0	0	0

注：气象数据来自中国气象局地面观测资料

1.1 高温险门槛（炎热程度）

高温险的门槛，并不是气象上常说的 35.0 ℃，而是更高要求的 37.0 ℃。不要小看这 2.0 ℃ 的差别，这就像足球比赛里面，赢 1 球和赢 3 球的差别！我们对比一下气候数据就不难看出，提升了"赢球"门槛以后，高温日数"缩水"非常严重。华南地区的南宁、海口、广州、深圳、厦门 37 ℃ 以上的"精品"高温不足"普通"高温的十分之一。这就像意甲联赛有段时间的尤文图斯，擅长 1∶0 主义，很少有 3 球以上的大胜。这主要是因为华南地区空气湿度大，因而气温不容易蹿升太快。

1.2　时间限定

高温的统计时间，不是全年，而是 6 月 21 日至 8 月 23 日——夏至到处暑之间的这段时间。通常这是一年中最热的时候，尤其是长江流域一带最容易遭遇高温天气。比如重庆、南昌、武汉、杭州、上海，等等。但是并非所有城市都是如此。海口进入 7—8 月，高温日数是减少的。因为降雨增多、湿度加大，不利于高温，尤其是 37 ℃以上高温的出现。其实这个问题在华北平原一带也能体现出来。北京、天津、石家庄、郑州、济南，5 月下旬至 6 月以干热暴晒为主，气温往往较高，但是 7—8 月为雨季，在闷热的天气下，不利于出现极高的气温。

1.3　地域差异

较高纬度、较高海拔地区本身的地理环境，决定了很难出现高温，代表城市：哈尔滨、沈阳、大连、西宁、昆明、贵阳，这些城市都没有 37.0 ℃的前科。其实不说 37.0 ℃，昆明作为"春城"，35.0 ℃那也是前所未有的稀罕物，这就好比和新加坡人讨论下雪一样，毫无概念。此外，还有一个问题是气象站迁站。广州、武汉迁站以后，比之前的站点气温低 1～2 ℃，因此高温都大不如前。

综述：保险公司给出的 37.0 ℃为门槛的免赔天数，普遍偏高，除了哈尔滨的气候平均值能略高于"起步价"（因为起步价是 0），其他城市都明显低于免赔天数，特别是南方的几个著名的火炉（不具体点名了，大家自己对号入座）。由于我们国家是典型的季风气候区，每年的差异比较大，所以仅凭借常年平均水平来说事，还不严谨，需要再结合历史各年的情况作进一步的分析。

历史各年获赔情况倒推分析——保本不易，盈利更难

由于 10 元为投保金额，超过免赔天数，每天赔 5 元，因此保本天数会在免赔天数上加 2 天。也就进一步加大了获利的难度。从 30 个城市 1951—2015 年的 65 年历史资料分析，不能收回成本是普遍现象（表 2）。

（1）亏本率普遍超过 95%：按照低于 5% 为小概率事件，大于 95% 为大概率事件的标准划分，除了乌鲁木齐以外的其他 29 个城市，亏本均是大概率事件。即便对于乌鲁木齐而言，盈利的概率也只有 7.69%。

（2）盈利的历史战绩并不多：乌鲁木齐 5 次、北京 2 次、银川 1 次、重庆 1

次、太原 1 次、上海 1 次、杭州 1 次、福州 1 次、广州 1 次。

上海和杭州都是在 2013 年所谓"百年一遇"的高温中，才获得了盈利。而重庆也是在 2006 年的特大高温干旱中可以获得补偿。这些都是属于极端事件，出现的概率很低。即便是 2016 年夏季南方不少地方的火热程度仅次于 2013 年，但上海 9 天、杭州 18 天、重庆 26 天气温 >37 ℃，依然无法获得赔偿。

（3）部分城市从未达到"起步价"：大连、西宁、昆明，从未出现过 37 ℃以上的情况，要想保本，起步价应该是"负 2 天"。南宁、济南等城市 6 月 21日—8 月 23 日这段时间 37 ℃以上的高温日数，不仅从未触碰过"保本天数"（免赔天数加 2），更是连"免赔天数"的起步价都没有达到过。深圳、合肥、武汉、南昌，历史最高战绩仅仅是追平了"免赔天数"（表 3）。因此，上述城市除非创下历史纪录而且还是超过原先纪录一定程度，否则亏损是不可避免的。

表 2　1951—2015 年 30 个城市盈亏情况统计

城市	保本日数（天）	保本年份	保本概率（%）	盈利年份及利润	盈利概率（%）	亏损概率（%）
北京	8	无	0.00	1999/5 元；2000/10 元	3.08	96.92
哈尔滨	2	无	0.00	无	0.00	100.00
长春	2	1951	1.54	无	0.00	98.46
沈阳	2	无	0.00	无	0.00	100.00
天津	6	1997/2000	3.08	无	0.00	96.92
呼和浩特	3	1999	1.54	无	0.00	98.46
乌鲁木齐	6	1964/1973	3.08	5 年	7.69	89.23
银川	3	无	0.00	1951/10 元	1.54	98.46
成都	3	无	0.00	无	0.00	100.00
重庆	30	无	0.00	2006/15 元	1.54	98.46
贵阳	2	1952	1.54	无	0.00	98.46
昆明	2	无	0.00	无	0.00	100.00
太原	4	无	0.00	1995/5 元	1.54	98.46
石家庄	13	2009	1.54	无	0.00	98.46
济南	16	无	0.00	无	0.00	100.00
郑州	15	2013	1.54	无	0.00	98.46
合肥	16	无	0.00	无	0.00	100.00
南京	15	1978/2013	3.08	无	0.00	98.46
上海	13	无	0.00	2013/40 元	1.54	98.46
武汉	17	无	0.00	无	0.00	100.00
南昌	21	无	0.00	无	0.00	100.00
杭州	27	无	0.00	2013/15 元	1.54	98.46

续表

城市	保本日数（天）	保本年份	保本概率（%）	盈利年份及利润	盈利概率（%）	亏损概率（%）
福州	25	无	0.00	2003/50 元	1.54	98.46
南宁	8	无	0.00	无	0.00	100.00
海口	8	无	0.00	无	0.00	100.00
广州	5	2005/2006	3.08	2004/15 元	1.54	95.38
深圳	3	无	0.00	无	0.00	100.00
厦门	4	1979	1.54	无	0.00	98.46
西宁	2	无	0.00	无	0.00	100.00
大连	2	无	0.00	无	0.00	100.00

注：乌鲁木齐盈利年份：2015/5 元；1965/10 元；1968/25 元；1974/15 元；1975/20 元，以上数据来自中国气象局地面观测资料

表3　亏损城市历史最高战绩与保本天数、免赔天数对比

城市	保本日数（天）	免赔日数（天）	37 ℃日数最多（天）	年份
哈尔滨	2	0	1	2001
沈阳	2	0	1	1951/1952
成都	3	1	2	2002
海口	8	6	7	1953/2015
深圳	3	1	1	详见注释
合肥	16	14	14	1959/2001/2013
武汉	17	15	15	2001/2013
南昌	21	19	19	1971
南宁	8	6	5	1953
济南	16	14	12	1955
西宁	2	0	0	无
大连	2	0	0	无
昆明	2	0	0	无

注：深圳 6 个年份出现过 37 ℃以上：1980/1982/1990/1999/2004/2005。以上数据来自中国气象局地面观测资料

3　小结和建议

虽然买保险不是买股票，但是买卖自负，以下意见仅供参考。

（1）建议回避的城市：哈尔滨、长春、沈阳、大连、呼和浩特、西宁、昆明、贵阳、海口、广州、深圳、南宁、厦门、武汉、济南。

（2）可以赌一把的城市：乌鲁木齐。

（3）针对不同城市，采用不同指标，设定不同的标准线，避免一刀切。比

如高原上的城市，如西宁、昆明、贵阳，建议选择日最高气温 30 ℃作为高温线。

此外高温的标准设定，除了关注气温，应该还有湿度。当气温达 35 ℃，相对湿度在 50％以上时，闷热的程度不比 37 ℃差，所以应该引入更多的指标或者选取更综合的指标，比如日平均气温超过 30 ℃的日数代替高温日数。

高温险是一个新生品种，从开拓气象消费市场的角度，应该大力鼓励。保险公司设定赔付门槛，将赔付设定为一个小概率事件，也是符合行业规律的，无可厚非，但也应该设定相对合适的赔付门槛，不要让赔付标准变得如天上星星，完全无法触及，这会直接影响到购险人员的积极性。对于公众，买天气保险时，也应该有个清晰合理的心态。买保险不能把目标设定为赚钱，保险本身是规避风险，而不是赚取利润。

老天如何博妃子一笑

"一骑红尘妃子笑，无人知是荔枝来。"千年之前的佳句，今日想来，还是颇有把玩之趣。

"王侯将相，宁有种乎？"当这样的质问不再是一个时代的主旋律，荔枝也不再只为博妃子一笑。我们更关心的，似乎是这个已经"飞入寻常百姓家"的一员，怎样才更高产、更美味。

在一场战役中，天时不如地利，地利不如人和。然而，你却不知道，荔枝的产量和质量，需要老天来"博妃子一笑"。

荔枝是世界上对气候条件要求最严格的热带亚热带果树之一，受热量条件限制，它的分布范围极其狭窄。在亚热带偏北的地区，由于冬季气候较冷，出现霜冻 0 ℃ 以下的天气就能使其受害，因而不能安全越冬；而在热带地区，多数年份由于冬季温暖，妨碍花芽分化，导致荔枝树不开花或者出果率不高，使得产量低而不稳，这就形成荔枝高产地区局限于一个较小的范围。

整体上来说，荔枝分布在年平均气温 18 ℃ 以上的地方，而以年平均气温 21~25 ℃、年降水量 1300 毫米、年日照时数 1600 小时以上地区栽培的品质较好。

天气对荔枝生长发育的影响，无外乎"日照""温度""水分"以及有无灾害性天气等四个方面。

 ## 1 日照

日照时数对荔枝生长发育的各阶段都有影响，但在花芽分化阶段更明显。每年 12 月至翌年 1 月的日照时数与荔枝产量成正相关，相关系数为 0.605。这个时段内晴天数越多，产量越高，因为日照充足，有利于细胞液浓度提高，抑制生长素合成，而间接抑制枝梢的生长，增加淀粉累积，有利于诱导花芽形成。

温度

温度是直接影响荔枝生长发育和产量品质的重要条件，不同的生长期，枝体不同部分对温度有着不同的要求。

（1）对于枝叶生长而言

幼嫩叶片－2 ℃时受害严重，但老熟叶片受害不会特别严重；但是气温低至－4 ℃时，荔枝几乎全部叶片都会冻死，因此－4 ℃是荔枝的致死温度。但是从适合种植角度的地域来看，一般把极端低温－2 ℃作为荔枝种植的北端。

（2）对于花芽分化而言

有谚语——"年底冷，梢变花；年底暖，花变梢"。把冬季的每日气温浮动值设为 T，当

0 ℃≤T≤10 ℃，嫩叶有轻微冻伤，但是有利于花芽分化，是丰年征兆；

11 ℃≤T≤14 ℃，花和叶都可同时缓慢发育成为有经济价值的花穗；

14 ℃＜T，不利于花芽分化和发育。

注意：对于早熟品种，这一标准在 10 月适用，晚熟品种在 12 月适用。

（3）对于开花结果而言

温度是影响开花的主要因素，低温不利于荔枝开花，小花要在 10 ℃以上才开始开放，18～24 ℃开花最盛，29 ℃以上开花减少。而对于授粉结果而言，小于 16 ℃花粉不萌发，22～27 ℃萌发率最高，30 ℃以上萌发率明显下降。另外，22～27 ℃荔枝花蜜分泌最多，是蜜蜂最活跃的气温。由此综合花粉、开花、蜜蜂活动三方面的要求，22～27 ℃对荔枝开花授粉最为有利。

注意：荔枝花期一般为 2 个月，结果、成熟期两个月，可根据成熟期计算花期。

 水分

荔枝有较好的耐旱性和耐水性，但要提高产量及品质，还必须正常供应水分，及时排除积水。所以，荔枝产量和品质对水分的要求相对于温度和光照而言，少了很多，相关系数较小。

灾害性天气

对于荔枝而言，灾害性天气主要表现形式是大风，8级以上大风，尤其是台风、雷雨大风等，可将荔枝树吹倒，枝叶折断，造成大量落花落果。

以2014年为例综合来看天气对荔枝生长的影响（表1）。

表1　天气对荔枝生长的影响

品种	生长期		综合评价
	花芽分开	开花授粉	
增城挂绿	12月，气温符合或略偏高，较适宜；晴天多，利于丰收	3—4月，气温条件前期较低，后期较符合，整体较适宜	比较适宜
糯米滋	12月，气温符合或略偏高，较适宜；晴天多，利于丰收	3—4月，气温条件前期较低，后期较符合，整体较适宜	很适宜
三月红	10月，气温略偏高，影响较小或略不适宜；晴天较多，较利于丰收	1—2月，气温略偏高，略不利于其开花授粉	略不适宜
妃子笑	10月，气温略偏高，影响较小或略不适宜；晴天较多，较利于丰收	2—3月，气温略偏高，略不利于其开花授粉	略不适宜
陈紫	12月，今年气温较符合，有利于花芽分化；晴天数一般，对产量影响小	3—4月，气温略低或较适合开花授粉	比较适宜

注：表格资料源自文献

大致了解了天气对荔枝的影响，但由于品种和生长区域的不同，天气对荔枝的影响也可谓是"云泥之别"。

4.1　广东

（1）广东荔枝种植概况

广东荔枝著名种植地：茂名、新会、深圳、从化区和增城区，其中从化和增城最为著名。

目前，我国荔枝品种有140多个，广东就有60多个，是我国荔枝品种最多的地方，广东著名荔枝品种包括增城挂绿、糯米糍、桂味、犀角子、雪怀子（植石群，2002）。

（2）2014—2015年春广东天气条件分析

广东以广州的荔枝产量最大、品种最多、著名品种最多，这里以广州为例，来分析 2014—2015 年春的天气条件，对荔枝产量、品质的影响。而分析的荔枝品种选取增城挂绿和糯米滋。

①极端低温（致命低温）

广州有气象记录以来最低气温为 0 ℃，分别出现在 1999 年 12 月 23 日和 1957 年 2 月 11 日。对于荔枝幼嫩叶有极大影响的－2 ℃，以及致命低温－4 ℃ 都没有出现过。这也侧面证明了广州种植荔枝的独特优越性。这一点这里不作细致分析了。

②花芽分化温度

增城挂绿——6 月下旬到 7 月上旬成熟；糯米滋——7 月上旬成熟。这两种荔枝名品都属于晚熟品种。

由于都是晚熟品种，所以花芽分化温度的标准以 12 月气温数据为例（图 1）。

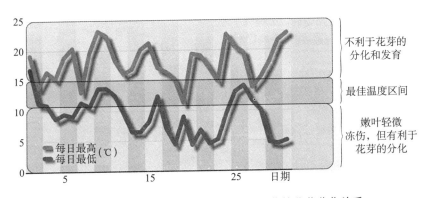

图 1   2014 年 12 月广州每日气温实况和荔枝花芽分化关系

（数据来自中国气象局地面观测资料和文献）

整体而言，2014 年 12 月广州的气温状况较利于花芽分化的发育，对照标准看，略偏高，尤其是该月上旬。而该月下旬的气温日较差较大，从平均气温来看，也是符合或略偏高的状态，属于利于丰收的因子。

③花芽分化期晴天数

晚熟荔枝品种，这里以 2014 年 12 月—2015 年 1 月实况作分析。

将多云和晴分别以 0.5 天和 1 天计入晴天数，则 2014 年 12 月有 13 个晴天，2015 年 1 月有 17 个晴天。两个月累计 30 个晴天，达到 48％。日照充足，有利于细胞液浓度提高，抑制生长素合成，从而间接抑制梢的生长，增加淀粉累积，有利于诱导花芽形成。属于利于丰收的因子。

④开花授粉温度

增城挂绿和糯米滋以 3 月和 4 月的气温数据为研究对象。

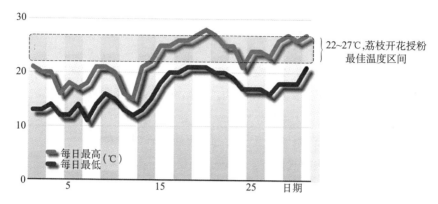

图 2　2015 年 3 月广州每日气温实况和荔枝开花授粉关系

（数据来自中国气象局地面观测资料和文献）

从广州 2015 年的气温实况来看，3 月上半月气温较开花授粉的最佳标准值偏低，但进入下半月后，气温达到或略低于此标准（图 2），考虑到 4 月气温会继续上升，整体来看，3—4 月广州气温上比较适合荔枝的开花授粉。

4.2　广西

（1）广西荔枝种植概况

广西荔枝著名种植地：南宁、钦州、灵山、北流、玉林、容县、桂平等，其中以灵山（属于钦州）、南宁最为著名和高产。

广西著名荔枝品种——三月红、妃子笑、黑叶、桂味。

（2）2014—2015 年春广西天气条件分析

广西以南宁和钦州的荔枝产量最大、品种最多、著名品种也最多，以南宁为例，来分析 2014—2015 年春的天气条件，对荔枝产量、品质的影响。而分析的荔枝品种选取三月红和妃子笑。

①极端低温（致命低温）

南宁有气象记录以来最低气温为－2.1 ℃，出现在 1955 年 1 月 12 日。

对于荔枝幼嫩叶有极大影响的－2 ℃在有气象记录以来出现过一次，而致命低温－4 ℃没有出现过。

不过 2014 年 2 月 20 日，南宁最低气温为－1.2 ℃，荔枝幼嫩叶片出现了轻微到中等冻伤。

②花芽分化温度

三月红——4月下旬到5月中旬成熟，是所有荔枝中最早熟的品种；妃子笑——5月下旬到6月中旬（小提示：该品种在未转红前已经味甜可食，全红过熟品质下降）。这两种荔枝名品都属于早熟品种。

由于都是早熟品种，所以花芽分化温度的标准以10月气温数据为例。

由于南宁荔枝种植区多在周边山区，气温和城区气温差距大，观测站数据的研究价值很小。

以2014年10月广西南宁及其周边的气温距平作研究对象。

2014年10月广西大部气温较常年偏高1～2 ℃，南宁及其周边地区较常年偏高0.5～1 ℃，因此，花芽分化阶段的温度影响较小或略不利于荔枝的花芽分化。

③花芽分化期晴天数

早熟荔枝品种，以南宁2014年10—11月实况为研究对象。

将多云和晴分别以0.5天和1天计入晴天数。则2014年10月南宁有晴天17.5个，11月有7个晴天，共计24.5个，晴天的概率为40%，比较有利于淀粉累积和诱导花芽形成（李月兰，2000）。

④开花授粉温度

三月红和妃子笑分别以2015年1—2月以及2015年2—3月为研究对象。

2015年1月，广西平均气温较常年普遍偏高1～2 ℃；2015年2月，广西平均气温较常年普遍偏高1～2 ℃，中南部偏高2～4 ℃。预计三月红品种在开花授粉期会因为气温偏高，开花授粉率有所下滑。

2015年2月，广西平均气温较常年普遍偏高1～2 ℃，中南部偏高2～4 ℃；2015年3月，广西平均气温较常年普遍偏高0.5～2 ℃。预计妃子笑会因为气温偏高，开花授粉率有所下滑。

4.3　福建

（1）福建荔枝种植概况

福建荔枝著名种植地：福建漳州、福建莆田。特别是莆田，因盛产荔枝，又名"荔城"。

福建著名荔枝品种——亮功红、下番枝、红绿、陈紫等为名品。

（2）2014—2015年春福建荔枝天气条件分析

福建以莆田的荔枝产量最大，以莆田为例，来分析2014——2015年春的天气条件，分析对荔枝产量、品质的影响。而荔枝品种选取陈紫。

①极端低温（致命低温）

莆田市属海洋性亚热带季风气候，年平均气温为18～21 ℃，年均日照时数为1995.9小时，无霜期为300～350天，年降水量为1000～1800毫米。

2014年莆田最低气温都在5 ℃以上，并没有影响到荔枝叶片生长的低温。所以这方面没有影响。

②花芽分化温度

陈紫——7月下旬成熟，属于晚熟品种。所以花芽分化温度的标准以12月气温数据为例。

整体来看，2014年12月莆田荔枝种植区的气温与荔枝发芽分化温度标准吻合度较好（图3）。属于利于丰收的因子。

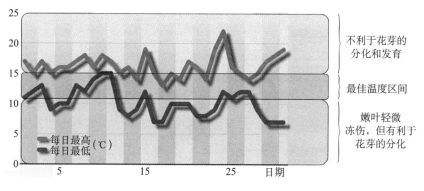

图3　莆田2014年12月每日气温实况和荔枝花芽分化关系

（数据来自中国气象局地面观测资料和文献）

③花芽分化期晴天数

晚熟荔枝品种，这里以莆田2014年12月—2015年1月实况为研究对象。

将多云和晴分别以0.5天和1天计入晴天数。则2014年12月莆田有晴天11.5个，2015年1月有11个晴天。共计22.5个，晴天率36%，还是比较有利于淀粉累积和诱导花芽形成的，但差强人意。

④开花授粉温度

陈紫以3月和4月的气温数据为研究对象。

从莆田2015年的气温实况来看，3月气温较开花授粉的最佳区间偏低（图4），考虑到4月气温会继续上升，整体来看，3—4月莆田气温上比较适合或略低于荔枝的开花授粉标准气温。

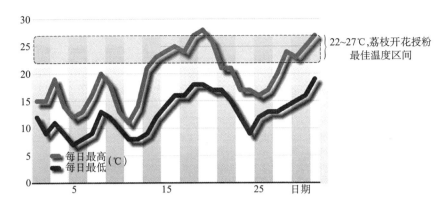

图 4 莆田 2015 年 3 月每日气温实况和荔枝开花授粉关系

(数据来自中国气象局地面观测资料和文献)

荔枝大小年

荔枝有"大小年",而为何有"大小年",我们来看看。

2004 年,荔枝特大丰收,广东全省荔枝总产接近 100 万吨,超过 2002 年创下的历史新高。由于保鲜和加工设备跟不上,尽管"一果当先,百果让路",荔枝依然遭到严重的损失(钟思强,1996)。

2005 年则是小年,酸多甜少的早熟"三月红"每斤售价十多元,比丰收年涨价 3 倍以上。可口的"桂味""糯米糍"更是涨价 5 倍之多。

一般丰收年每隔两三年一遇。大年和小年的大面积产量,有时相差几倍乃至几十倍。这种现象自古以来如此,成为果树专家最伤脑筋的难题之一。

原因何在?首先是品种特性不同。早熟的"三月红""白糖罂"的大小年差异不大,而迟熟的"桂味""糯米糍"等就非常明显,而现在各地新种的荔枝又以中、迟熟品种为多。

其次是直接受到气候条件的影响。荔枝的生长适温为 25~30 ℃,如果开花时遇上低温阴雨,雌花虽已"怀春",但雄花尚未得到蜜蜂为媒来"拉郎配";或者雌花开得过早,而雄花尚未到位,错过了"花烛洞房"的良机,也难以儿孙满堂(陶忠良,2001)。农谚有道:"当阳荔枝,背日龙眼。"在生长发育的周期内,如果阴天多过晴天,枝叶的光合作用减弱,荔枝就难以花繁果壮。

还有一个很重要的因素就是管理。荔枝树每 100 朵花中,只有 3~4 朵能够

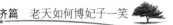

结果。而且荔枝在挂果太多的年份，会造成第二年营养不足，荔枝树会不抽或者少抽花，只抽芽，养精蓄锐，造成减产。

老天如何博妃子一笑？

我想，你已经有答案了。

 参考文献

李月兰，2000. 论龙眼＿荔枝生产的若干农业气象问题及对策［J］. 广西气象，（1）：43-46.

陶忠良，高爱平，2001. 气象条件对荔枝产量的影响研究综述［J］. 中国南方果树，（4）：29-31.

植石群，2002. 广东省荔枝生产的气象条件分析和区划［J］. 中国农业气象，（1）：20-24.

钟思强，1996. 农业气象与我国热区名特优水果生产［J］. 热带地理，（3）：204-210.

炎炎夏日，母鸡也傲娇
——炎热天气对鸡蛋生产的影响

每当夏日来临，气温攀升，酷暑难耐，人们总会发现，鸡蛋价格也到了蹿升逆袭的好时机。届时，总能看到这样的新闻：连日高温，鸡蛋价格和气温一样涨涨涨！入伏以后，肉价蛋价"比翼双飞"，甚至有人戏称：火箭蛋上市！

这种随着气温升高鸡蛋价格也一路上涨的现象，一方面，与人们的饮食随着夏日的来临会逐渐趋于清淡，鸡蛋食用量不断增加有一定关系；另一方面，与母鸡的傲娇也密不可分。天气太热，既无空调房，又无高温补贴，无法忍受的母鸡们常以怠工乃至罢工来抗议，以致产蛋量下降，造成供不应求，自然会刺激鸡蛋价格上升。

那么，高温对于母鸡来说，究竟是怎样的一种经历？我们可以吹着空调啃西瓜，又该采取什么样的措施来平复母鸡的不满？别急，且听我细细道来。

 我国鸡蛋生产概况

随着人们健康饮食观念的深入，鸡蛋已成为百姓日常饮食不可或缺和喜爱的食物之一。它营养丰富，食用方便，价格适中，老少皆宜，可以说是与人们日常生活息息相关。

先来说说我国鸡蛋生产情况。众所周知，我国是世界上最大的禽蛋消费国。同时，自20世纪80年代以来，每年两千多万吨的鸡蛋产量，一直维持着世界最大鸡蛋生产国的地位（刘合光等，2011）。从北到南，从西到东，我国的蛋鸡产业遍布全国各地，但主要集中在山东、河南、河北、辽宁、江苏、四川、湖北、安徽、黑龙江等北方粮食主产区。尤其，山东、河南、河北、辽宁四省，其产量占全国总产量的一半以上。东南、华南一带则主要靠产量大的华北、东北等地区输送（鲁静，2013）。

2　高温对鸡蛋生产的影响

炎炎夏日到来的时候，我国多地都会出现 30 ℃以上的持续性炎热天气，35 ℃及以上的高温天气也是频频光顾。北方的高温一般出现在 6—7 月，在大陆高压的控制下，水汽不足，烈日当头，天气干热，最高气温可达 40 ℃以上；南方的高温则多出现在 7—8 月，是在副热带高压的控制下出现的高温，温度虽不太高，但湿度较大，常常水汽缭绕，氤氲之中闷热十足。然而不论是北方大太阳下的暴晒，抑或是南方桑拿一般的闷热，人们都会感到不适，心情烦闷，工作效率下降，而且随着温度的逐渐升高，人体的不适感也会越来越强烈，尤其是出现 35 ℃以上的高温时，还容易引发中暑。同样，高温天气，许多动植物的生长生活也会受到影响。在环境温度过高的情况下，蛋鸡也会由于高温处于亚健康状态，食量减少，工作主动性不高，产蛋率下降。

实际生产中，蛋鸡有其适宜生存的环境温度。受品种、管理方式等多种因素的影响，实际生产中采用的适宜温度有所差别。众多资料表明，蛋鸡最理想的外界温度大致为 18~24 ℃（杜正智等，1994；黄立，2011）。当环境温度升至 24 ℃以上，蛋鸡会逐渐感到不适，并随着温度的升高，引发蛋鸡生理和精神上的一系列反应，发生热应激。温度过高时，甚至会造成蛋鸡昏厥致病，直至死亡（张锦红等，2002；刘燕等，2008）（表1）。

表 1　不同环境温度下（18 ℃以上）蛋鸡的反应

环境温度	18~24 ℃	25~30 ℃	>30 ℃	>40 ℃
蛋鸡反应	舒适区 理想温度 13~23 ℃为产蛋最适宜温度	不适，采食量开始下降，饮水量增加	体温升高，易发生热应激，引起呼吸加快、血压下降等一系列不良反应	有发生昏厥的危险，生命受到严重威胁

2.1　高温天气直接影响蛋鸡的生理机能

鸡是一种恒温热血动物，体温一般维持在 41 ℃左右，24 小时内可能会出现 1.0~1.5 ℃的变化（张锦红等，2002）。在一定的环境温度下，鸡体产热与散热相等，自身可以通过物理过程调节维持体温的恒定，这一温度范围在生理上称为舒适区或热中性区。在舒适区内，鸡体与所处的环境协调一致，各项生理机能保持正常，体感舒适，并能以较低代谢水平进行有效生产。

如果环境温度超过 28 ℃，蛋鸡的生殖系统会受到影响，性激素分泌减少，卵泡生长发育、成熟和排卵过程受阻，直接影响其生产性能，造成产量下降，蛋重减轻，蛋壳变薄（任作宝等，2012）。另外，高温来袭，鸡为适应高温环境，只能通过自身调节增加散热量，这样又会引起其他一系列生理反应，例如呼吸、心跳加快等。而这些生理反应都需要消耗能量，而能量只来自脂肪、碳水化合物以及蛋白质的分解，如此一来用于产蛋的能量就会减少，产蛋量也会下降。根据统计，环境温度对蛋鸡产蛋性能的影响如表 2 所示。

表 2　高温对蛋鸡产蛋性能的影响（杜正智等，1994）

温度 （℃）	采食量 ［克/ （只·日）］	产蛋率 （%）	蛋重 （克/枚）	蛋壳强度 （千克/厘米²）	蛋壳厚度 （微米）	蛋壳蛋重比 （%）
20	103.9	69.1	66.1	2.85	365	9.10
25	101.1	70.5	64.1	2.81	357	8.84
30	90.8	69.7	62.7	2.57	341	8.49
35	64.1	52.2	59.8	2.26	315	7.94

2.2　高温天气蛋鸡易发生热应激

鸡没有汗腺，全身披覆着羽毛，有着极好的隔热性能，只能通过呼吸和排泄来进行体温的调节。当外界环境温度过高，特别是通风不良时，因其自身调节有限，鸡体散热困难，体内聚集过多热量无法排出，体内温度升高，导致鸡体内生理机能紊乱，进而形成鸡热应激。所谓热应激，就是由于外界环境温度升高，使得鸡体内温度急剧升高而发生生理机能紊乱的一种过热症，或者叫鸡中暑（任作宝等，2012）。热应激通常表现为少动或停止运动、蹲伏在地面上、伸展两翅、张口喘气、呼吸频率加快等。热应激会引起鸡生理和精神上一系列不良反应，造成其免疫力下降，甚至致病死亡。很明显，热应激的发生不但造成蛋鸡产蛋率下降，严重时还可造成蛋鸡死亡，自然影响产蛋量。

2.3　高温天气影响蛋鸡营养物质的摄取

夏季天气炎热，当鸡舍温度高于 24 ℃时，蛋鸡的采食量会开始下降，温度越高，采食量越小，从而直接影响了蛋鸡营养物质的正常摄入。导致机体的蛋白质、维生素和矿物质等供应不足。蛋鸡营养不良，生长发育受到影响，产蛋性能自然下降。同时，由于许多营养元素都直接或间接地参与了免疫过程，营养元素的不足，还会影响蛋鸡的免疫力，从而造成蛋鸡引发或感染一些疾病。另外，鸡舍环境温度高，还会给鸡饲料保存带来隐患。温度高，饲料就容易腐坏变质，其所含营养的有效性降低，还可能引起蛋鸡的消化不良和曲霉菌病的发生，进而影响蛋鸡生产性能（任作宝等，2012）。

2.4　高温天气下，空气湿度也会对蛋鸡造成影响

在温度适宜的条件下，空气湿度对于鸡体的热调节机能没有什么大的影响，对其生产性能也影响不大。但是高温情况下，鸡所耐受的上限温度随着空气湿度的升高而下降。高温低湿也有利于鸡的蒸发散热，因此，鸡在低湿的环境下能耐受更高的气温。而高湿度的空气会使得鸡蒸发散热受阻，体热蓄积在体内，更易发生热应激。在温度适宜时，相对湿度 60%～65% 最好。相对湿度为 75% 时，上限温度为 28 ℃；相对湿度 50%，上限温度为 31 ℃；相对湿度 30%，上限温度可达 33 ℃（养鸡网，2013）。由此可以看出，高温天气下，潮湿的空气也是直接影响蛋鸡生产的一个重要因素。

当然，由于我国蛋鸡多以鸡舍养殖，蛋鸡生存的环境温度和天气预报中的气温并不等同。目前，我国蛋鸡鸡舍分为半开放式和封闭式。对于半开放式的鸡舍来说，鸡舍内外空气相通，鸡舍内部的温度受气温影响较大，舍内温度会随室外气温的起伏而上下波动，且趋势基本相同。不同的是舍内温度由于热传递存在滞后现象，其最高温度出现时间晚于舍外，只不过延迟 1～2 个小时罢了。而对于封闭式鸡舍来说，由于封闭，舍内外热量传递慢，但最终也不能阻挡舍外高温气体的传导。因此，要想保持舍内温度可控，必须配置温度调节装置。如此一来，虽然大大降低了高温天气对蛋鸡生产性能的影响，但温度调节装置的配备也带来了生产成本的增加，最终鸡蛋的价格也会在一定程度上有所上涨。

3　应对措施

综上所述，夏季高温对于蛋鸡的影响，主要是由于蛋鸡所处环境温度高，鸡体内储存热量过多无法排出而引起的。要想降低高温对蛋鸡生产的影响，就必须采取一些行之有效的措施，帮助它们降温散热。同时还应积极调整蛋鸡喂食结构，确保高温天气下鸡正常进食，保持肌体健康。

3.1　加强通风降温，改善饲养环境

（1）减少太阳热辐射。在鸡舍的屋顶，尤其是向阳面，太阳可以直射到的门窗和鸡舍进风口处搭设遮阳网，减少阳光直射；在鸡舍的四周栽植树木或藤蔓植物，地面种草、栽花，减少裸露面积，降低热辐射。

（2）加强鸡舍通风。夏季高温天气多开门窗，加强空气流动。也可以在鸡舍内安装通风扇进行强制通风，加快舍内空气流动，排除鸡舍内的湿热浊气，加快热量蒸发散失，降低鸡舍温度。有条件的可以安装湿帘风机，使进入鸡舍的热空气变为含一定水分的冷空气，以此增加鸡舍湿度，通过水分蒸发降低鸡舍温度（郑国清等，2001）。

（3）喷水降温。可在屋顶安装喷头进行淋喷，或利用抽水泵在鸡舍门口和窗口做成水帘，水管不断向上喷凉，使热空气经过冷却后进入鸡舍，可在上午温度升高之前打开喷头，下午降温之后关闭，能有效降低舍温。

3.2　调整喂食结构

（1）改变饲料配方。高温环境下，蛋鸡采食量会下降 10%～30%，肠道吸收功能差，维生素易损失，导致摄入营养不足。因此需要适当提高饲料内蛋白质含量，并注意补充多种维生素和矿物质营养。另外，高温季节，添加电解质和抗热应激药物，可以增强鸡的抵抗力和免疫力，降低破蛋率。除了正常精饲料之外，可以加喂一些青菜、块根、西瓜等新鲜多汁的青绿饲料，增加饲料适口性，提高蛋鸡食欲，但不宜超过饲料粮的 20%（任作宝等，2012）。

（2）调整喂食时间。夏季中午炎热，蛋鸡食欲不高，而早晚温度较低，食欲较好。因此，可以趁早晚凉爽时候多喂饲料，并在夜间加一次餐（郑国清等，2001）。

3.3　加强饲养管理

（1）降低饲养密度。条件允许，夏季高温情况，可以按正常饲养量的 75%～80% 来调整鸡群密度，尽量将蛋鸡疏散，降低密度，有助于降低热负担（李玉清等，2013）。

（2）保证充足饮水。温度升高，蛋鸡饮水量会增加，夏季蛋鸡饮水量为采食量的 3～4 倍，同时高温天气缺水会加剧蛋鸡的热应激反应（杨占江等，2011）。因此，夏季鸡舍内需要给蛋鸡提供充足的饮水，而且要确保水源干净、

无污染。

（3）及时清理鸡舍。进入夏季，气温高，细菌容易滋生，鸡易感病，应定期打扫消毒，搞好鸡舍内灭蚊蝇、灭虫工作，及时清理鸡舍内的粪便、杂物，防止升温发酵（王瑞庆，2010）。同时需要及时隔离清理病、弱、残蛋鸡，降低鸡群染病率。

（4）剪毛降温。鸡没有汗腺，全身披覆羽毛，夏季散热会受到影响，夏季高温时，傍晚把鸡颈部、背部、翅膀、胸腹、大腿内侧等处的羽毛适当剪掉一部分，减少羽毛覆盖，增大体表裸露面积，从而提高热量散失，降低温度（李玉清等，2013）。

 # 4　结语

根据上面的讲述，可以总结出以下几点：

（1）母鸡也有其傲娇的一面，18～24 ℃是它们最喜欢的环境温度，或高或低都不能满意，特别是夏天鸡舍温度偏高的时候，心情不好，食欲不佳，工作也没了干劲，产蛋数量和质量都会直线下降。

（2）夏季气温较高时，可以在鸡舍内安装通风、降温设施，改善鸡舍环境，同时提高工作餐质量，这些对于平复母鸡心情、提高工作积极性都很有帮助。

（3）鸡蛋价格会受到供给、需求多方面因素影响，天气条件只是其中一种，气温高低并不能决定蛋价的升降，但夏季天气炎热，高温往往会成为鸡蛋价格上涨的幕后推手之一。

如此看来，在夏天这个以"热"为主题的环境中，一份香喷喷的蛋炒饭也有可能成为"奢侈品"！

 ## 参考文献

杜正智，寇素珍，1994. 高温环境中蛋鸡的饲养管理 [J]. 辽宁畜牧兽医，(2)：36-38.

黄立，2011. 蛋鸡热应激的防制 [J]. 兽医导刊，(8)：25-26.

李玉清，杨久仙，张孝和，2013. 蛋种鸡养殖怎样应对夏季高温 [J]. 中国畜禽种业，(10)：146-148.

刘合光，秦富，2011. 我国蛋鸡产业发展特征与展望 [J]. 农业展望，(7)：45-48.

刘燕，孟宪华，2008. 夏季高温对产蛋鸡的影响及应对措施 [J]. 现代农业科技 (13)：276，279.

鲁静. 我国鸡蛋市场及鸡蛋期货合约介绍 [EB/OL]. 百度文库. (2013-11-07) [2016-10-28]. http: //wenku. baidu. com/view/b101a021844769eae109ed05. html.

任作宝, 王选慧, 2012. 热应激对蛋鸡的影响及综合防治 [J]. 国外畜牧学 (猪与禽), 32 (2)：71-73.

王瑞庆, 2010. 夏季鸡群的饲养管理 [J]. 当代畜禽养殖业 (6)：26-27.

杨占江, 赵宝成, 2011. 夏季蛋鸡的饲养管理 [J]. 中国畜牧兽医文摘, 27 (3)：72.

养鸡网. 畜禽动物养殖智能综合监控方案 [EB/OL]. (2013-04-03) [2016-10-28]. ht-tp: //www. yangji. com/sell/show-10291. html.

张锦红, 田萍, 姚武群, 等, 2002. 环境高温与蛋鸡生产 [J]. 家畜生态, 23 (2)：61-64.

郑国清, 张玲, 2001. 高温对蛋鸡的影响及防制措施 [J]. 洛阳农业高等专科学校学报, 21 (4)：267-269.

厄尔尼诺邂逅有色金属

——0.5 ℃引发的蝴蝶效应

2015年春夏之交，除了"我们"和"东方之星"外，社交网络上、茶余饭后间，恐怕也只有"厄尔尼诺"颇能搬得上台面，成为谈资。在这个一切都要靠格调支撑的时代，不懂点前沿科学，大抵就和自拍不斜45°角一样，显得有些落伍与苍白。

"厄尔尼诺""有色金属"，在印象中，似乎这些辞藻和我们的生活最搭不上关系，有些天马行空，更有些触不可及。可是，如果有人告诉你，干旱、中国大妈组团炒黄金、洪水甚至是简简单单的面粉涨价这些我们身边不停上演的事，和神秘的厄尔尼诺冥冥中都有着密切的联系。哦！你千万不要以为它是个神棍，因为这的确是0.5 ℃足以引发的蝴蝶效应。

那么，什么是厄尔尼诺？厄尔尼诺和有色金属到底有着什么不为人知的秘密？0.5 ℃引发的蝴蝶效应，确有其事还是仅仅是又一个标题党？

不妨先来看看何为厄尔尼诺。

厄尔尼诺是赤道中东太平洋地区一种反常的自然现象，主要表现为海水温度异常地持续变暖，造成一些地区将遭遇旱或涝的反常天气。

厄尔尼诺，乳名"圣婴"，西班牙语原意是"神童"或"圣明之子"。相传，很久以前，居住在秘鲁和厄瓜多尔海岸一带的古印第安人，很注意海洋与天气的关系。他们发现，如果在圣诞节前后，附近的海水比往常格外温暖，不久，便会天降大雨，并伴有海鸟结队迁徙等怪现象发生。古印第安人出于迷信，称这种反常的温暖潮流为"神童"潮流，也就是"圣婴"潮流，即"厄尔尼诺"现象。

说白了，就是太平洋"发烧"，导致太平洋周边国家一点也不"太平"，对我国来说，北方高温，南方多雨（王钦等，2011）！

说到这里，很多人还是不清楚，那到底和0.5 ℃有几毛钱关系？那这自然和厄尔尼诺的界定有着密不可分的关联。

0.5 ℃，或许让你不以为然，不过若考虑海洋巨大的面积，这其间孕育着多少能量？我们来看一下政府间气候变化专门委员会（IPCC）于 2001 年所提出的"第三次评估报告"。

全球平均气温升温 1 ℃，北极圈全年将有半年处于无冰的状态，而通常不知飓风为何物的南大西洋地区沿岸将饱受飓风侵袭，美国西部居民也将面临严重的长期干旱。升温 2 ℃，冰河逐渐消融，北极熊挣扎求生，格陵兰岛的冰河开始融化，珊瑚礁也逐渐绝迹，全球海平面上升 7 米。升温 3 ℃，亚马孙雨林逐渐消失，强烈的厄尔尼诺气候现象变成常态，欧洲在夏天将不断遭受少见的热浪侵袭，数千万或数十亿难民从亚热带迁徙到中纬度地区。升温 4 ℃，海平面上升，并淹没沿海城市；冰川消失，造成许多地区严重缺水；部分南极洲冰架崩解，更加快了海平面上升的速度；伦敦夏天的气温将高达 45 ℃。升温 5 ℃，不适合居住的地区不断扩大，供应一些大城市用水的积雪和地下蓄水层出现干涸现象，数百万人沦为气候难民；人类文明可能会因剧烈的气候变迁而开始瓦解，贫民将遭受最大的煎熬；两极均没有冰雪存在，海洋中大量的物种灭绝，大规模的海啸摧毁沿海地区。升温 6 ℃，高达 95％ 的物种灭绝，残存的生物饱受频繁而致命的暴风雨和洪水之苦；硫化氢与甲烷不时引发大火，就像随时会爆发的原子弹一般；除了细菌之外，没有任何生物能够存活，"世界末日"的情节正式上演。

如果这样的猜想，从科学严谨性上还有待考证的话，那么对厄尔尼诺的影响而言，我们还可以用事实说话，以历史为证。

言及至此，"厄尔尼诺"在我们心中已经勾勒出了大致的形象。不过有色金属和厄尔尼诺能擦出怎样的火花？

什么是有色金属？如果我告诉你，除了铁之外的金属都是有色金属，那请你不要打我……因为有色金属的"乳名"就是非铁金属，是铁、锰、铬以外的所有金属的统称。从有色金属的全球分布来看，亚洲和非洲几乎占据了半壁江山，拉丁美洲、北美洲也占有着一席之地。

全世界有色金属分布非常不均衡，大约 60％ 的储量集中在亚洲、非洲和拉丁美洲等发展中国家，40％ 的储量分布于发达国家，这部分的储量中有 80％ 集中在俄罗斯、美国、加拿大和澳大利亚。

有色金属家族中表现最为耀眼的，要属——镍、铜、铝、铅、锌、锡这六兄弟了。无论是在现实使用中，还是在经济市场中，这六种有色金属都扮演着举足轻重的角色。它们在现实中的价值自然是不言而喻，而在经济市场里，有

色金属属于大宗商品，其价格的变化对期货市场来说，影响是相互的。而且，主要的有色金属的价格甚至会深深影响到美元等货币价格的涨跌，对国内外的股市尤其是涉猎有色金属的板块影响深远。

可以这么说，这六种主要有色金属，其价格的走势对经济市场和许多实体经济都有着很大影响。

那么，问题来了——厄尔尼诺，怎样影响有色金属的价格？

所谓"水可载舟、亦可覆舟"，厄尔尼诺对有色金属的影响，主要体现在对采矿和物流两方面的影响，而主要的影响方式就是这水的"多寡"。

首先，金属采矿过程中通常需要消耗大量水资源，在印尼、菲律宾等基础设施薄弱的东南亚地区，矿业依赖于水运及水电能源供应，这些地区的矿业开采可能会因为厄尔尼诺导致的严重干旱缺水而受到明显影响——此为水"寡"的负面影响。

其次，对于智利、秘鲁等南美洲中南部地区情况则完全相反（莫杰，2002）。如果出现厄尔尼诺，上述地区可能面临大量降雨，遭遇洪水的矿区同样将面临减产风险。厄尔尼诺现象如果发生，镍、铜、锡等金属矿产量可能面临着较大风险，价格上涨可能性也最大。而其中，铜和镍是最有涨价潜力的大宗商品——此为水"多"的负面影响。

受影响最明显的是镍，其次是铜，厄尔尼诺期间全球最大铜产国智利和秘鲁或会大量降雨，遭遇洪水的矿区会明显减产。在厄尔尼诺现象影响下，部分基本金属供应趋紧已经成为大概率事件。

作为大宗商品里的重头戏，有色金属在经济生活中扮演着特别重要的角色。说个最直白的，有色金属价格的变化直接影响了股市的涨跌。了解有色金属价格的走势，就能更好地把握股市，当上 CEO，迎娶白富美，自此走上人生巅峰什么的，并非痴人说梦。

古云"以史为鉴可以知兴替"，不妨从这些有色金属的历史走势来瞧瞧个中端倪。

镍，被遥远的秘鲁土著看作是银的金属。由于抗腐蚀性强、高耐热、亲铁性、电阻高等优点，小到电炉、电烙铁、电熨斗，大到海轮、医疗器械等，镍都有着其不可替代的作用。

从历史数据来看，镍也是受厄尔尼诺影响最明显的有色金属之一。从 1991年以来，每逢厄尔尼诺现象发生，镍价格平均上涨 13%。厄尔尼诺通常会使全球最大镍产国印度尼西亚出现干旱，而印尼的采矿设备依赖水电。在厄尔尼诺年，印度尼西亚、澳大利亚、南亚次大陆和巴西东北部均出现干旱，而从赤道中太平洋到南美西岸则多雨。严重的厄尔尼诺，金属资源大国如智利、秘鲁等南美洲国家以及澳大利亚、东南亚地区等也可能面临严重的洪水或干旱的极端气候。

由于金属采矿过程中通常需要消耗大量水资源，在印尼、菲律宾等基础设施薄弱的地区，部分矿业依赖于水电作能源供应以及水运，厄尔尼诺现象引发严重干旱的时期，这些地区的矿业开采可能受到显著影响。

如图 1 所示，2006—2007 年度以及 2009 下半年—2010 年度的厄尔尼诺事件中，镍的价格上升有很好的体现。但是，在 2005—2006 年以及 2008 年底—2009 上半年，镍的价格就已经出现波动性增长。而这段价格波动或增长的原因来自于交易所和气象部门等发布的厄尔尼诺的影响预期以及分析，这对市场价格的调整有着提前的作用，也就是心理因素对期货价格的提前影响。

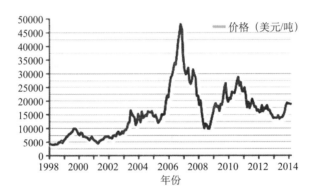

图 1　伦敦交易所镍逐年收盘价格曲线图
（数据来自伦敦金属期货交易所）

对，你没有看错，心理因素成为我们正儿八经分析出的第一个重要影响因素。传媒、交易所、气象部门等的提前分析对期货持有者的心理上的影响，可以说是不容忽视的。在时间上的指导意义在于往往在事件发生前的半年到一年内影响最为明显（当然，你也可以理解为经济圈儿混的人也都长了一颗易碎的玻璃心）。

铜，人类发现最早的金属之一，历史悠久，也是人类最为广泛使用的金属之一。电气、轻工、机械制造、建筑工业、国防工业等领域，在中国有色金属材料的消费中仅次于铝。

当然，铜和镍一样，也是有色金属中的"双鱼座"，大宗商品里的"玻璃心"。厄尔尼诺对铜价的影响也是——显！而！易！见！原因与镍一样，厄尔尼

诺期间全球最大铜产国智利和秘鲁会大量降雨，遭遇洪水的矿区会减产。

智利和秘鲁是世界主要的铜产国，印尼在铜的进出口运输中起到重要作用。因为当地一条将铜精矿等原材料运出印度尼西亚的主干道——弗莱河（Fly River）会因干旱而水位下降。在厄尔尼诺发生时期，印度尼西亚、澳大利亚、南亚次大陆和巴西东北部均出现干旱，而从赤道中太平洋到南美西岸则多雨。厄尔尼诺的发生使智利和秘鲁大范围降雨进而影响铜矿的产量，而厄尔尼诺对印尼带来的干旱天气又使铜的运输受到限制。总之，厄尔尼诺的发生在一定程度上影响了铜价的走势，厄尔尼诺越强带来的铜价变化就越明显。

由于印尼在铜的运输中起到至关重要的作用，所以，我们关注印尼在历次厄尔尼诺事件中受到的影响。其中 2009—2010 年，印尼遭受严重干旱，雨水严重偏少，从图 2 铜价的曲线图中能发现，2009—2010 年，铜价格快速攀升，同时智利和秘鲁在这一时段雨水偏多，多地发生洪涝灾害，也给铜的价格带来明显攀升的利好因素。

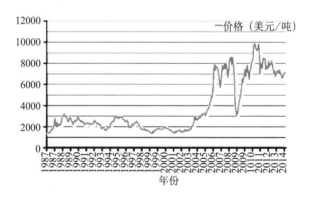

图 2　伦敦交易所铜逐年收盘价格曲线图
（数据来自伦敦金属期货交易所）

再来看一张高大上的伦敦交易所 2003—2013 年铜仓库库存和每 3 个月铜价的走势对比（图 3）。又一个惊人的真相浮出水面——铜仓库库存量和伦敦交易所铜价成反位相（例如：2008 年末的库存量高点对应着铜价的阶段性低点）。

依然还是经济圈儿的事儿，同样也逃不出经济市场基本规律的"麦田怪圈"。厄尔尼诺影响铜产量，而产量多少遵循供求关系的基本定律，当厄尔尼诺真正将魔爪伸向有色金属的时候，产量出现了确实的变化，价格也会根据供求关系给出相应反应。

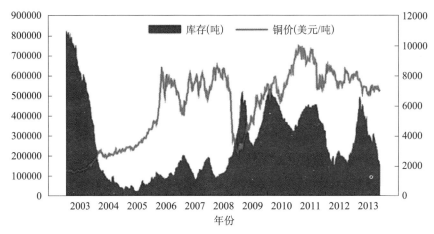

图 3　伦敦交易所铜价与库存走势（2003—2013 年）

（数据来自伦敦金属期货交易所）

再来看铝、铅、锡、锌等有色金属界的宠儿，我们 PO 出各自伦敦交易所价格曲线（图 4）。

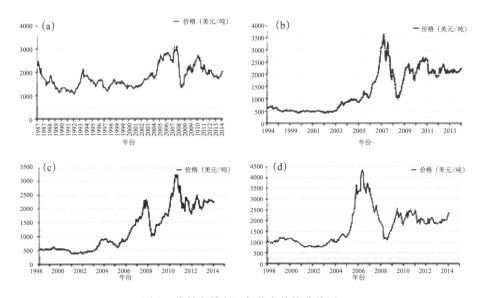

图 4　伦敦交易所逐年收盘价格曲线图

（a）铝；（b）铅；（c）锡；（d）锌

（数据来自伦敦金属期货交易所）

结合厄尔尼诺的相关发生年份，出现了利好，上涨一定幅度后还是会回落。再来看铜，伦铜升至 7000 美元就难维持涨势，当各种外因使得铜价格上升至

7000 美元后，往往呈现震荡或下挫趋势。并且这一情况目前正在上演。各种因素中厄尔尼诺的影响自然也囊括其中，可以说厄尔尼诺对有色金属价格的影响是在一定价格范围内的，并不会无限大。

主要结论：

（1）厄尔尼诺事件发生的时候，各大有色金属价格都会有不同程度的上浮，受影响程度各不相同，主要看厄尔尼诺事件发生时主要受影响区域属于哪种有色金属矿区或航运区域所在地。其中，镍、铜、铝、铅、锡、锌的影响相关性较好。

（2）厄尔尼诺事件对世界有色金属价格的影响主要集中在发展中国家，发达国家在厄尔尼诺事件的影响上有较好的规避能力（科技、经济手段）。

（3）厄尔尼诺事件对有色金属价格的影响并非无限大，对于大多数大宗商品而言，其影响的价格根据当时的世界经济状况有一定的上限。

（4）厄尔尼诺事件的影响往往在发生前就开始，主要影响来自于传媒、交易所、气象部门等的提前分析对期货持有者心理上的影响。这种影响根据分析广泛在业内传播和被采纳度而在时间上有所不同，往往在事件发生前的半年到一年内影响最为明显。

古有庄子化蝶入梦，现今这 0.5 ℃的蝴蝶效应，你——抓住它的尾巴了吗？

 参考文献

莫杰，2002. 全球气候变化及其影响——探索厄尔尼诺之谜 [J]. 环境管理，（6）：63-68.

王钦，李双林，付建建，等，2011. 1998 和 2010 年夏季降水异常成因的对比分析—兼论两类不同厄尔尼诺事件的影响 [J]. 气象学报，（6）：1207-1222.